U0284172

ChatGPT职场提效：掌握AI生产力工具

付守利　主编

内容简介

ChatGPT 是由 OpenAI 公司开发的顶尖 AI 模型，旨在基于人们输入的内容生成类似人类语言的文本，凭借其强大的语言理解和文本生成能力，一经发布就引爆全球技术圈。本书由浅入深、循序渐进地介绍了在职场中使用 ChatGPT 提高工作效率的方法和技巧。全书共分 6 章，包括了解与体验 ChatGPT、从 0 到 1 学会提示词、ChatGPT 创意文案撰写、ChatGPT 论文写作、ChatGPT 办公效率提升、ChatGPT 编程辅助工具等内容，力求为读者带来良好的学习体验。

本书全彩印刷，结构清晰，案例丰富，具有很强的实用性和可操作性，可以作为 AI 应用爱好者的自学用书，也可作为各类职场办公人员提升工作能力的首选参考书，还可作为高等院校相关专业或培训机构的授课教材。

本书配套的实例源文件可以到 http://www.tupwk.com.cn/downpage 网站下载，也可以通过扫描前言中的二维码获取。扫描正文中的视频二维码可以直接观看教学视频。

本书封面贴有清华大学出版社防伪标签，无标签者不得销售。
版权所有，侵权必究。举报：010-62782989，beiqinquan@tup.tsinghua.edu.cn。

图书在版编目（CIP）数据

ChatGPT职场提效：掌握AI生产力工具 / 付守利主编.
北京：清华大学出版社, 2025. 2. -- ISBN 978-7-302-67925-7
Ⅰ. TP18
中国国家版本馆CIP数据核字第2025GR3298号

责任编辑： 胡辰浩
封面设计： 高娟妮
版式设计： 妙思品位
责任校对： 成凤进
责任印制： 沈　露

出版发行： 清华大学出版社
网　　址： https://www.tup.com.cn，https://www.wqxuetang.com
地　　址： 北京清华大学学研大厦 A 座　　**邮　　编：** 100084
社 总 机： 010-83470000　　**邮　　购：** 010-62786544
投稿与读者服务： 010-62776969，c-service@tup.tsinghua.edu.cn
质 量 反 馈： 010-62772015，zhiliang@tup.tsinghua.edu.cn
印 装 者： 三河市铭诚印务有限公司
经　　销： 全国新华书店
开　　本： 185mm×260mm　　**印　　张：** 15　　**字　　数：** 374 千字
版　　次： 2025 年 4 月第 1 版　　**印　　次：** 2025 年 4 月第 1 次印刷
定　　价： 98.00 元

产品编号：106597-01

前言 PREFACE

聊天生成预训练转换器 (Chat Generative Pre-trained Transformer，ChatGPT) 是一款由OpenAI 公司研发的人工智能 (Artificial Intelligence，AI) 大语言模型，于 2022 年 11 月 30 日上线，在发布一周的时间内就已拥有超 100 万用户，在推出仅两个月后的 2023 年 1 月末，其月活用户已经突破 1 亿。作为史上用户增长速度最快的消费级应用程序，它已然成为火爆全球的现象级产品。

目前，ChatGPT 不再局限于聊天问答、娱乐互动等基本功能，而是迭代升级成为高效的生产力辅助工具，用户可通过聊天互动方式实现文案、论文、翻译、代码等诸多内容的智能化生成，使得人们直观真切地体会到人工智能技术进步所带来的巨大变革和效率提升。

正是因为 ChatGPT 有如此出色的能力，我们编写了这本《ChatGPT 职场提效：掌握 AI 生产力工具》，希望能够帮助读者更高效地利用 ChatGPT。全书共分 6 章，内容结构如下。

第 1 章介绍 ChatGPT 的由来和发展历程，国内使用 ChatGPT 的方法，以及 ChatGPT 的基本功能、提问方法、会话设定、应用领域和存在的问题。

第 2 章介绍什么是提示词 (prompt)，ChatGPT 提示词的基础知识、常用框架、使用技巧，以及提示词生成器的使用方法。

第 3 章介绍使用 ChatGPT 撰写文案的方法，以及在文案写作中利用 ChatGPT 拟定标题并生成优质内容。

第 4 章首先介绍使用 ChatGPT 协助论文写作的方法与技巧，如确定论文选题、生成摘要、精选关键词、撰写引言、生成正文、整理参考文献、撰写致谢内容，其次介绍使用 ChatGPT 辅助论文编辑的技巧，如查找概念、总结归纳、概念对比、语法检查、语句重写、扩充内容，以及论文内容的润色与改写；最后介绍使用 ChatGPT 写作论文的优势和限制，以及注意事项。

第 5 章介绍使用 ChatGPT 提高职场办公效率的方法，包括 ChatGPT 结合 Word 制作工作文档，ChatGPT 结合 Excel 处理表格数据，ChatGPT 结合 MindShow 创建 PPT，ChatGPT 结合 Xmind 制作思维导图，使用 ChatGPT 提供软件操作帮助和分析电脑故障信息。

第 6 章介绍 ChatGPT 在辅助编程方面发挥的作用，包括写代码、解释代码、解释报错信息、编写测试脚本、代码调整和漏洞分析、提出重构建议、识别内存泄漏和内存溢出、提供编程思路等。

本书图文并茂，条理清晰，通俗易懂，内容丰富，在讲解每个知识点时都列出相应的实例，方便读者实际操作。同时在难以理解和掌握的部分内容上给出相关提示，让读者能够快速地提高操作技能。此外，本书配有大量综合实例和练习，能够让读者在不断的实际操作中更加牢固地掌握书中讲解的内容。

正文中的实例操作教学视频可供读者随时扫码学习。本书配套的实例源文件可以到 http://www.tupwk.com.cn/downpage 网站下载，也可以扫描下方的二维码推送配套资源到邮箱。

扫码推送配套资源到邮箱

由于作者水平有限，本书难免有不足之处，欢迎广大读者批评指正。我们的邮箱是 992116@qq.com，电话是 010-62796045。

作　者

2025 年 1 月

目录

CONTENTS

第 3 章 ChatGPT 创意文案撰写

第 4 章 ChatGPT 论文写作

第 5 章 ChatGPT 办公效率提升

第 6 章 ChatGPT 编程辅助工具

第 1 章 了解与体验 ChatGPT

本章导读

ChatGPT 是由 OpenAI 公司推出的人工智能语言模型。它基于 GPT (Generative Pre-trained Transformer) 架构，通过大规模数据集的预训练和微调，能够理解和生成接近人类水平的自然语言文本。在职场中应用 ChatGPT 能够自动化完成多种文本相关任务，如撰写报告、广告、论文、会议纪要等，可大幅减少人力时间投入，提高工作效率，同时还可以协助整理并总结大量的信息和数据，提高工作中知识管理的效率和质量。

1.1 ChatGPT 的诞生与发展

ChatGPT 是继AlphaGo之后备受关注的人工智能热点之一。简单来说，它是一个可以用自然语言对话的机器人，我们可以向ChatGPT提出任何问题，它会以尽可能流畅、标准的自然语言作答(有时它可能会答错，需要用户引导并纠正)。

创造出ChatGPT的公司为OpenAI，其成立时间是2015年12月11日。

1.1.1 ChatGPT 的由来

2015年，谷歌公司推出了Seq2Seq(Sequence to Sequence，序列到序列)模型。该模型将编码器和解码器网络组合在一起，在多种自然语言处理任务中表现出色，如机器翻译、问答系统和对话系统。

2017年，谷歌公司推出了Transformer模型，这是一种完全基于自注意力机制的神经网络结构，具有比传统递归神经网络更高的并行性，且需要的训练时间更少。

2018年，OpenAI公司推出了GPT-1(Generative Pre-trained Transformer 1)，这是一个基于Transformer架构的大型神经网络模型，通过预训练语言模型，在多种自然语言处理任务中取得了巨大成功，包括文本生成、文本分类和问答系统等。2019年，OpenAI公司推出了GPT-2，这是一个比GPT-1更强大的模型，具有自动文本摘要、机器翻译、对话系统等强大的自然语言处理能力。GPT-2在当年受到了巨大的关注，因为它可以生成几乎与人类语言相似的文本，并可以用于制造虚假信息误导人类。2020年4月，OpenAI公司推出了GPT-3，这是当时最先进的NLP(Natural Language Processing，自然语言处理)模型之一，具有1750亿个参数，可以在多种自然语言处理任务中取得最先进的结果，被广泛应用于文本生成、对话系统、语言翻译、自然语言理解和问答系统等各种场景。

2022年，OpenAI公司推出了GPT-3.5，它是基于GPT-3的改进版本，使用了更多的数据，包括维基百科词条、社交软件信息、新闻文章等。GPT-3.5可以生成高质量的文本，其生成文本的质量接近于人类写作，在提高速度和性能的同时降低了价格(GPT-3.5-Turbo目前可以通过OpenAI提供的API进行访问和使用)。GPT-3和GPT-3.5的主要区别如下。

- 模型大小：GPT-3.5比GPT-3采用了更多的模型参数。
- 训练数据：GPT-3.5使用了比GPT-3更多的训练数据，包括来自新闻、百科全书、论坛和其他来源的互联网文本。
- 性能表现：GPT-3.5相对于GPT-3在一些自然语言处理任务上表现更好，比如翻译、摘要和问答。但在其他任务上，GPT-3和GPT-3.5的表现差异不大。
- 可解释性：GPT-3.5在一定程度上具有更好的可解释性，可以根据其学到的知识，生成有逻辑性的答案。
- 应用场景：由于GPT-3.5比GPT-3的模型参数更多，因此它可以在更广泛的应用场景中发挥作用，例如自然语言生成、自动翻译和对话系统等。

2022年11月，OpenAI公司正式推出了ChatGPT产品，其本质是一个基于GPT-3.5的聊天机

器人程序。此时，正值美国高校期末考试时间，这让它迅速在校园风靡，因为学生们很快发现这个聊天机器人是一个前所未有的考试利器。不同于Siri语音助手，ChatGPT拥有前所未有的语言能力，许多使用者表示“很难分辨出与ChatGPT对话是在和一个机器人对话，它仿佛是一个知识丰富的朋友”。

2023年3月，OpenAI公司公开发布大型多模态模型GPT-4.0。与当时ChatGPT所用的模型相比，GPT-4.0不仅能够处理图像内容，并且回复的准确性有所提高。其可接受的文字输入长度也增加到3.2万个标记(约2.4万个英文单词)，允许使用长格式内容创建、扩展对话及文档搜索和分析等用例。GPT-4.0的改进是迭代性的，具体表现为以下几个方面。

- 在聊天对话中，GPT-4.0比GPT-3.5更可靠、更有创意，并且能够处理更细微的指令，可以更准确地解决难题。
- 在测试中，GPT-4.0能比GPT-3.5拿到更多的SAT分数(美国大学的入学考试分数)，能够通过模拟律师考试(分数在应试者的前10%左右，而GPT-3.5的得分在倒数10%)。
- 在对英语以外的语种支持方面，GPT-4.0大大优化了对除英语外的语种的支持。OpenAI使用Azure Translate(微软公司提供的翻译服务)，将一套涵盖57个主题的1.4万多项选择题的MMLU(Massive Multitask Language Understanding，大规模多任务语言理解)基准，翻译成了多种语言，然后进行测试。在测试的26种语言中，GPT-4.0在24种语言中表现优于GPT-3.5和其他大语言模型的英语语言性能。其中，中文达到了80.1%的准确性，而GPT-3.5的英文准确性为70.1%(也就是说，GPT-4.0对于中文的理解已经优于此前ChatGPT对于英文的理解)。

在2023年，以ChatGPT为代表的先进人工智能技术实现了重大突破，这一年被人们视为人工智能领域的转折点。ChatGPT在GPT-3.5和GPT-4.0的加持下，不仅在自然语言处理方面取得了显著成就，还极大地扩展了人工智能在各行各业的应用。从医疗到教育，从金融服务到创意艺术，ChatGPT的影响无处不在。它不仅改变了人们与科学技术的互动方式，还为未来的科技发展提供了新的可能性和方向。

1.1.2　ChatGPT的发展历程

ChatGPT自发布以来经历了多次发展，其发展历程如表1-1所示。

表1-1　ChatGPT的发展历程

发　展	时　间	介　绍
ChatGPT正式发布	2022年11月	OpenAI正式发布了命名为ChatGPT的产品，提供基于GPT-3.5的对话式人工智能服务
第一次升级	2022年12月	ChatGPT进行了首次升级，提升了总体性能，并增加了保存和查看历史对话记录的功能
第二次升级	2023年1月	ChatGPT改善了回答的真实性，增加了“停止生成”功能
付费订阅计划	2023年2月	ChatGPT推出了付费订阅计划

(续表)

发　展	时　间	介　绍
推出付费API接口	2023年3月	开放了API接口，目前开放的API接口提供了包括自然语言语音识别、多模态图像生成、智能代码生成、内容过滤与审查、大模型微调、文本嵌入等功能
更新GPT-4.0模型		ChatGPT更新至GPT-4.0模型
允许插件的接入		OpenAI推出ChatGPT插件并允许其他创作者的插件的接入(ChatGPT插件是连接ChatGPT与第三方应用的桥梁，它允许ChatGPT与其他应用进行交互，从而实现更广泛的功能，如检索最新的实时信息、检索本地知识库信息、代替用户执行操作)
推出适用于iOS的App	2023年5月	OpenAI推出适用于iOS的ChatGPT App(App端支持语音对话)
推出适用于iPad的应用程序	2023年6月	ChatGPT应用程序iPad版本发布
增加Code Interpreter功能	2023年7月	ChatGPT增加Code Interpreter功能，该功能允许用户上传文件，ChatGPT可以基于用户上传的文件通过Python代码自动满足用户的需求，包括数据分析、创建图表、编辑文件，以及执行数学运算等
增加Custom Instructions功能		ChatGPT增加Custom Instructions功能，该功能允许用户设定一些偏好或要求，这些偏好或要求将被ChatGPT在生成回应时考虑，从而帮助ChatGPT更好地满足用户的需求
增加DLL-E 3图像生成模型	2023年10月	DLL-E 3是一个图像生成模型，它可以根据用户的文本描述生成图像(该模型的特点是能理解用户的需求，并反映在图像上)
增加GPT-4.0图像分析模型		GPT-4.0 Vision模型是ChatGPT的一个升级版本，它具备视觉处理能力，不仅能够帮助ChatGPT理解和生成文本，还可以帮助其理解和分析图像内容，从而处理更为复杂的任务
更新ChatGPT-4.0 Turbo模型	2023年11月	引入了128k的上下文窗口，用户可以在单个对话框中输入300多页的文本，并且处理速度更快
推出GPTs商店	2024年1月	GPTs即定制版的ChatGPT，允许用户根据自己的需求定制化，并与其他用户共享ChatGPT

1.2　国内如何使用 ChatGPT

要使用ChatGPT，可以通过以下几种方式：

- 访问chat.openai.com，它是一个Web界面的聊天机器人服务。

- 在Edge浏览器中安装WeTab插件，使用基于ChatGPT的AI模型。
- 通过第三方镜像网站使用ChatGPT。

1.2.1　访问 chat.openai.com 网站

目前，受网络环境和相关政策的影响，国内用户无法直接访问chat.openai.com注册并使用ChatGPT。要使用ChatGPT，用户可以使用以下方法。

- 使用VPN：通过合法的VPN服务，用户可以绕过网络限制，访问chat.openai.com注册账号并使用ChatGPT。
- 使用代理服务器：代理服务器是一种可以代理客户发送和接收互联网信息的服务器，可以让用户在访问ChatGPT时隐藏真实IP地址。
- 国外云服务器：国内用户可以购买一台国外的云服务器，安装Windows系统后，在云服务器内可以直接访问chat.openai.com网站。

成功访问chat.openai.com后，在网站的提示下，用户可以使用谷歌邮箱、微软账户或Apple ID注册并登录ChatGPT。图1-1所示为ChatGPT提供的创建账户界面。成功注册并登录chat.openai.com后，用户就可以利用网站提供的对话界面与ChatGPT进行对话了。

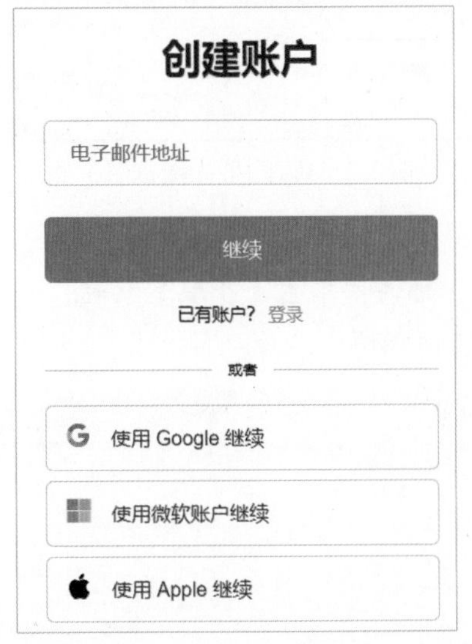

图1-1　chat.openai.com 的创建账户界面

1.2.2　通过 Edge 插件使用 ChatGPT

Microsoft Edge是Windows 10的默认浏览器，用户在电脑中安装Windows 10系统后，单击任务栏左侧的【开始】按钮，在弹出的菜单中选择Microsoft Edge选项即可启动Edge。该浏览器支持安装扩展程序(插件)，从而增加额外的功能，用户可以通过安装WeTab插件使用ChatGPT。

【例1-1】为Edge浏览器安装WeTab插件。

01 打开Microsoft Edge浏览器后，单击浏览器界面右上角的【设置及其他】按钮…，在弹出的列表中选择【扩展】选项。

02 在打开的【扩展】界面中选择【管理扩展】选项，如图 1-2 所示。

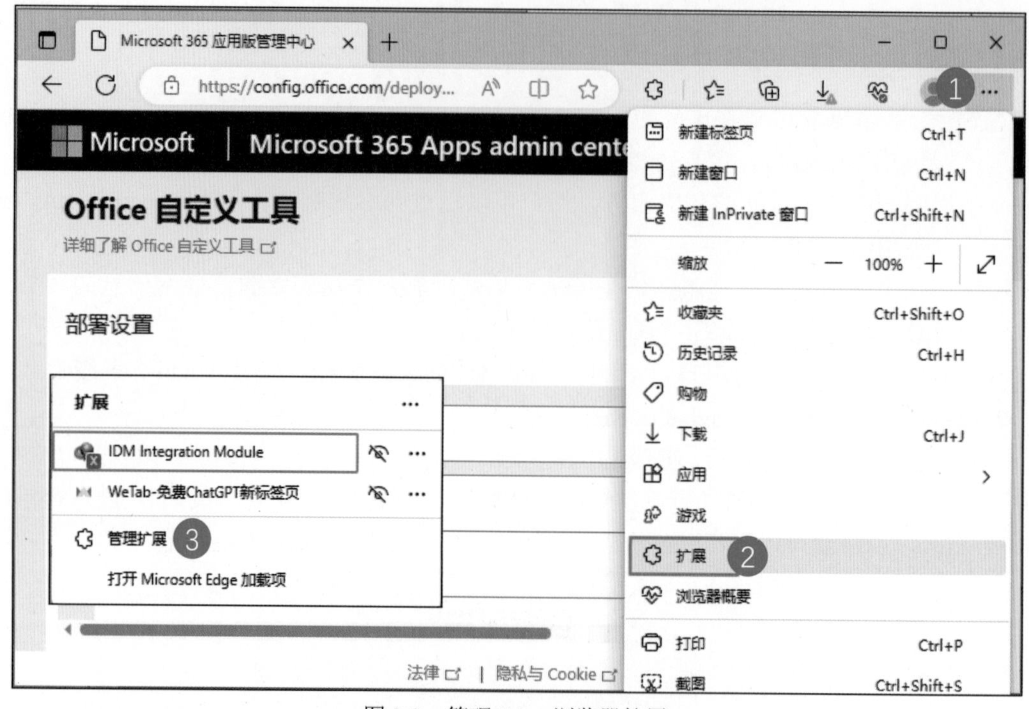

图 1-2　管理 Edge 浏览器扩展

03 在打开的扩展管理界面中单击【获取Microsoft Edge扩展】按钮，如图 1-3 左图所示。

04 在打开的界面中搜索WeTab插件并单击【获取】按钮，如图 1-3 右图所示，在打开的提示对话框中单击【安装】按钮安装该插件。

图 1-3　搜索并获取 WeTab 插件

05 再次进入扩展管理界面，单击WeTab插件右侧的 ，使其状态变为 ，启用该插件，如图 1-4 左图所示。

06 在Microsoft Edge的导航标签中单击【Chat AI】标签，如图1-4右图所示。

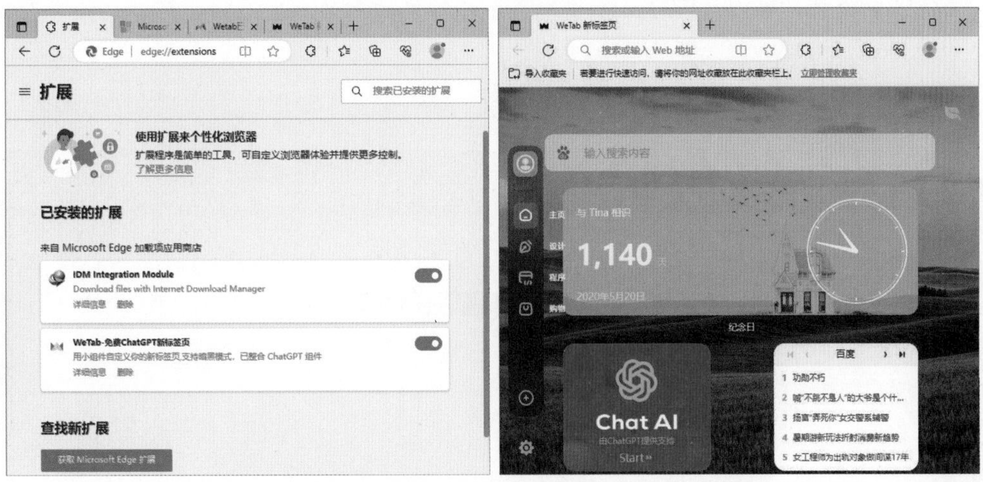

图1-4　启动WeTab插件并在导航页中使用Chat AI

07 在打开的Chat AI登录界面中单击【登录/注册】按钮，在打开的界面中输入邮箱地址和登录密码，然后单击【登录】按钮，即可登录ChatAI。

08 当用户第一次使用ChatAI时，可以单击界面右下角的【马上注册】按钮，进入WeTab注册界面，使用电子邮箱注册WeTab。

09 完成注册并登录WeTab后，将进入ChatAI界面，在该界面底部的文本框中用户可以向人工智能提出问题(默认使用基于ChatGPT-3.5的定制模型)，如图1-5所示。

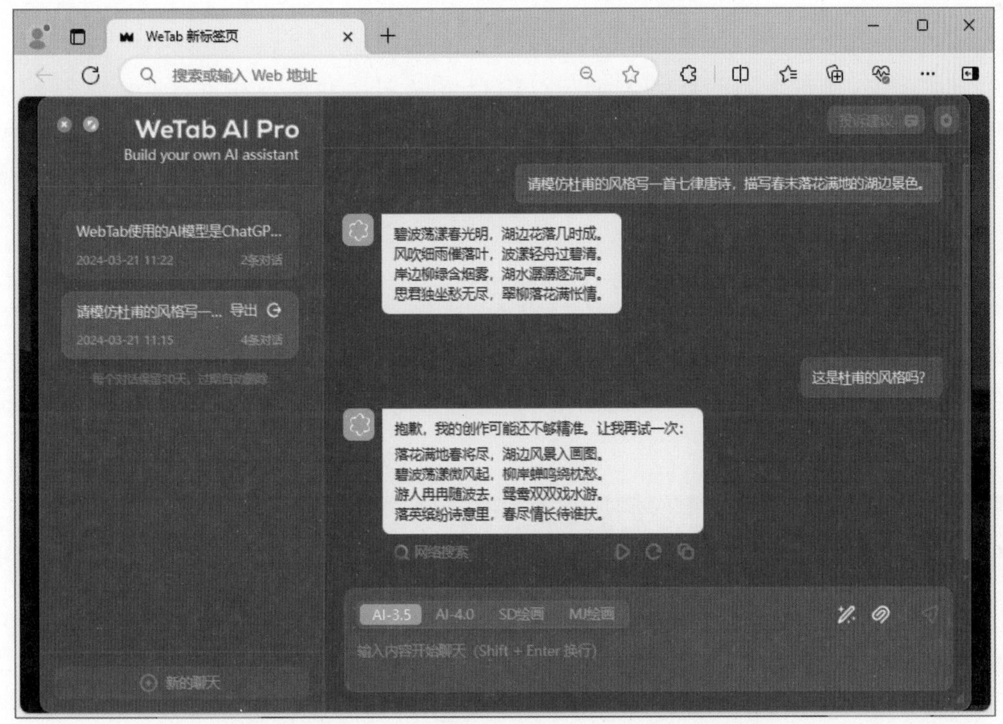

图1-5　通过WeTab插件使用基于ChatGPT的AI模型

10 单击图1-5所示界面右上角的，在打开的界面中可以续费Chat AI模型，并查看当前各种模型的使用限制次数。单击【WeTab AI主题色】选项区域中的颜色选项，可以切换界面的颜色风格，如图1-6所示。

图 1-6　WeTab 续费界面

在图1-5所示界面下方的聊天界面中，用户可以切换当前使用的模型，包括AI-3.5、AI-4.0、SD-绘画和MJ绘图等几个选项，分别对应ChatGPT-3.5、ChatGPT-4.0、Stable Diffusion的绘画模型和Midjourney模型。本书将基于WeTab插件，介绍ChatGPT在职场中的各种提效应用。

1.2.3　通过镜像网站使用 ChatGPT

除了上面介绍的两种方法，用户还可以通过百度或必应等搜索引擎，搜索“ChatGPT镜像网站”，找到相应的镜像网站使用ChatGPT。但要注意，此类网站会收集用户输入的信息，并且无法保证长期存在。

1.3　ChatGPT 的基本功能

ChatGPT是OpenAI研发的一款人工智能聊天机器人程序，其被设计用于与用户进行自然语言交流。它的基本功能包括以下几个方面。

- 文本生成：能够理解用户输入的文本并生成连贯、相关的回答。

- 文本分类：能够对文本进行分类，识别出文本属于何种类别。
- 知识查询：可以回答各种问题，包括科学、文化、历史等领域的问题。
- 语言翻译：能够将一种语言快速、准确地翻译成另一种语言，辅助跨语言交流。
- 写作辅助：可以辅助用户写作或编辑文本，包括文章、报告、诗词、故事等。
- 编程帮助：能提供编程指导、代码示例和解释编程概念。
- 生成摘要：可以根据输入的文章生成摘要，并准确、简要地概括文章主要内容。
- 教育辅导：可以辅助学习，如提供教育资源、解答学术问题等。

在最基本的层面上，用户可以向ChatGPT提出任何问题，它会生成一个答案。例如，我是负责公司活动的策划，需要写一份工作总结，工作内容是策划一个公司周年庆活动。在拟定好结构后，可以向ChatGPT提出相应的问题，如图1-7所示。

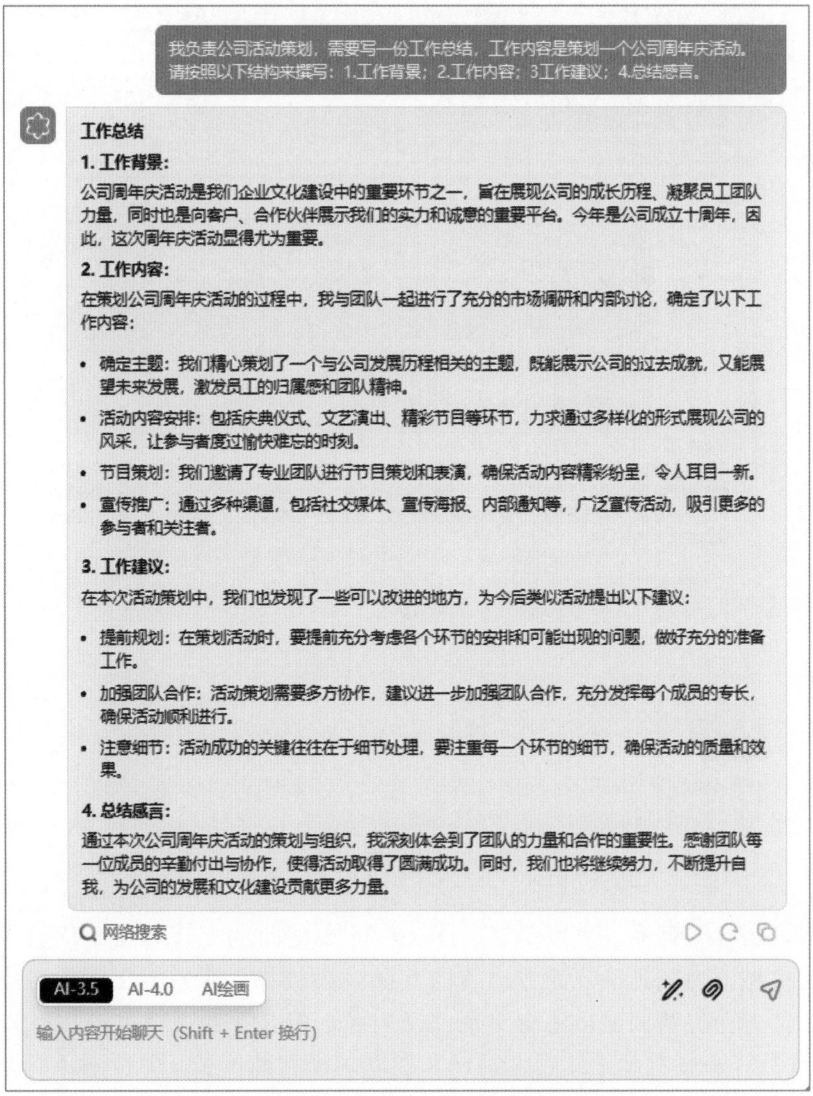

我负责公司活动策划，需要写一份工作总结，工作内容是策划一个公司周年庆活动。请按照以下结构来撰写：1.工作背景；2.工作内容；3工作建议；4.总结感言。

工作总结

1. 工作背景：

公司周年庆活动是我们企业文化建设中的重要环节之一，旨在展现公司的成长历程、凝聚员工团队力量，同时也是向客户、合作伙伴展示我们的实力和诚意的重要平台。今年是公司成立十周年，因此，这次周年庆活动显得尤为重要。

2. 工作内容：

在策划公司周年庆活动的过程中，我与团队一起进行了充分的市场调研和内部讨论，确定了以下工作内容：

- 确定主题：我们精心策划了一个与公司发展历程相关的主题，既能展示公司的过去成就，又能展望未来发展，激发员工的归属感和团队精神。
- 活动内容安排：包括庆典仪式、文艺演出、精彩节目等环节，力求通过多样化的形式展现公司的风采，让参与者度过愉快难忘的时刻。
- 节目策划：我们邀请了专业团队进行节目策划和表演，确保活动内容精彩纷呈，令人耳目一新。
- 宣传推广：通过多种渠道，包括社交媒体、宣传海报、内部通知等，广泛宣传活动，吸引更多的参与者和关注者。

3. 工作建议：

在本次活动策划中，我们也发现了一些可以改进的地方，为今后类似活动提出以下建议：

- 提前规划：在策划活动时，要提前充分考虑各个环节的安排和可能出现的问题，做好充分的准备工作。
- 加强团队合作：活动策划需要多方协作，建议进一步加强团队合作，充分发挥每个成员的专长，确保活动顺利进行。
- 注意细节：活动成功的关键往往在于细节处理，要注重每一个环节的细节，确保活动的质量和效果。

4. 总结感言：

通过本次公司周年庆活动的策划与组织，我深刻体会到了团队的力量和合作的重要性。感谢团队每一位成员的辛勤付出与协作，使得活动取得了圆满成功。同时，我们也将继续努力，不断提升自我，为公司的发展和文化建设贡献更多力量。

网络搜索

AI-3.5　AI-4.0　AI绘画

输入内容开始聊天（Shift + Enter 换行）

图 1-7　ChatGPT 根据用户的提问生成工作汇报

通过图1-7中ChatGPT的回答，就可以得到一份初步的工作总结内容。用户根据实际工作情况对内容进一步修改后，还可以将修改后的文本提供给ChatGPT，要求它进一步对修改后的内容进行润色、调整，从而快速得到一份逻辑合理、内容完整的文档。

又如，我是一名学生(或老师)，在写论文时需要翻译大量的网上英文资料。打开文献网站复制需要的资料后，可以将其粘贴给ChatGPT并要求它将资料内容翻译成中文，如图1-8所示(同样，也可以将资料内容翻译成法文、德文、日文等其他文字)。

图 1-8　ChatGPT 将用户提供的英文翻译成中文

下面我们对比谷歌翻译、百度翻译、DeepL和ChatGPT的翻译质量。从翻译效果来看，谷歌翻译相对机械、力图正确，西方语言的互译效果较好，翻译中文则有漏译现象；百度翻译在翻译中文方面优势明显，不会出现漏译问题，但是在翻译西方语言时效果不如谷歌翻译；DeepL在翻译流畅程度上比百度翻译和谷歌翻译智能不少，但是漏译问题相对严重一些；而ChatGPT的翻译效果相比上述三种要更好，不仅不会出现漏译，而且译文流畅。此外，ChatGPT会添加一些原文没有、却可以增添流畅度的词语，还会根据上下文语境大胆意译，并根据各国语言特色使用比较地道的词汇，以求达到翻译标准的信、达、雅。

再如，在工作中处理Excel表格时，需要将数据表“地区”列中的数据按省份拆分为多个工作簿。如果使用Excel提供的软件功能逐行操作，由于数据量庞大(超过3万条)，工作量将非常烦琐。但如果向ChatGPT提出一个VBA编程需求问题，就可以快速得到实现相应功能的VBA代码答案，如图1-9所示。

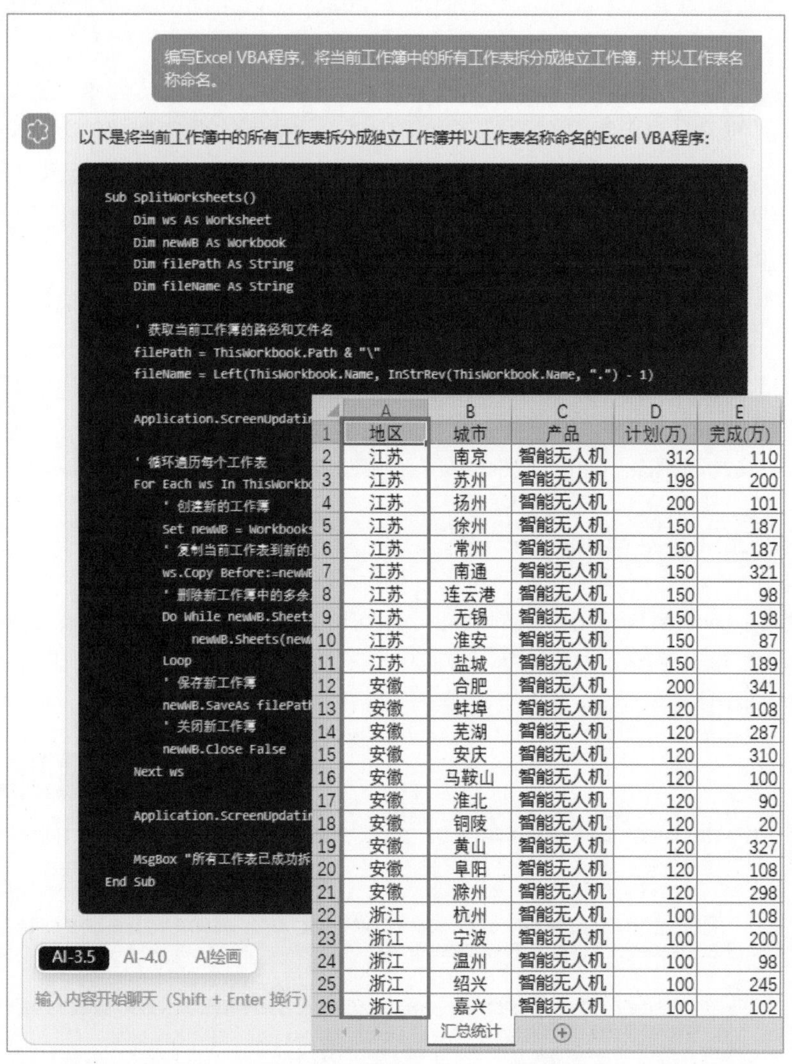

	A	B	C	D	E
1	地区	城市	产品	计划(万)	完成(万)
2	江苏	南京	智能无人机	312	110
3	江苏	苏州	智能无人机	198	200
4	江苏	扬州	智能无人机	200	101
5	江苏	徐州	智能无人机	150	187
6	江苏	常州	智能无人机	150	187
7	江苏	南通	智能无人机	150	321
8	江苏	连云港	智能无人机	150	98
9	江苏	无锡	智能无人机	150	198
10	江苏	淮安	智能无人机	150	87
11	江苏	盐城	智能无人机	150	189
12	安徽	合肥	智能无人机	200	341
13	安徽	蚌埠	智能无人机	120	108
14	安徽	芜湖	智能无人机	120	287
15	安徽	安庆	智能无人机	120	310
16	安徽	马鞍山	智能无人机	120	100
17	安徽	淮北	智能无人机	120	90
18	安徽	铜陵	智能无人机	120	20
19	安徽	黄山	智能无人机	120	327
20	安徽	阜阳	智能无人机	120	108
21	安徽	滁州	智能无人机	120	298
22	浙江	杭州	智能无人机	100	108
23	浙江	宁波	智能无人机	100	200
24	浙江	温州	智能无人机	100	98
25	浙江	绍兴	智能无人机	100	245
26	浙江	嘉兴	智能无人机	100	102

图 1-9　ChatGPT 生成可以将数据表拆分成工作簿的 Excel VBA 代码

复制ChatGPT生成的VBA程序代码，返回Excel，打开Microsoft Visual Basic for Applications窗口，插入模块并按Ctrl+V键粘贴复制的代码，然后按F5键运行VBA代码，就可以快速将数据表中的内容按“地区”拆分为独立的工作簿(扫描右侧的二维码可观看操作示范)。

除此之外，ChatGPT的基本功能应用于工作中的不同场景，还可以实现写小说、写散文、写诗歌、生成图片(通过代码运行)、生成表格、提取文章关键字、整理文案、生成流程图、生成英文论文摘要等。这些内容将在本章1.6节进行详细介绍。

1.4 ChatGPT 的提问方法

ChatGPT使用自然语言处理技术来理解用户输入的内容，并提供相应的响应。在一些情况下，它可能无法完全理解用户的输入或针对输入提供准确的响应。在这种情况下，用户可以尝试使用更清晰和明确的语言，或提供更多的上下文信息，以帮助ChatGPT更好地理解输入内容的具体意思。以下是一些向ChatGPT提问的建议。

- 清晰、简洁地表达问题：尽可能使用简洁和清晰的语言来表达问题，避免使用复杂的、含糊不清的语言，因为这样的语言可能让ChatGPT无法准确理解输入的问题。
- 尽量提供足够的上下文信息：在向ChatGPT提出问题时，应尽量提供上下文信息，例如问题涉及的主题、背景和相关细节等。这些信息可以帮助ChatGPT更好地理解问题，从而输出准确的回答。
- 避免使用缩写和俚语提问：ChatGPT可能无法理解缩写、俚语或其他不标准的语言表达方式。
- 提问后持续追问和提示：如果ChatGPT输出的回答不能准确、详细地回答问题，可以进一步追问或提出问题，让它进一步思考后再回答(可参见本书1.6.1节相关实例)。

下面总结了一些向ChatGPT提问的方法，供用户参考。

1.4.1 提出开放式问题

开放式问题指的是没有固定答案的问题，此类问题通常需要ChatGPT进行判断和推断，并基于逻辑、经验和知识等因素做出回答。例如，向ChatGPT提问“你对家用PC机未来的发展怎么看？”，如图1-10所示。

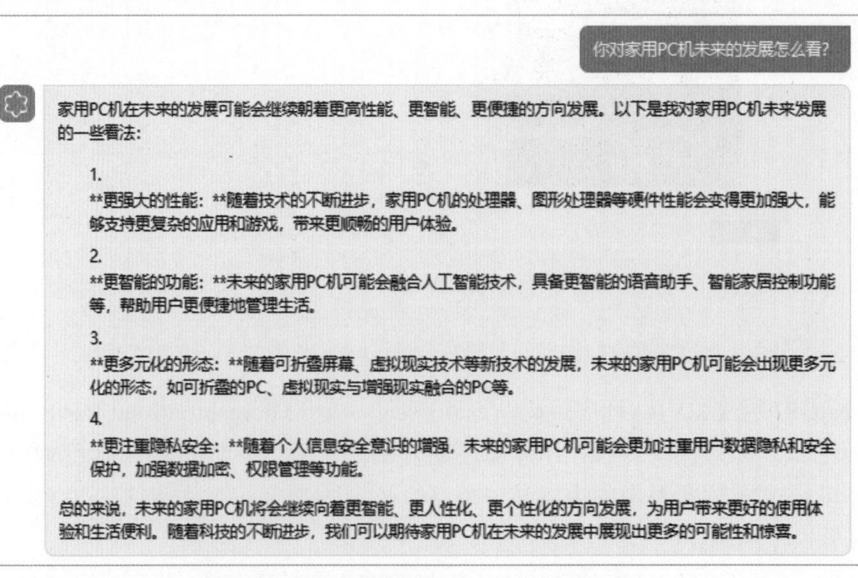

图 1-10　向 ChatGPT 提出一个开放式问题

开放式问题通常没有确定的答案，ChatGPT回答此类问题通常具有以下几个特点。

- 可能会回答多个答案：由于开放式问题的答案通常不是唯一的，因此ChatGPT可能会生成多种不同的答案。
- 问题答复具有主观性：由于开放式问题的答案一般具有一定的主观性，每次向ChatGPT提出同样的问题，可能会得到不同的答复。
- 存在不确定性：由于缺乏确定的答案，ChatGPT回答开放性问题时可能会得出完全不同的结论。

类似图1-10所示的开放性问题通常涉及人文、社会、经济、心理等诸多领域，例如“什么是快乐？”“人类社会未来会被AI统治吗？”“电动汽车最终会取代燃油车吗？”“在职场中人缘关系重要还是能力重要？”，等等。与开放式问题相对的是封闭式问题，这类问题有确定的答案，ChatGPT只需要根据事实或规则来回答即可。例如，向ChatGPT提问“OpenAI的创始人是谁？”，如图1-11所示。

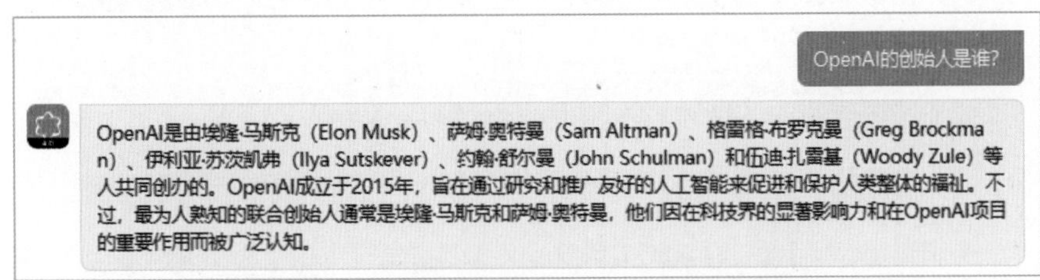

图 1-11　向 ChatGPT 提出一个封闭式问题

1.4.2　提出挑战性问题

挑战性问题指的是一些涉及争议性、复杂性、不确定性、高度主观性或需要解决矛盾的问题。例如，向ChatGPT提问“未来电动车的发展趋势是什么？”，如图1-12所示。

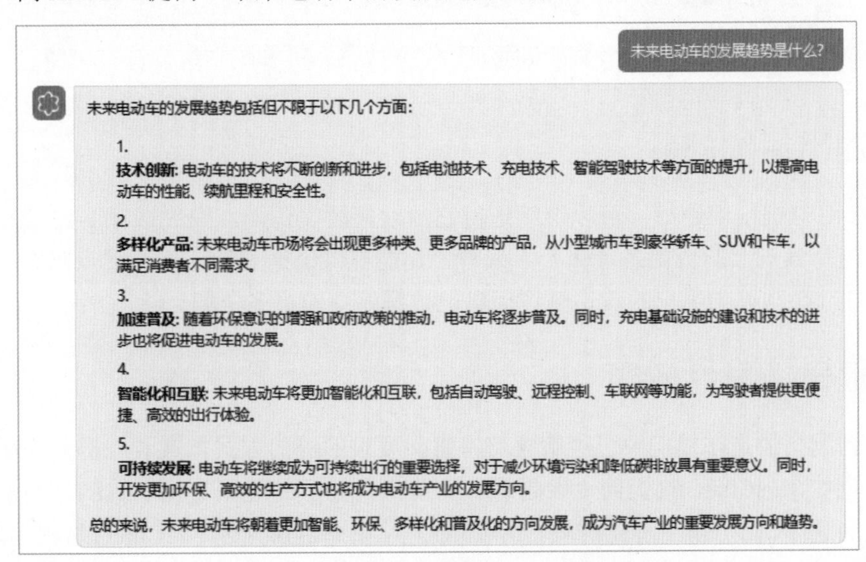

图 1-12　向 ChatGPT 提出一个挑战性问题

此类问题通常需要深入思考、创新、判断和推理，需要考虑多个方面、多个角度。要让ChatGPT找到最合适的答案，需要进一步激发它的高级思维过程，鼓励人工智能系统系统性、创造性地解决问题。例如，针对图1-12提出的问题，我们可以先让ChatGPT思考一下“优秀汽车应该具备哪些条件？”或“电动汽车未来面临的挑战有哪些？”，然后再让它回答“未来电动车的发展趋势是什么？”，如图1-13所示。

图 1-13　激发 ChatGPT 进一步思考后得到的答案

1.4.3　提出后续问题

在向ChatGPT提出问题后，可以继续追问它后续问题。例如，在完成图1-13的提问后，可以追问它“支持其观点的依据是什么？”或者“你能提供证据支持这样的观点吗？”。这样可以使得ChatGPT在与人类用户的对话时访问自己数据库中的更多资源。

1.4.4　提出诱导性问题

诱导性问题指的是在提问中已经暗含着答案、要求的提问方式，或者在提问中明确指出提问的目的，例如，向ChatGPT提问“请告诉我一些中国公司的职场文化。我的目的是想了解中国人性不变的规律，在工作中避免踩坑。罗列5条。”，如图1-14所示。向ChatGPT提出此类问题，有助于ChatGPT根据问题准确地输出我们想要的答案。

请告诉我一些中国公司的职场文化。我的目的是想了解中国人性不变的规律，在工作中避免踩坑。罗列5条。

了解中国公司的职场文化对于顺利工作和避免潜在的文化误区至关重要。以下是五个方面的总结，它们揭示了中国职场文化的一些核心特点：

1.
重视关系（人际关系和关系网）：

- 在中国职场，建立良好的人脉关系对于职业发展非常关键。这不仅涉及与同事建立良好的关系，也包括与上级和关键决策者建立和维持良好的人际关系。这种关系通常被称为“关系网”或“人脉”。

2.
尊重等级和上下级关系：

- 尊重职场上的等级差异在中国职场文化中非常重要。上级的决定和意见通常具有决定性的影响力，对上级的尊重在语言和行动上都要体现出来。

3.
集体主义优先：

- 与西方强调个人主义不同，中国职场文化更加重视集体主义。这意味着团队的成就往往比个人的成就更受重视，团队协作和和谐同样非常重要。

4.
加班文化：

- 在许多中国公司，加班被普遍接受甚至是预期的，常常被视为员工工作努力和敬业精神的体现。即使不是所有公司都鼓励加班，但在一些行业和公司加班特别普遍。

5.
间接沟通：

- 直接性的批评或冲突在中国职场中通常被避免，人们在交流时倾向于使用更委婉或间接的方式表达不同意见或批评。了解和掌握这种沟通方式对于避免误解和冲突非常重要。

了解和适应这些文化特点有助于你更好地融入中国公司的职场环境，避免文化误区，促进职业发展。

图 1-14　在向 ChatGPT 提问时明确指出目的

在提出诱导性问题时，应注意以下几点。

1. 提问要带有目的

ChatGPT理解问题的方式和人类不一样，它是通过抓住我们输入文字的字面意思来进行理解并生成内容的。所以我们的提问要带有目的(如图1-14所示)，不能漫无边际地提问，否则可能会把ChatGPT的回答结果带偏，因为它实在搞不懂提问的人到底想要做什么。

2. 提问要带有场景

我们在提问的时候，要尽量避免宏观、很大、很宽泛、模糊的问题。例如，我们想询问ChatGPT对中国互联网公司的看法，不能直接问“你觉得中国的互联网公司怎样？”，这样的问题在ChatGPT看来涉及的面太大，需求又不清晰，结果它也只能泛泛而谈，生成的都是“正确的废话”。正确的提问应代入身份和场景询问它，例如询问ChatGPT：“我是一名股票投资人，目前在挑选有投资价值的股票。你觉得在香港上市的美团怎么样？”

3. 提问内容要具体

对问题内容进行优化提炼、高度总结，是一件好事，因为这是一个去粗取精的过程。但如果我们在向ChatGPT提出一些比较具体的问题时，过于对问题追求高度总结后的简洁，可能就不是一件很好的事情，这是因为过于抽象的概念会导致ChatGPT回答问题的过程也是表面性的。例如，我们需要用ChatGPT写一篇“人人都需要学习演讲”的微信朋友圈文案，如果直接向它提问“帮我写一篇关于人人都需要学习演讲的优质朋友圈文案”，由于问题中的关键词之一是优质的朋友圈文案。但对于什么是“优质”，ChatGPT并没有一个标准，提问者也没有解释什么是优质的文案。所以生成的内容往往是不够好的，如图1-15所示。

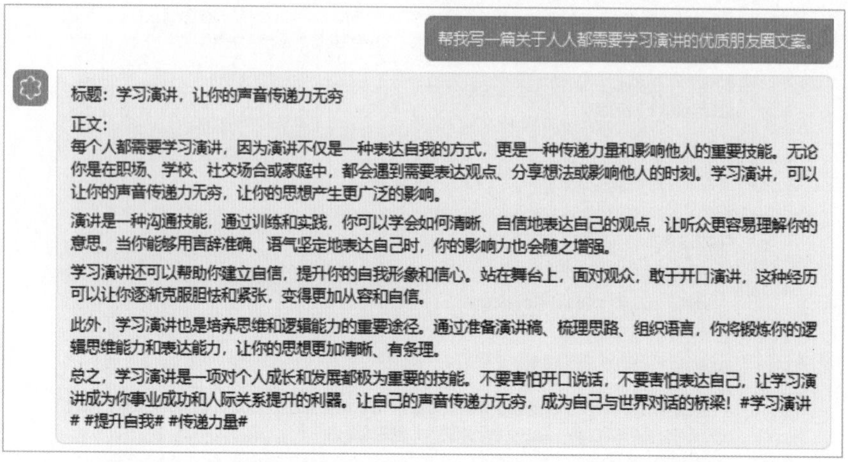

帮我写一篇关于人人都需要学习演讲的优质朋友圈文案。

标题：学习演讲，让你的声音传递力无穷

正文：

每个人都需要学习演讲，因为演讲不仅是一种表达自我的方式，更是一种传递力量和影响他人的重要技能。无论你是在职场、学校、社交场合或家庭中，都会遇到需要表达观点、分享想法或影响他人的时刻。学习演讲，可以让你的声音传递力无穷，让你的思想产生更广泛的影响。

演讲是一种沟通技能，通过训练和实践，你可以学会如何清晰、自信地表达自己的观点，让听众更容易理解你的意思。当你能够用言辞准确、语气坚定地表达自己时，你的影响力也会随之增强。

学习演讲还可以帮助你建立自信，提升你的自我形象和信心。站在舞台上，面对观众，敢于开口演讲，这种经历可以让你逐渐克服胆怯和紧张，变得更加从容和自信。

此外，学习演讲也是培养思维和逻辑能力的重要途径。通过准备演讲稿、梳理思路、组织语言，你将锻炼你的逻辑思维能力和表达能力，让你的思想更加清晰、有条理。

总之，学习演讲是一项对个人成长和发展都极为重要的技能。不要害怕开口说话，不要害怕表达自己，让学习演讲成为你事业成功和人际关系提升的利器。让自己的声音传递力无穷，成为自己与世界对话的桥梁！#学习演讲# #提升自我# #传递力量#

图 1-15　大而抽象的问题会使 ChatGPT 生成的内容不够具体

同样的问题，如果我们用具体的方式再次提问，例如向ChatGPT提问：“帮我写一篇关于‘人人都需要学习演讲’的朋友圈文案，符合‘开头有吸引力、简洁明了、情感共鸣、有价值、结构清晰、个性化和互动性’等优质文案的特点。”得到的答案开头以问题吸引他人注意力，文字更简洁了，结构也更清楚了，最后还增加了互动。更让人惊讶的是，它还自动配了表情，如图1-16所示。

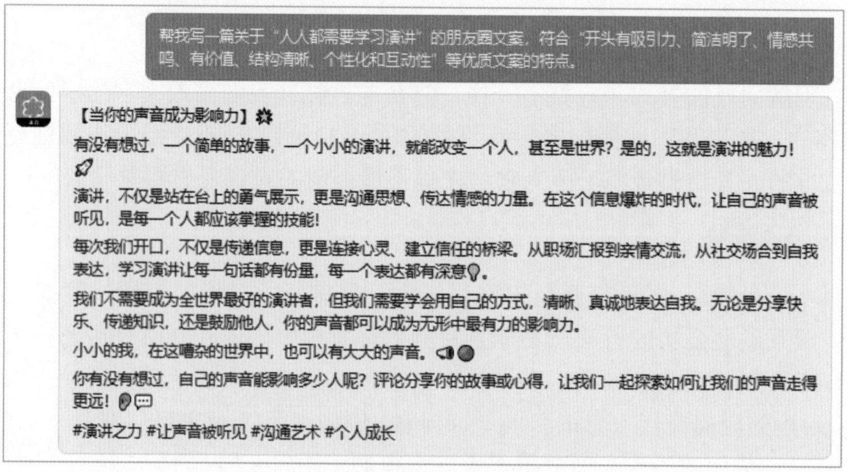

帮我写一篇关于“人人都需要学习演讲”的朋友圈文案，符合“开头有吸引力、简洁明了、情感共鸣、有价值、结构清晰、个性化和互动性”等优质文案的特点。

【当你的声音成为影响力】

有没有想过，一个简单的故事，一个小小的演讲，就能改变一个人，甚至是世界？是的，这就是演讲的魅力！

演讲，不仅是站在台上的勇气展示，更是沟通思想、传达情感的力量。在这个信息爆炸的时代，让自己的声音被听见，是每一个人都应该掌握的技能！

每次我们开口，不仅是传递信息，更是连接心灵、建立信任的桥梁。从职场汇报到亲情交流，从社交场合到自我表达，学习演讲让每一句话都有份量，每一个表达都有深意。

我们不需要成为全世界最好的演讲者，但我们需要学会用自己的方式，清晰、真诚地表达自我。无论是分享快乐、传递知识，还是鼓励他人，你的声音都可以成为无形中最有力的影响力。

小小的我，在这嘈杂的世界中，也可以有大大的声音。

你有没有想过，自己的声音能影响多少人呢？评论分享你的故事或心得，让我们一起探索如何让我们的声音走得更远！

#演讲之力 #让声音被听见 #沟通艺术 #个人成长

图 1-16　ChatGPT 根据具体问题生成的答案

4. 提问时代入身份

在提问的过程中赋予ChatGPT必要的角色身份，能够让它对号入座，知道我们所处的领域，从而更好地理解我们的需求，进而生成更精准的回复。例如，向ChatGPT提问："我想去杭州玩，帮我做一份2天的旅游攻略。"由于没有设定具体的身份，它的回答如图1-17所示。

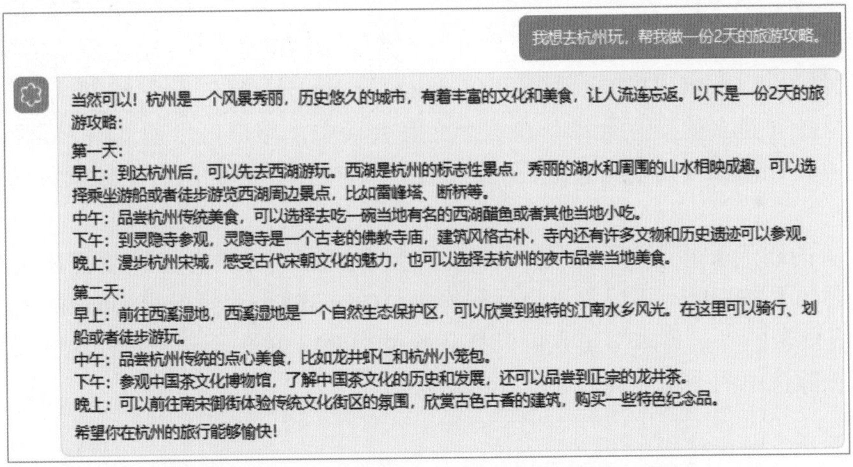

我想去杭州玩，帮我做一份2天的旅游攻略。

当然可以！杭州是一个风景秀丽，历史悠久的城市，有着丰富的文化和美食，让人流连忘返。以下是一份2天的旅游攻略：

第一天：
早上：到达杭州后，可以先去西湖游玩。西湖是杭州的标志性景点，秀丽的湖水和周围的山水相映成趣。可以选择乘坐游船或者徒步游览西湖周边景点，比如雷峰塔、断桥等。
中午：品尝杭州传统美食，可以选择去吃一碗当地有名的西湖醋鱼或者其他当地小吃。
下午：到灵隐寺参观，灵隐寺是一个古老的佛教寺庙，建筑风格古朴，寺内还有许多文物和历史遗迹可以参观。
晚上：漫步杭州宋城，感受古代宋朝文化的魅力，也可以选择去杭州的夜市品尝当地美食。

第二天：
早上：前往西溪湿地，西溪湿地是一个自然生态保护区，可以欣赏到独特的江南水乡风光。在这里可以骑行、划船或者徒步游玩。
中午：品尝杭州传统的点心美食，比如龙井虾仁和杭州小笼包。
下午：参观中国茶文化博物馆，了解中国茶文化的历史和发展，还可以品尝到正宗的龙井茶。
晚上：可以前往南宋御街体验传统文化街区的氛围，欣赏古色古香的建筑，购买一些特色纪念品。

希望你在杭州的旅行能够愉快！

图1-17　未代入身份时ChatGPT生成的旅游行程安排

当我们在问题中代入了导游的角色输入之后，重新提问："我想去杭州玩，请你以导游的身份，帮我做一份2天的旅游攻略。"这样得出的回答更加具体，并像导游一样对每一个景点进行了更为详细深入的介绍，如图1-18所示。

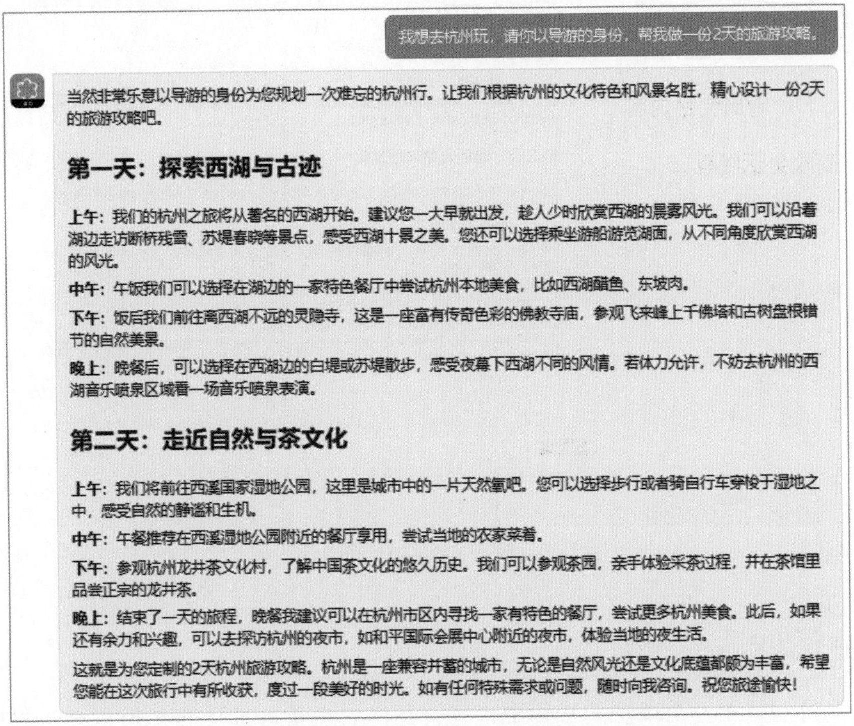

我想去杭州玩，请你以导游的身份，帮我做一份2天的旅游攻略。

当然非常乐意以导游的身份为您规划一次难忘的杭州行。让我们根据杭州的文化特色和风景名胜，精心设计一份2天的旅游攻略吧。

第一天：探索西湖与古迹

上午：我们的杭州之旅将从著名的西湖开始。建议您一大早就出发，趁人少时欣赏西湖的晨雾风光。我们可以沿着湖边走访断桥残雪、苏堤春晓等景点，感受西湖十景之美。您还可以选择乘坐游船游览湖面，从不同角度欣赏西湖的风光。

中午：午饭我们可以选择在湖边的一家特色餐厅中尝试杭州本地美食，比如西湖醋鱼、东坡肉。

下午：饭后我们前往离西湖不远的灵隐寺，这是一座富有传奇色彩的佛教寺庙，参观飞来峰上千佛塔和古树盘根错节的自然美景。

晚上：晚餐后，可以选择在西湖边的白堤或苏堤散步，感受夜幕下西湖不同的风情。若体力允许，不妨去杭州的西湖音乐喷泉区域看一场音乐喷泉表演。

第二天：走近自然与茶文化

上午：我们将前往西溪国家湿地公园，这里是城市中的一片天然氧吧。您可以选择步行或者骑自行车穿梭于湿地之中，感受自然的静谧和生机。

中午：午餐推荐在西溪湿地公园附近的餐厅享用，尝试当地的农家菜肴。

下午：参观杭州龙井茶文化村，了解中国茶文化的悠久历史。我们可以参观茶园，亲手体验采茶过程，并在茶馆里品尝正宗的龙井茶。

晚上：结束了一天的旅程，晚餐我建议可以在杭州市区内寻找一家有特色的餐厅，尝试更多杭州美食。此后，如果还有余力和兴趣，可以去探访杭州的夜市，如和平国际会展中心附近的夜市，体验当地的夜生活。

这就是为您定制的2天杭州旅游攻略。杭州是一座兼容并蓄的城市，无论是自然风光还是文化底蕴都颇为丰富，希望您能在这次旅行中有所收获，度过一段美好的时光。如有任何特殊需求或问题，随时向我咨询。祝您旅途愉快！

图1-18　代入导游身份后ChatGPT的回答将更加详细深入

由此可见，当我们向ChatGPT提问时，给它代入一个假设的身份并加上更多具体的需求，它的回答将会更加准确和优质。

1.5 ChatGPT 的会话设定

在WeTab的ChatGPT会话界面中，用户可以在界面左侧窗格中单击，查看或切换与ChatGPT之间的会话线程。ChatGPT的会话线程(Session Thread)是指在一段时间内，一个用户与ChatGPT模型之间建立的交互会话。在这个交互会话中，用户可以通过输入问题与ChatGPT模型进行交互，ChatGPT模型则会返回相应的回答或响应。不同的会话线程之间不能直接共享上下文。

单击【新的聊天】按钮可以创建一个新的会话线程，将鼠标指针放置在某个会话线程上，单击【导出】按钮，可以将该会话线程中与ChatGPT的对话导出为.md格式的文件(使用Windows系统自带的“记事本”工具可以打开此类文件)，单击会话线程左侧的【删除】按钮，则可以删除选中的会话线程，如图1-19所示。

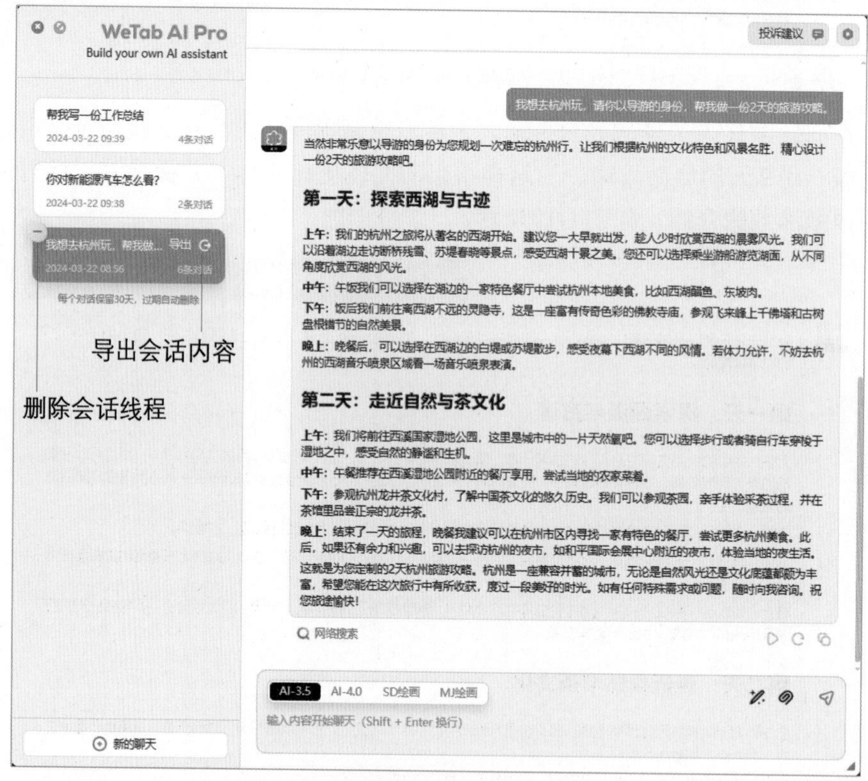

图 1-19　管理 ChatGPT 的会话线程

1.5.1 会话线程

会话线程通常是在一个单独的线程中进行会话，它负责处理所有与用户之间的交互。在会话线程中，ChatGPT模型会根据用户输入的历史记录来生成相应的回答或响应。同时，会话线程还可以负责处理一些与用户相关的任务，例如用户认证、权限验证等。

ChatGPT的会话线程通常采用长连接的方式与用户进行交互，这样可以避免每次交互都需要建立新的连接，从而提高交互的效率和响应速度。同时，会话线程也可以充分利用线程上下文的共享特性，避免各个线程之间的同步和竞争问题，提高应用程序的性能和效率。

在与ChatGPT进行交互时，一个用户可以同时在多个会话线程中进行交互，每个会话线程都会维护自己的上下文和状态，从而为用户提供个性化和针对性的服务。因此，在不同的会话线程中有针对性地向ChatGPT提出同类型的问题，有助于它给出准确、优质的答案。

1.5.2　上下文

ChatGPT会话的上下文(Context)是指在一个交互会话中，记录和保存当前会话状态和历史信息的数据结构或对象。它通常包含了用户之前的输入和ChatGPT的输出，以及一些其他相关的信息。会话的上下文对于ChatGPT的问答系统来说非常重要。在会话过程中，ChatGPT会不断根据这些历史信息来生成相应的回答或响应，这就需要通过会话的上下文来记录和保存这些历史信息。在ChatGPT中，会话的上下文通常是一个类似字典的数据结构，它包含了多个键值对，每个键值都对应了一个不同的信息项。例如，在一个问答会话中，会话的上下文可能包含以下信息。

- history：记录用户之前输入的问题和ChatGPT的输出。
- user_info：用户的个人信息，例如姓名、性别、年龄等。
- session_id：当前会话的ID。
- status：当前会话的状态，例如正在进行或已经完成等。

在一个会话线程中使用上下文，可以使ChatGPT更好地理解用户的问题，并提供准确的答案。例如，我们先问ChatGPT“什么是机器学习？”。在得到关于机器学习的相关介绍后，我们可以问ChatGPT“它是如何工作的？”，而不需要再说明“它”是什么，ChatGPT会自动联系上文答复。

又如，我们可以先向ChatGPT提问“一份优秀的求职简历需要具备哪些元素？”，在得到ChatGPT的回复后，再向它提问“能帮我整理一份模板吗？”，ChatGPT会自动联系上下文中总结的元素，整理一份求职简历模板(扫描右侧的二维码可观看视频演示)。

1.5.3　答案重生成

在与ChatGPT交互的过程中，同一个问题可以生成不同的答案。在ChatGPT响应后，如果我们对它的答案不满意，或者想获取多个答案进行对比，可以通过单击图1-19所示答案右下角的【重试】按钮，重生成答案(Regenerate Response)。ChatGPT对于同一个问题，每次生成的答案都不同，用户可以单击【复制】按钮，复制每次生成的答案，将其粘贴(按Ctrl+V键)到其他文档中进行对比。

当ChatGPT回复的答案令人满意时，我们还可以单击【继续输出】按钮，让它以此为基础继续输出问题的答案。继续输出图1-18所示问题的答案，结果如图1-20所示。

继续

非常感谢您的继续！接下来，我将继续为您规划杭州两天的行程安排。

第三天：历史文化与美食之旅

上午：今天的行程将以探索杭州历史文化为主题。我们可以前往宋城景区，这里展示了宋代的建筑、文化及生活场景，让您仿佛穿越时光回到宋代。在这里您可以感受中国古代的韵味，欣赏各种表演和手工艺品。

中午：午餐建议您品尝杭州的传统美食之一——宋妈红糖糍粑、糖藕等，尽情享受美食带来的幸福感。

下午：下午我们前往中国丝绸博物馆，了解中国丝绸文化的发展历史，欣赏各种丝绸艺术品和展览。

晚上：晚餐结束后，可以前往位于杭州市中心的河坊街，这里是杭州著名的历史文化街区，可以购买特色纪念品、品尝当地小吃，感受浓厚的文化氛围。

第四天：山水田园风光

上午：我们将前往杭州的三潭印月景区，这里有着优美的山水景色和别具特色的园林建筑，是感受中国江南田园风光的绝佳去处。

中午：在景区内的餐厅品尝午餐，尝试一些特色美食，休息片刻，为下午的探索做好准备。

下午：下午我们前往杭州的千岛湖，可以选择乘船游览湖景，欣赏碧水环绕的群山和岛屿，远离喧嚣，感受大自然的宁静。

晚上：回到市区后，您可以选择在杭州的高档餐厅品尝美食，或者在西湖边的咖啡馆或酒吧放松身心，回味这段难忘的旅程。

这就是为您安排的四天精彩行程。杭州拥有独特的自然风光、丰富的文化底蕴和美食，希望您在旅行中能充分体验到这座城市的魅力。如果您还有任何需求或想了解更多信息，请随时告诉我，我将竭诚为您服务。祝您旅途愉快，留下美好的回忆！

网络搜索

图 1-20　ChatGPT 继续输出第三天和第四天的旅游攻略

1.6　ChatGPT 的应用领域

ChatGPT通过对人类语言和语境的理解，可以模拟人类的对话和思维过程，达到与人类交流的目的。相比其他人工智能技术，ChatGPT更加注重模拟人类的语言交流和思维方式。因此，ChatGPT可以处理非结构化的自然语言数据，能够更好地应对各种复杂的场景和情境。它可以在各行业广泛应用，包括文学创作、教育教学、金融投资、法律咨询等领域，为相应行业提供智能化、高效化的服务和解决方案。

1.6.1　文学创作

2024年，33岁日本作家九段理江(Rie Kudan)使用ChatGPT辅助创作的科幻小说《东京都同情塔》(*Tokyo-to Dojo-to*)，获得了日本顶级文学奖“芥川奖”(小说于2024年1月17日正式出版)。在颁奖台上九段理江在感言中称，ChatGPT帮助自己释放了潜力。她将AI视为灵感的来源，是创作过程中的伴侣。

随着人工智能技术的不断发展，ChatGPT的文本生成能力已经达到甚至超过了一般人类的水平。它不仅可以辅助人类写小说，还可以创作诗歌、散文、戏剧及儿童故事等。当我们创作灵感枯竭、毫无头绪时，ChatGPT的推理能力可以为我们提供创作思路与灵感；当我们有鉴赏小说的经历，却没有创作小说的能力时，ChatGPT的扩写能力结合推理能力，可以帮助我们用文字实现脑海里天马行空的世界，实现我们对文学世界的美好幻想。此外，ChatGPT的风格转换能力，还可以使它化身为各种风格的作家，或是模仿其他作家的文笔，进行各种风格作品的创作。

1. 辅助创作小说

创作一篇小说，核心在于构思与创作。

- 构思就是在动手写之前，先想清楚要写一篇什么样的小说。具体要想清楚小说的主题风格、故事背景、角色设计、故事情节。
- 创作就是根据小说构思，应用一些写作技巧，完成初稿的写作、修改与润色。

1) 构思故事背景

首先是构思，这个步骤非常重要，它是创作小说的基调。有不少对写小说跃跃欲试的新手，常常是看完一篇好小说后脑袋一热，就直接在键盘上“策马奔腾”，洋洋洒洒写出上万字小说。但是，当重新回顾那些不经构思的小说时，常常发现那些角色性格突变剧烈，前边男主是内敛深沉的性格，后边不知不觉就成了搞笑男；或者整体风格混乱，没有统一的基调；或者故事线扭曲。此时，可以让 ChatGPT来辅助构思，或者为小说内容提供构思的灵感。

例如，确定创作小说的主题风格为悬疑推理，然后向ChatGPT提出问题：“我想写一篇悬疑推理小说，请帮我设计一个故事背景，300字左右。”，让它给出故事背景的建议，如图1-21所示。

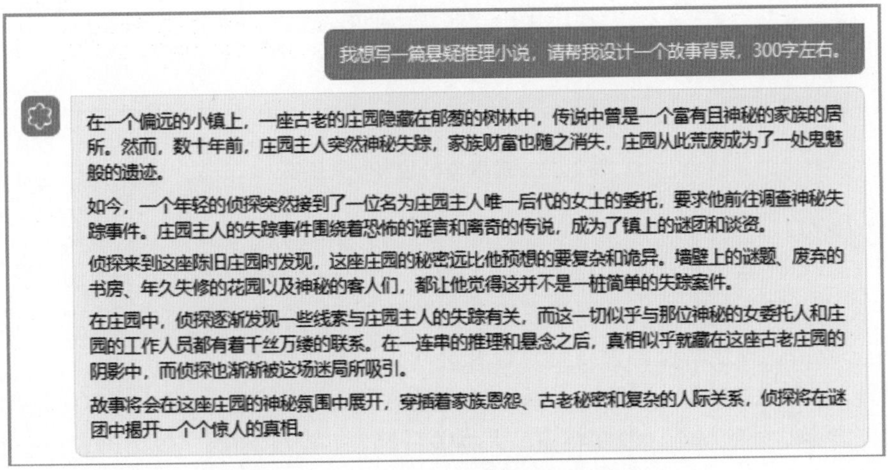

我想写一篇悬疑推理小说，请帮我设计一个故事背景，300字左右。

在一个偏远的小镇上，一座古老的庄园隐藏在郁葱的树林中，传说中曾是一个富有且神秘的家族的居所。然而，数十年前，庄园主人突然神秘失踪，家族财富也随之消失，庄园从此荒废成为了一处鬼魅般的遗迹。

如今，一个年轻的侦探突然接到了一位名为庄园主人唯一后代的女士的委托，要求他前往调查神秘失踪事件。庄园主人的失踪事件围绕着恐怖的谣言和离奇的传说，成为了镇上的谜团和谈资。

侦探来到这座陈旧庄园时发现，这座庄园的秘密远比他预想的要复杂和诡异。墙壁上的谜题、废弃的书房、年久失修的花园以及神秘的客人们，都让他觉得这并不是一桩简单的失踪案件。

在庄园中，侦探逐渐发现一些线索与庄园主人的失踪有关，而这一切似乎与那位神秘的女委托人和庄园的工作人员都有着千丝万缕的联系。在一连串的推理和悬念之后，真相似乎就藏在这座古老庄园的阴影中，而侦探也渐渐被这场迷局所吸引。

故事将会在这座庄园的神秘氛围中展开，穿插着家族恩怨、古老秘密和复杂的人际关系，侦探将在谜团中揭开一个个惊人的真相。

图 1-21　使用 ChatGPT 提供小说故事背景

此时，如果图1-21中ChatGPT给出的故事背景不是想要的，可以将问题描述得更确切一些，例如重新提问“我想写一篇悬疑推理小说，请帮我设计一个基于明代历史的故事背景，300字左右。”如图1-22所示。

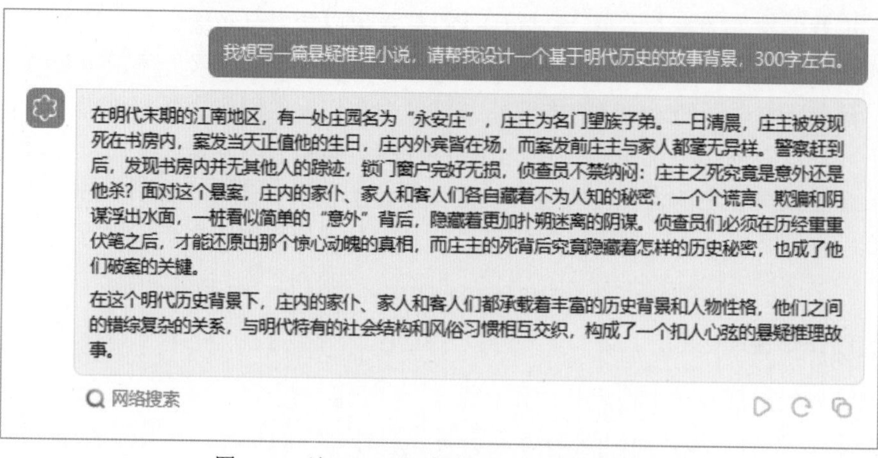

图 1-22　让 ChatGPT 根据设定修改故事背景

如果我们觉得ChatGPT生成的故事背景还不错，可以单击【继续输出】按钮▷，让它根据前面设定的小说故事背景继续输出故事内容，如图1-23所示。利用ChatGPT对小说内容的反复修正和输出，可以帮助我们构建出最终需要的小说内容构思和故事框架。

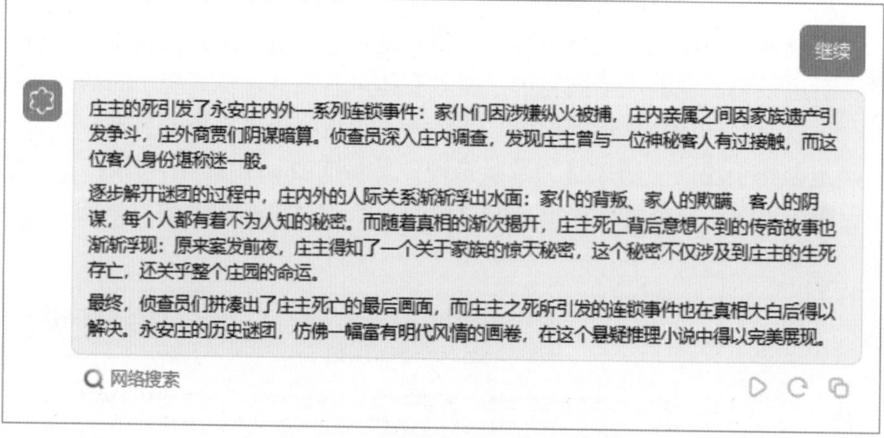

图 1-23　继续输出故事背景思路

2) 设计小说角色

完成小说故事背景的设计后，接下来需要设计小说中的各种角色。在这个阶段，我们可以让ChatGPT设计出主角、配角、反派等任何你想要的角色。角色设计的要求一般是设计出角色姓名、性别、年龄、外貌特征、性格特点、社会身份以及角色关系等。

我们可以向ChatGPT提出问题：“基于以上故事背景设计角色，设计内容包括每个角色的姓名、性别、年龄、外貌特征、性格特点、人物关系等，字数在300字左右。”，如图1-24所示。有时ChatGPT生成的答案并不能够完全包含我们设定的问题，可以单击【重试】按钮↻，让它不断重新生成新的答案，直至得到满意的角色设定结果。

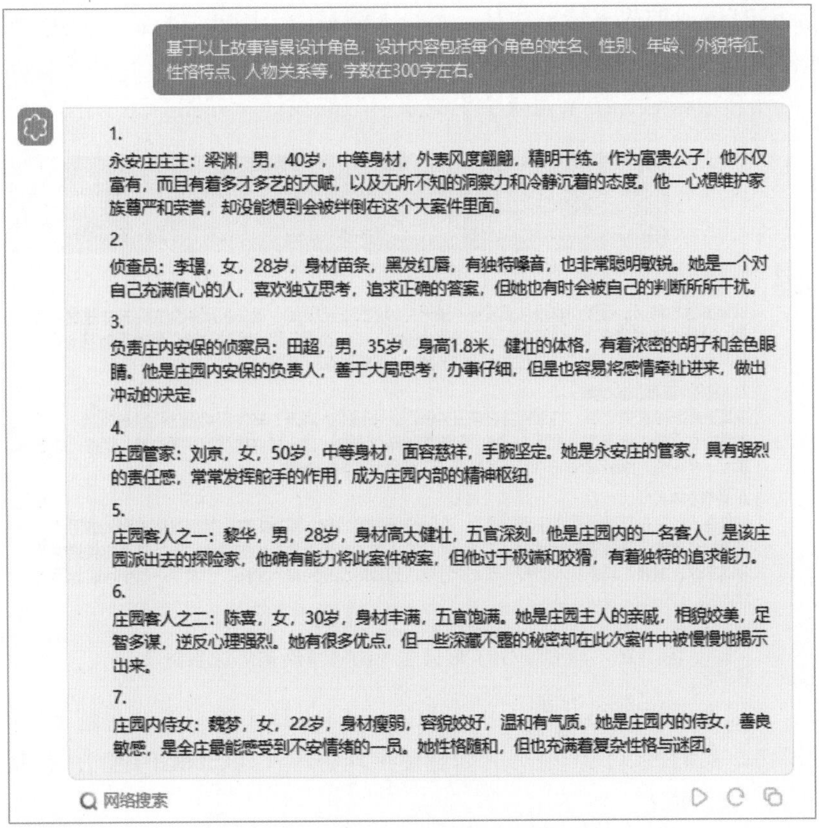

基于以上故事背景设计角色，设计内容包括每个角色的姓名、性别、年龄、外貌特征、性格特点、人物关系等，字数在300字左右。

1.
永安庄庄主：梁渊，男，40岁，中等身材，外表风度翩翩，精明干练。作为富贵公子，他不仅富有，而且有着多才多艺的天赋，以及无所不知的洞察力和冷静沉着的态度。他一心想维护家族尊严和荣誉，却没能想到会被绊倒在这个大案件里面。

2.
侦查员：李璟，女，28岁，身材苗条，黑发红唇，有独特嗓音，也非常聪明敏锐。她是一个对自己充满信心的人，喜欢独立思考，追求正确的答案，但她也有时会被自己的判断所所干扰。

3.
负责庄内安保的侦察员：田超，男，35岁，身高1.8米，健壮的体格，有着浓密的胡子和金色眼睛。他是庄园内安保的负责人，善于大局思考，办事仔细，但是也容易将感情牵扯进来，做出冲动的决定。

4.
庄园管家：刘京，女，50岁，中等身材，面容慈祥，手腕坚定。她是永安庄的管家，具有强烈的责任感，常常发挥舵手的作用，成为庄园内部的精神枢纽。

5.
庄园客人之一：黎华，男，28岁，身材高大健壮，五官深刻。他是庄园内的一名客人，是该庄园派出去的探险家，他确有能力将此案件破案，但他过于极端和狡猾，有着独特的追求能力。

6.
庄园客人之二：陈喜，女，30岁，身材丰满，五官饱满。她是庄园主人的亲戚，相貌姣美，足智多谋，逆反心理强烈。她有很多优点，但一些深藏不露的秘密却在此次案件中被慢慢地揭示出来。

7.
庄园内侍女：魏梦，女，22岁，身材瘦弱，容貌姣好，温和有气质。她是庄园内的侍女，善良敏感，是全庄最能感受到不安情绪的一员。她性格随和，但也充满着复杂性格与谜团。

网络搜索

图 1-24　使用 ChatGPT 设计小说角色

3) 设计故事情节

完成角色设计后，就可以开始设计小说的故事情节了。故事情节就像是小说的骨骼脉络，一篇小说内容的优劣，很大程度取决于是否能设计出好的故事情节。

向ChatGPT提出问题，它会按要求一步到位直接设计出故事情节，如图1-25所示。

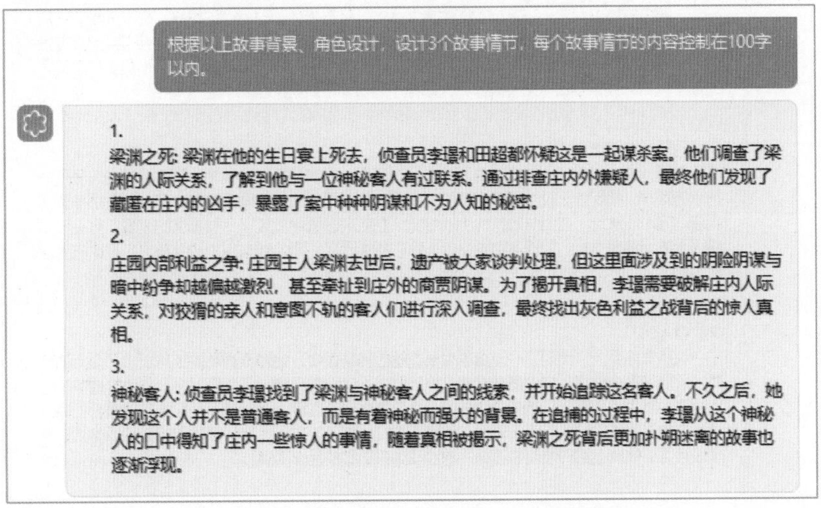

根据以上故事背景、角色设计，设计3个故事情节，每个故事情节的内容控制在100字以内。

1.
梁渊之死: 梁渊在他的生日宴上死去，侦查员李璟和田超都怀疑这是一起谋杀案。他们调查了梁渊的人际关系，了解到他与一位神秘客人有过联系。通过排查庄内外嫌疑人，最终他们发现了藏匿在庄内的凶手，暴露了案中种种阴谋和不为人知的秘密。

2.
庄园内部利益之争: 庄园主人梁渊去世后，遗产被大家谈判处理，但这里面涉及到的阴险阴谋与暗中纷争却越偏越激烈，甚至牵扯到庄外的商贾阴谋。为了揭开真相，李璟需要破解庄内人际关系，对狡猾的亲人和意图不轨的客人们进行深入调查，最终找出灰色利益之战背后的惊人真相。

3.
神秘客人: 侦查员李璟找到了梁渊与神秘客人之间的线索，并开始追踪这名客人。不久之后，她发现这个人并不是普通客人，而是有着神秘而强大的背景。在追捕的过程中，李璟从这个神秘人的口中得知了庄内一些惊人的事情，随着真相被揭示，梁渊之死背后更加扑朔迷离的故事也逐渐浮现。

图 1-25　使用 ChatGPT 设计小说故事情节

但是，ChatGPT生成的故事情节往往是不令人满意的。因此我们需要一步步引导它先思考后设计，例如提问“引人入胜的悬疑小说，故事情节都有哪些元素呢？”。当ChatGTP给出了思考结果后，再让它根据思考结果完成小说故事情节的设计，如图1-26所示。

请根据以上悬疑小说的6个元素，重新设计“梁渊致死”、“庄园内部利益之争”和“神秘客人”这3个小说故事情节，让故事情节有更多的转折，结尾更加出乎意料，每个故事情节的字数控制在100字左右。

1.《梁渊之死》
梁渊去世的背后，调查员李璟与田超逐渐揭开庄园内曲折的谜团。他们发现梁渊实际并非遇害，而是一场精心策划的诡计。庄园内不法之徒暗中操控一切，企图窃取庄园的财富。真凶逐渐浮出水面，身份令人震惊。最终，庄园主人梁渊苏醒，一切阴谋瞬间瓦解。

2.《庄园内部利益之争》
庄园主梁渊意外身亡后，内部利益之争日益激烈。李璟深入调查，却发现梁渊的死并非偶然。庄园内部多重矛盾和秘密浮上水面，一桩旧案再度被牵扯进来，让一切变得更加扑朔迷离。最终，李璟揭示了神秘势力操纵背后的阴谋，并揭露了庄园利益之争的真相。

3.《神秘客人》
神秘客人的到来打破了梁渊庄园的平静，李璟跟随线索追踪，却发现客人背后隐藏着更大的阴谋。追踪的过程中，李璟意外发现梁渊庄园和神秘客人之间有着千丝万缕的联系，一场横跨年代的阴谋浮出水面。最终，真相令人匪夷所思，神秘客人的目的出乎所有人意料，引发了一场惊天的谜团揭开。

图 1-26　让 ChatGPT 根据思考结果重新构思故事情节

这样经过引导思考再实践的过程，可以让ChatGPT设计出更好的小说情节。除此之外，还可以让它直接模仿。我们可以找一些著名的悬疑推理小说，让ChatGPT参考这些小说的故事情节来设计，如图1-27所示。

参考钱雁秋的《神探狄仁杰》来重新设计“梁渊致死”、“庄园内部利益之争”和“神秘客人”这3个小说故事情节，每个故事情节的字数不少于100字左右。

由于我无法直接引用钱雁秋的作品或其具体内容，因此我将提供受《神探狄仁杰》启发的原创故事情节，这些情节将会保持类似的历史侦探风格和设定模型。

1.
梁渊致死:
梁渊，知名的御史大夫，在官位稳固时突然死亡，帝国内外都对此议论纷纷。他被发现倒在府邸的书房中，身旁散落着密密麻麻的奏折，一张纸条握在冰冷的掌心。狄仁杰经过细致观察发现，书房中的每一本书都被翻看过，而那张纸条上所书写的信息虽然暗淡，却透露出惊天动地的国家机密。真相浮出水面—梁渊因为掌握了能够动摇朝廷的秘密而遭人毒手。

2.
庄园内部利益之争:
鸣凤庄园，这个代代传承的贵族庄园主人王仁死于一场神秘的狩猎事故。原本应该由长子王宏继承的家产，却因为王仁生前遗言不明，使得儿女们开始为遗产爆发激烈斗争。狄仁杰被邀请调查此案时注意到了庄园扶疏竹林中的破绽，在层层迷雾中发现了一张撕碎的遗嘱，另一张则完好无损但藏有玄机，领悟其中含义后，狄仁杰揭示了一场金钱与权力的斗争，以及家族间深藏的秘密。

3.
神秘客人:
在一次皇宫盛宴上，出现了一位自称来自边疆的神秘使者。他慷慨激昂的言辞赢得了众人的称赞，但随着宴会结束，这位使者就像从未出现过一样消失无踪。不久后，一个与他有过争执的大臣家中发生了盗案，珍贵的宝物失窃。狄仁杰在调查过程中追踪到了一串神秘的银针，每根针都刻有不同的符号。深入探查后，他发现这位“客人”实际上是一名精于暗杀和间谍活动的高级特工，银针上的符号则是通向一桩涉及国家机密的巨大阴谋。

图 1-27　让 ChatGPT 参考《神探狄仁杰》设计小说故事情节

至此，我们根据ChatGPT的推理能力，同时灵活应用了提示策略，完成了一篇悬疑推理小说的大概构思。在构思过程中，ChatGPT可以给我们提供思路、灵感和内容。更重要的是，当我们决定使用ChatGPT来辅助写小说时，这些构思将会是ChatGPT的上下文信息，是它写作的基础大纲。如果ChatGPT没有这些构思，那么它写出来的小说有可能会出现前言不搭后语的情况。因此，我们在使用ChatGPT辅助创作小说的同时，一定要将小说的构思内容复制到文档中进行保存。当需要打开一个新的ChatGPT对话，让它来提供小说情节思路时，就需要把这些构思提供给它。下面通过一个完整的示例来演示整个过程。

【例 1-2】使用设定好的故事背景让ChatGPT构思一篇悬疑小说的故事情节。

01 按照故事的设定设计一个故事背景，然后将背景提供给ChatGPT，让它根据背景设计角色，如图 1-28 所示。

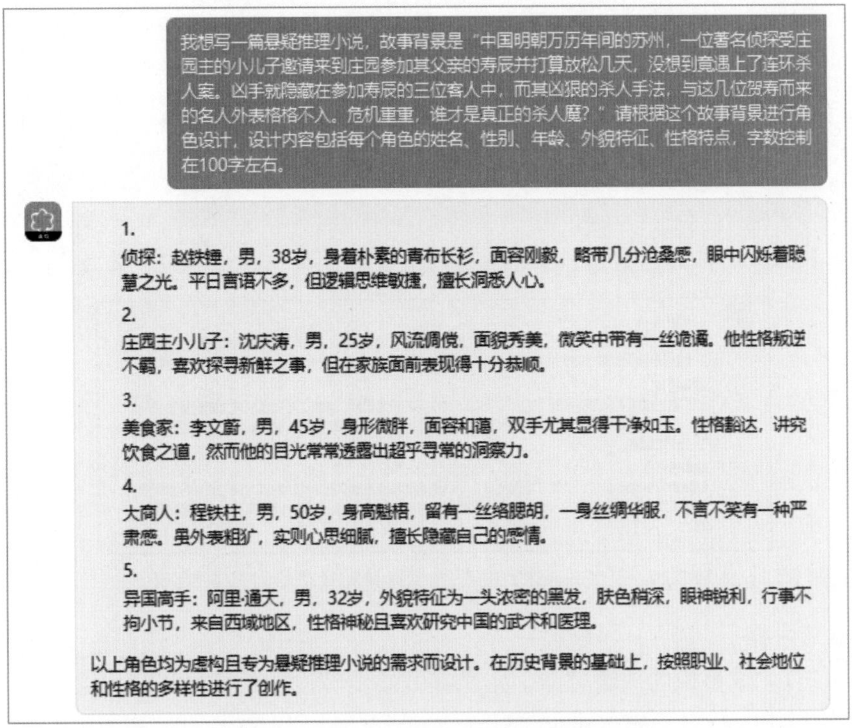

我想写一篇悬疑推理小说，故事背景是“中国明朝万历年间的苏州，一位著名侦探受庄园主的小儿子邀请来到庄园参加其父亲的寿辰并打算放松几天，没想到竟遇上了连环杀人案。凶手就隐藏在参加寿辰的三位客人中，而其凶狠的杀人手法，与这几位贺寿而来的名人外表格格不入。危机重重，谁才是真正的杀人魔？”请根据这个故事背景进行角色设计，设计内容包括每个角色的姓名、性别、年龄、外貌特征、性格特点，字数控制在100字左右。

1.
侦探：赵铁锤，男，38岁，身着朴素的青布长衫，面容刚毅，略带几分沧桑感，眼中闪烁着聪慧之光。平日言语不多，但逻辑思维敏捷，擅长洞悉人心。

2.
庄园主小儿子：沈庆涛，男，25岁，风流倜傥，面貌秀美，微笑中带有一丝诡谲。他性格叛逆不羁，喜欢探寻新鲜之事，但在家族面前表现得十分恭顺。

3.
美食家：李文蔚，男，45岁，身形微胖，面容和蔼，双手尤其显得干净如玉。性格豁达，讲究饮食之道，然而他的目光常常透露出超乎寻常的洞察力。

4.
大商人：程铁柱，男，50岁，身高魁梧，留有一丝络腮胡，一身丝绸华服，不言不笑有一种严肃感。虽外表粗犷，实则心思细腻，擅长隐藏自己的感情。

5.
异国高手：阿里·通天，男，32岁，外貌特征为一头浓密的黑发，肤色稍深，眼神锐利，行事不拘小节，来自西域地区，性格神秘且喜欢研究中国的武术和医理。

以上角色均为虚构且专为悬疑推理小说的需求而设计。在历史背景的基础上，按照职业、社会地位和性格的多样性进行了创作。

图 1-28　让 ChatGPT 根据故事背景设计角色

02 将图 1-28 生成的角色资料保存在一个文档中，再构建故事情节。为了让小说内容更严谨，在这之前可以重新问一遍ChatGPT：“引人入胜的悬疑小说，故事情节都有哪些元素呢？”让它在进行下一步的回答之前，先进行深入思考。

03 将故事情节和角色设计提供给ChatGPT，并给出参考让它生成故事情节，向ChatGPT提出以下问题：

> 请根据以上元素。同时参考钱雁秋的《神探狄仁杰》来为三引号内的故事背景和角色设计、构建3个故事情节，让故事情节有更多的转折，结尾更加出乎意料，每个故事情节的字数在50字以内。
>
> '''

故事背景：

中国明朝万历年间的苏州，一位著名侦探受庄园主的小儿子邀请来到庄园参加其父亲的寿辰并打算放松几天，没想到竟遇上了连环杀人案。凶手就隐藏在参加寿辰的三位客人中，而其凶狠的杀人手法，与这几位贺寿而来的名人外表格格不入。危机重重，谁才是真正的杀人魔？

角色设计：

1. 侦探：赵铁锤，男，38岁，身着朴素的青布长衫，面容刚毅，略带几分沧桑感，眼中闪烁着聪慧之光。平日言语不多，但逻辑思维敏捷，擅长洞悉人心。

2. 庄园主小儿子：沈庆涛，男，25岁，风流倜傥，面貌秀美，微笑中带有一丝诡谲。他性格叛逆不羁，喜欢探寻新鲜之事，但在家族面前表现得十分恭顺。

3. 美食家：李文蔚，男，45岁，身形微胖，面容和蔼，双手尤其显得干净如玉。性格豁达，讲究饮食之道，然而他的目光常常透露出超乎寻常的洞察力。

4. 大商人：程铁柱，男，50岁，身高魁梧，留有一丝络腮胡，一身丝绸华服，不言不笑有一种严肃感。虽外表粗犷，实则心思细腻，擅长隐藏自己的感情。

5. 异国高手：阿里·通天，男，32岁，外貌特征为一头浓密的黑发，肤色稍深，眼神锐利，行事不拘小节，来自西域地区，性格神秘且喜欢研究中国的武术和医理。

'''

在得到如图1-29所示的答案后，将ChatGPT生成的故事情节保存在一个文档中。

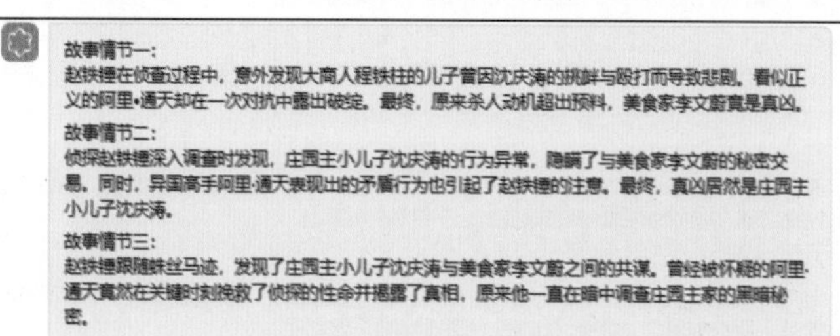

图 1-29　让 ChatGPT 根据故事背景和角色设计生成情节

4) 创作章节内容

使用ChatGPT生成小说的故事背景、角色和故事情节后，我们可以利用这些内容创建小说的标题和内容，向ChatGPT提出以下问题：

请根据以下三引号内的故事背景、角色设计和故事情节，来写一个章节的小说标题和内容，字数在200字左右。

'''

故事背景：

中国明朝万历年间的苏州，一位著名侦探受庄园主的小儿子邀请来到庄园参加其父亲的寿辰并打算放松几天，没想到竟遇上了连环杀人案。凶手就隐藏在参加寿辰的三位客人中，而其凶狠的杀人手法，与这几位贺寿而来的名人外表格格不入。危机重重，谁才是真正的杀人魔？

角色设计：

1. 侦探：赵铁锤，男，38岁，身着朴素的青布长衫，面容刚毅，略带几分沧桑感，眼中闪烁着聪慧之光。平日言语不多，但逻辑思维敏捷，擅长洞悉人心。

2. 庄园主小儿子：沈庆涛，男，25 岁，风流倜傥，面貌秀美，微笑中带有一丝诡谲。他性格叛逆不羁，喜欢探寻新鲜之事，但在家族面前表现得十分恭顺。

3. 美食家：李文蔚，男，45 岁，身形微胖，面容和蔼，双手尤其显得干净如玉。性格豁达，讲究饮食之道，然而他的目光常常透露出超乎寻常的洞察力。

4. 大商人：程铁柱，男，50 岁，身高魁梧，留有一丝络腮胡，一身丝绸华服，不言不笑有一种严肃感。虽外表粗犷，实则心思细腻，擅长隐藏自己的感情。

5. 异国高手：阿里 • 通天，男，32 岁，外貌特征为一头浓密的黑发，肤色稍深，眼神锐利，行事不拘小节，来自西域地区，性格神秘且喜欢研究中国的武术和医理。

故事情节：

赵铁锤在侦查过程中，意外发现大商人程铁柱的儿子曾因沈庆涛的挑衅与殴打而导致悲剧。看似正义的阿里 • 通天却在一次对抗中露出破绽。最终，原来杀人动机超出预料，美食家李文蔚竟是真凶。

'''

通常，ChatGPT生成的初稿存在内容堆积、通篇叙述、角色扁平，并且缺少文学技巧等一系列问题，如图1-30所示。用户可以要求ChatGPT进一步对内容进行调整，如图1-31所示。

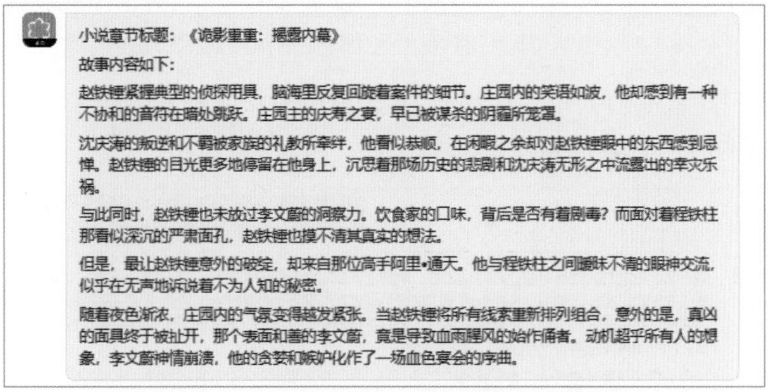

小说章节标题：《诡影重重：揭露内幕》

故事内容如下：

赵铁锤紧握典型的侦探用具，脑海里反复回旋着案件的细节。庄园内的笑语如波，他却感到有一种不协和的音符在暗处跳跃。庄园主的庆寿之宴，早已被谋杀的阴霾所笼罩。

沈庆涛的叛逆和不羁被家族的礼教所牵绊，他看似恭顺，在闲暇之余却对赵铁锤眼中的东西感到忌惮。赵铁锤的目光更多地停留在他身上，沉思着那场历史的悲剧和沈庆涛无形之中流露出的幸灾乐祸。

与此同时，赵铁锤也未放过李文蔚的洞察力。饮食家的口味，背后是否有着剧毒？而面对着程铁柱那看似深沉的严肃面孔，赵铁锤也摸不清其真实的想法。

但是，最让赵铁锤意外的破绽，却来自那位高手阿里•通天。他与程铁柱之间暧昧不清的眼神交流，似乎在无声地诉说着不为人知的秘密。

随着夜色渐浓，庄园内的气氛变得越发紧张。当赵铁锤将所有线索重新排列组合，意外的是，真凶的面具终于被扯开，那个表面和善的李文蔚，竟是导致血雨腥风的始作俑者。动机超乎所有人的想象，李文蔚神情崩溃，他的贪婪和嫉妒化作了一场血色宴会的序曲。

图 1-30　ChatGPT 生成的小说标题和初稿内容

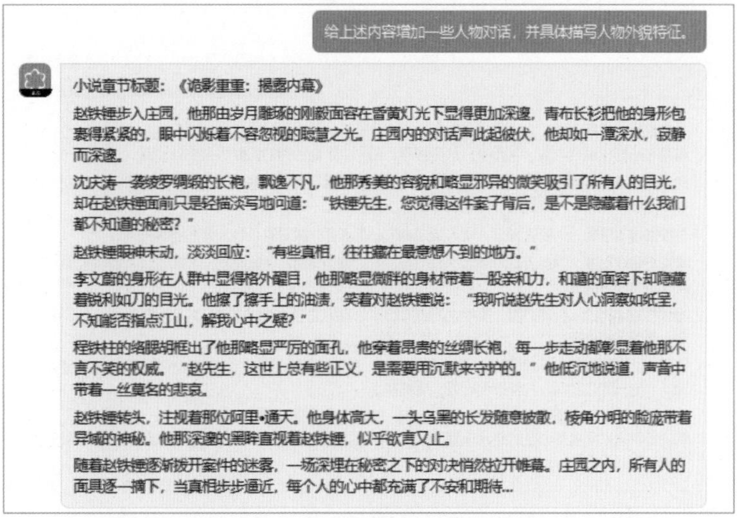

给上述内容增加一些人物对话，并具体描写人物外貌特征。

小说章节标题：《诡影重重：揭露内幕》

赵铁锤步入庄园，他那由岁月雕琢的刚毅面容在昏黄灯光下显得更加深邃，青布长衫把他的身形包裹得紧紧的，眼中闪烁着不容忽视的聪慧之光。庄园内的对话声此起彼伏，他却如一潭深水，寂静而深邃。

沈庆涛一袭绫罗绸缎的长袍，飘逸不凡，他那秀美的容貌和略显邪异的微笑吸引了所有人的目光，却在赵铁锤面前只是轻描淡写地问道："铁锤先生，您觉得这件案子背后，是不是隐藏着什么我们都不知道的秘密？"

赵铁锤眼神未动，淡淡回应："有些真相，往往藏在最意想不到的地方。"

李文蔚的身形在人群中显得格外醒目，他那略显微胖的身材带着一股亲和力，和蔼的面容下却隐藏着锐利如刀的目光。他擦了擦手上的油渍，笑着对赵铁锤说："我听说赵先生对人心洞察如纸呈，不知能否指点江山，解我心中之疑？"

程铁柱的络腮胡框出了他那略显严厉的面孔，他穿着昂贵的丝绸长袍，每一步走动都彰显着他那不言不笑的权威。"赵先生，这世上总有些正义，是需要用沉默来守护的。"他低沉地说道，声音中带着一丝莫名的悲哀。

赵铁锤转头，注视着那位阿里•通天。他身体高大，一头乌黑的长发随意披散，棱角分明的脸庞带着异域的神秘。他那深邃的黑眸直视着赵铁锤，似乎欲言又止。

随着赵铁锤逐渐拨开案件的迷雾，一场深埋在秘密之下的对决悄然拉开帷幕。庄园之内，所有人的面具逐一摘下，当真相步步逼近，每个人的心中都充满了不安和期待...

图 1-31　要求 ChatGPT 对创作的小说内容进一步调整

现在小说细节相对饱满了一些，但是感觉还是不够好，我们可以让ChatGPT先思考一下，比如问它“要写出一个好的悬疑推理小说开头，需要哪些要素？”或者直接参考著名作家的小说作品，如图1-32所示。

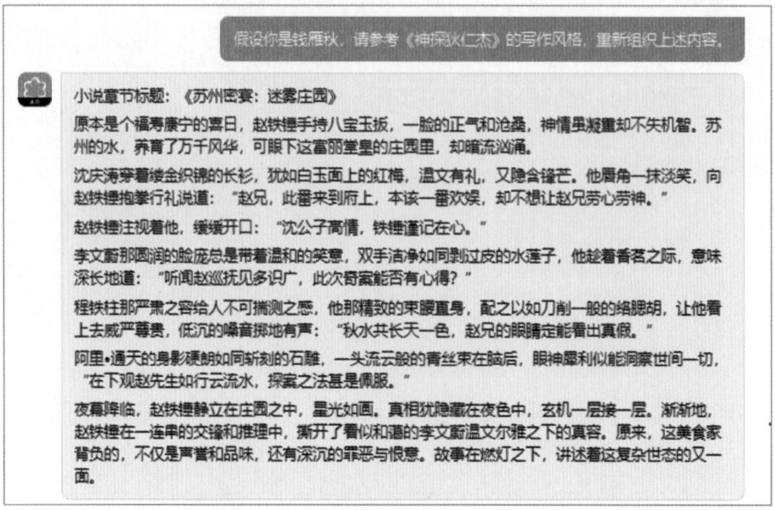

假设你是钱雁秋，请参考《神探狄仁杰》的写作风格，重新组织上述内容。

小说章节标题：《苏州密宴：迷雾庄园》

原本是个福寿康宁的喜日，赵铁锤手持八宝玉扳，一脸的正气和沧桑，神情虽凝重却不失机智。苏州的水，养育了万千风华，可眼下这富丽堂皇的庄园里，却暗流汹涌。

沈庆涛穿着缕金织锦的长衫，犹如白玉面上的红梅，温文有礼，又隐含锋芒。他唇角一抹淡笑，向赵铁锤抱拳行礼说道：“赵兄，此番来到府上，本该一番欢娱，却不想让赵兄劳心劳神。”

赵铁锤注视着他，缓缓开口：“沈公子高情，铁锤谨记在心。”

李文蔚那圆润的脸庞总是带着温和的笑意，双手洁净如同剥过皮的水莲子，他趁着香茗之际，意味深长地道：“听闻赵巡抚见多识广，此次奇案能否有心得？”

程铁柱那严肃之容给人不可揣测之感，他那精致的束腰直身，配之以如刀削一般的络腮胡，让他看上去威严尊贵，低沉的嗓音掷地有声：“秋水共长天一色，赵兄的眼睛定能看出真假。”

阿里•通天的身影硬朗如同斩刻的石雕，一头流云般的青丝束在脑后，眼神犀利似能洞察世间一切，“在下观赵先生如行云流水，探案之法甚是佩服。”

夜幕降临，赵铁锤静立在庄园之中，星光如画。真相犹隐藏在夜色中，玄机一层接一层。渐渐地，赵铁锤在一连串的交锋和推理中，撕开了看似和蔼的李文蔚温文尔雅之下的真容。原来，这美食家背负的，不仅是声誉和品味，还有深沉的罪恶与恨意。故事在燃灯之下，讲述着这复杂世态的又一面。

图 1-32　要求 ChatGPT 参考人类作家的风格组织小说内容

我们还可以引导ChatGPT对创作内容进行反思(如图1-33所示)，并要求ChatGPT根据反思结果重新组织小说内容，如图1-34所示。

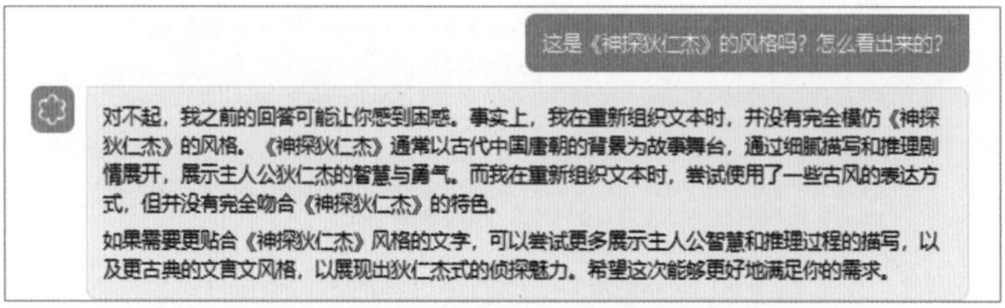

这是《神探狄仁杰》的风格吗？怎么看出来的？

对不起，我之前的回答可能让你感到困惑。事实上，我在重新组织文本时，并没有完全模仿《神探狄仁杰》的风格。《神探狄仁杰》通常以古代中国唐朝的背景为故事舞台，通过细腻描写和推理剧情展开，展示主人公狄仁杰的智慧与勇气。而我在重新组织文本时，尝试使用了一些古风的表达方式，但并没有完全吻合《神探狄仁杰》的特色。

如果需要更贴合《神探狄仁杰》风格的文字，可以尝试更多展示主人公智慧和推理过程的描写，以及更古典的文言文风格，以展现出狄仁杰式的侦探魅力。希望这次能够更好地满足你的需求。

图 1-33　要求 ChatGPT 反思创作的小说内容

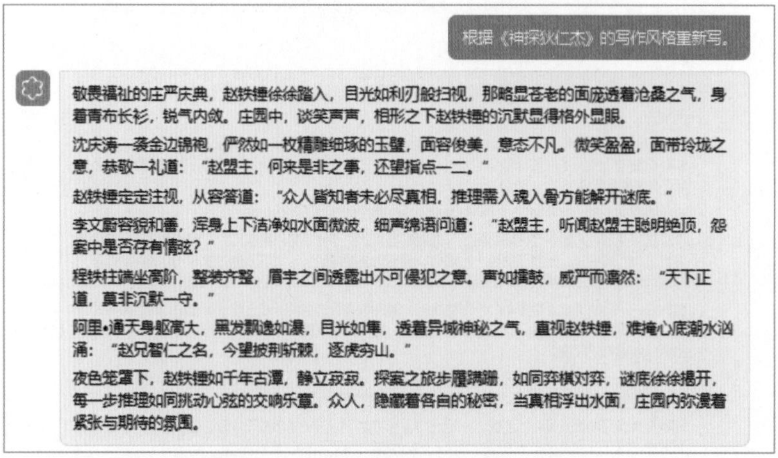

根据《神探狄仁杰》的写作风格重新写。

敬畏福祉的庄严庆典，赵铁锤徐徐踏入，目光如利刃般扫视，那略显苍老的面庞透着沧桑之气，身着青布长衫，锐气内敛。庄园中，谈笑声声，相形之下赵铁锤的沉默显得格外显眼。

沈庆涛一袭金边锦袍，俨然如一枚精雕细琢的玉璧，面容俊美，意态不凡。微笑盈盈，面带玲珑之意，恭敬一礼道：“赵盟主，何来是非之事，还望指点一二。”

赵铁锤定定注视，从容答道：“众人皆知者未必尽真相，推理需入魂入骨方能解开谜底。”

李文蔚容貌和善，浑身上下洁净如水面微波，细声绵语问道：“赵盟主，听闻赵盟主聪明绝顶，怨案中是否存有情弦？”

程铁柱端坐高阶，整装齐整，眉宇之间透露出不可侵犯之意。声如擂鼓，威严而凛然：“天下正道，莫非沉默一守。”

阿里•通天身躯高大，黑发飘逸如瀑，目光如隼，透着异域神秘之气，直视赵铁锤，难掩心底潮水汹涌：“赵兄智仁之名，今望披荆斩棘，逐虎穷山。”

夜色笼罩下，赵铁锤如千年古潭，静立寂寂。探案之旅步履蹒跚，如同弈棋对弈，谜底徐徐揭开，每一步推理如同挑动心弦的交响乐章。众人，隐藏着各自的秘密，当真相浮出水面，庄园内弥漫着紧张与期待的氛围。

图 1-34　要求 ChatGPT 根据反思结果重新组织内容

继续要求ChatGPT思考小说内容和参考作品的共同点，如图1-35所示，并要求它根据思考的结果重新生成并扩写内容，如图1-36所示。

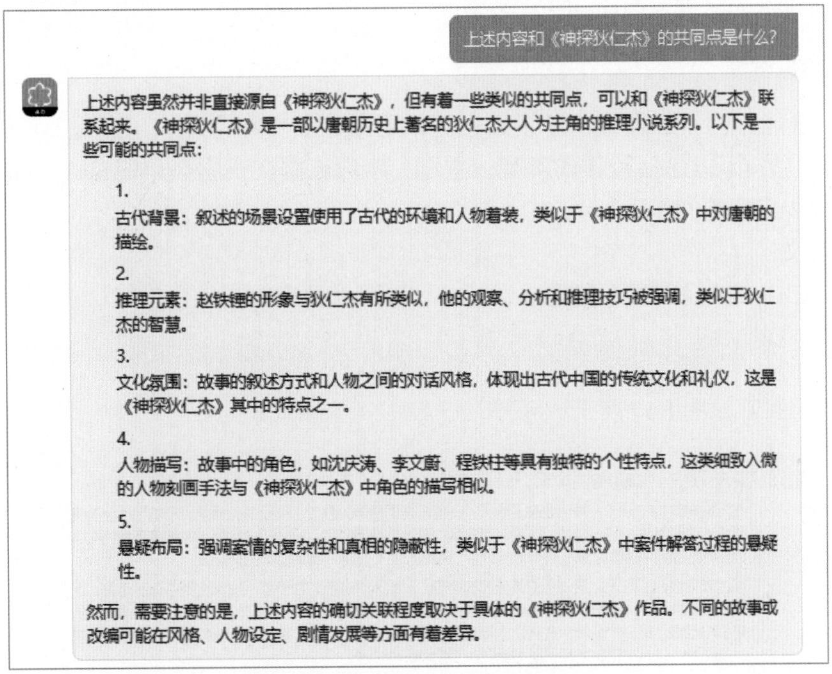

上述内容和《神探狄仁杰》的共同点是什么?

上述内容虽然并非直接源自《神探狄仁杰》，但有着一些类似的共同点，可以和《神探狄仁杰》联系起来。《神探狄仁杰》是一部以唐朝历史上著名的狄仁杰大人为主角的推理小说系列。以下是一些可能的共同点：

1.
古代背景：叙述的场景设置使用了古代的环境和人物着装，类似于《神探狄仁杰》中对唐朝的描绘。

2.
推理元素：赵铁锤的形象与狄仁杰有所类似，他的观察、分析和推理技巧被强调，类似于狄仁杰的智慧。

3.
文化氛围：故事的叙述方式和人物之间的对话风格，体现出古代中国的传统文化和礼仪，这是《神探狄仁杰》其中的特点之一。

4.
人物描写：故事中的角色，如沈庆涛、李文蔚、程铁柱等具有独特的个性特点，这类细致入微的人物刻画手法与《神探狄仁杰》中角色的描写相似。

5.
悬疑布局：强调案情的复杂性和真相的隐蔽性，类似于《神探狄仁杰》中案件解答过程的悬疑性。

然而，需要注意的是，上述内容的确切关联程度取决于具体的《神探狄仁杰》作品。不同的故事或改编可能在风格、人物设定、剧情发展等方面有着差异。

图 1-35　要求 ChatGPT 继续思考

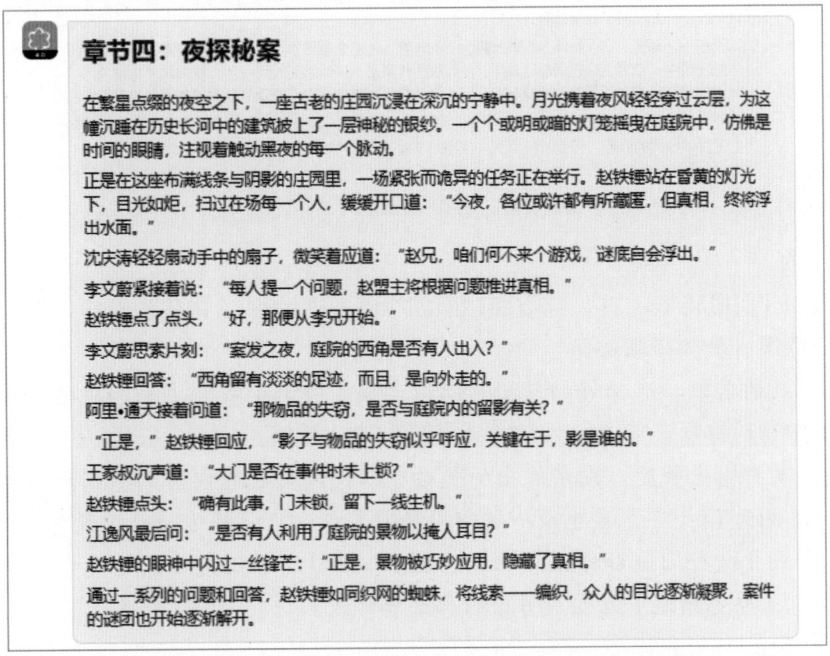

章节四：夜探秘案

在繁星点缀的夜空之下，一座古老的庄园沉浸在深沉的宁静中。月光携着夜风轻轻穿过云层，为这幢沉睡在历史长河中的建筑披上了一层神秘的银纱。一个个或明或暗的灯笼摇曳在庭院中，仿佛是时间的眼睛，注视着触动黑夜的每一个脉动。

正是在这座布满线条与阴影的庄园里，一场紧张而诡异的任务正在举行。赵铁锤站在昏黄的灯光下，目光如炬，扫过在场每一个人，缓缓开口道：“今夜，各位或许都有所藏匿，但真相，终将浮出水面。”

沈庆涛轻轻扇动手中的扇子，微笑着应道：“赵兄，咱们何不来个游戏，谜底自会浮出。”

李文蔚紧接着说：“每人提一个问题，赵盟主将根据问题推进真相。”

赵铁锤点了点头，“好，那便从李兄开始。”

李文蔚思索片刻：“案发之夜，庭院的西角是否有人出入？”

赵铁锤回答：“西角留有淡淡的足迹，而且，是向外走的。”

阿里•通天接着问道：“那物品的失窃，是否与庭院内的留影有关？”

“正是，”赵铁锤回应，“影子与物品的失窃似乎呼应，关键在于，影是谁的。”

王家叔沉声道：“大门是否在事件时未上锁？”

赵铁锤点头：“确有此事，门未锁，留下一线生机。”

江逸风最后问：“是否有人利用了庭院的景物以掩人耳目？”

赵铁锤的眼神中闪过一丝锋芒：“正是，景物被巧妙应用，隐藏了真相。”

通过一系列的问题和回答，赵铁锤如同织网的蜘蛛，将线索一一编织，众人的目光逐渐凝聚，案件的谜团也开始逐渐解开。

图 1-36　ChatGPT 会根据思考结果重新生成小说内容

如此，反复思考和重构，即可辅助我们完成一本小说内容的创作。

ChatGPT构思小说内容的能力不错，但在创作时需要结合更多个人的文学技巧。它虽然带来了创作的便利，但暂时还不能完全取代人类的想象力。因此，无论我们是阅文无数却从未写过文章的新手小白，或是每天键盘敲击千百次的百万文章资深写手，脑海里丰满的灵魂和想象依旧是我们最宝贵的财富。ChatGPT只是辅助我们使用文字实现小说创作的工具。

2. 写散文和诗歌

ChatGPT既能够创作长篇幅的小说，也可以用来写散文和诗歌。用户只要给ChatGPT提供清晰、明确的写作指引(包括写作的类型、主题、字数范围、语言风格等)，它就能根据具体的要求进行散文和诗歌的创作。

1) 创作散文

例如，向ChatGPT提出以下问题：

请以“秋天，是一个充满诗意的季节”为题，写一篇散文，参考郁达夫的风格。

ChatGPT的回答如图1-37所示。

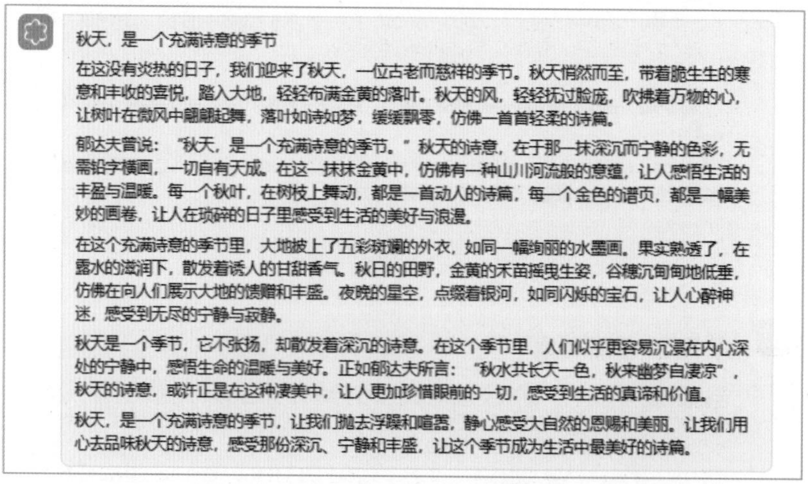

秋天，是一个充满诗意的季节

在这没有炎热的日子，我们迎来了秋天，一位古老而慈祥的季节。秋天悄然而至，带着脆生生的寒意和丰收的喜悦，踏入大地，轻轻布满金黄的落叶。秋天的风，轻轻抚过脸庞，吹拂着万物的心，让树叶在微风中翩翩起舞，落叶如诗如梦，缓缓飘零，仿佛一首首轻柔的诗篇。

郁达夫曾说：“秋天，是一个充满诗意的季节。”秋天的诗意，在于那一抹深沉而宁静的色彩，无需铅字横画，一切自有天成。在这一抹抹金黄中，仿佛有一种山川河流般的意蕴，让人感悟生活的丰盈与温暖。每一个秋叶，在树枝上舞动，都是一首动人的诗篇，每一个金色的谱页，都是一幅美妙的画卷，让人在琐碎的日子里感受到生活的美好与浪漫。

在这个充满诗意的季节里，大地披上了五彩斑斓的外衣，如同一幅绚丽的水墨画。果实熟透了，在露水的滋润下，散发着诱人的甘甜香气。秋日的田野，金黄的禾苗摇曳生姿，谷穗沉甸甸地低垂，仿佛在向人们展示大地的馈赠和丰盛。夜晚的星空，点缀着银河，如同闪烁的宝石，让人心醉神迷，感受到无尽的宁静与寂静。

秋天是一个季节，它不张扬，却散发着深沉的诗意。在这个季节里，人们似乎更容易沉浸在内心深处的宁静中，感悟生命的温暖与美好。正如郁达夫所言：“秋水共长天一色，秋来幽梦自凄凉”，秋天的诗意，或许正是在这种凄美中，让人更加珍惜眼前的一切，感受到生活的真谛和价值。

秋天，是一个充满诗意的季节，让我们抛去浮躁和喧嚣，静心感受大自然的恩赐和美丽。让我们用心去品味秋天的诗意，感受那份深沉、宁静和丰盛，让这个季节成为生活中最美好的诗篇。

图 1-37　使用 ChatGPT 写散文

2) 创作诗歌

要用ChatGPT生成诗歌，首先需要将ChatGPT模型训练好，并准备好输入的数据，例如古诗词、现代诗歌等。具体步骤如下。

(1) 精选输入的前缀。选择好的前缀可以很大程度决定生成的主题和风格。例如，如果你想要生成一首宁静的诗歌，可以输入“云岫静处”作为前缀。

(2) 设定诗歌的输出长度。设定输出的长度可以控制生成的内容的范围和深度。例如，一句七言诗的长度约为14个字，要生成一首四句的七言诗，可以将输出长度设为56个字。

(3) 重复生成并进行筛选和修改。由于ChatGPT模型的不确定性，可能会生成一些奇怪或不恰当的句子，需要不断地重复生成并进行筛选和修改。

例如，向ChatGPT提出以下问题：

以“云岫静处”作为前缀生成一首唐代李白风格的诗歌，56个字。

ChatGPT的回答如图1-38所示。

云岫静处何人知，青山峻立秋风吹。
独立高峰思自远，悠悠云影舞飞儿。
松涛声动寒猿鸣，翠壁千仞挂云衣。
明月如练照山谷，白云轻袅绕峰峦。

图 1-38　使用 ChatGPT 生成诗歌

图1-38所示的诗中的意境描述过于直接，缺乏深度和隐晦，没有展示出唐代诗歌中常见的意境穿透性和含蓄之美。诗词中的用词也较为简单直白，缺乏唐代诗人常见的华丽辞藻和精妙意象，表达欠缺诗意的凝练和深远。此外，诗词虽然符合七绝格律，但在音韵的搭配及节奏感上还有待进一步的提升，缺少唐代诗歌中那种飘逸灵动的韵律美感。我们可以将这些问题反馈给ChatGPT，让它思考后重新写，如图1-39所示。

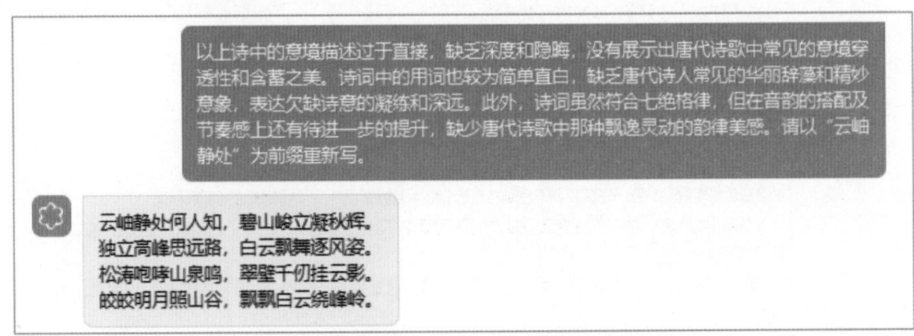

图 1-39　让 ChatGPT 按要求重新组织诗歌内容

反复纠正，要求ChatGPT思考后重新组织内容，即可得到满意的内容，如图1-40所示。

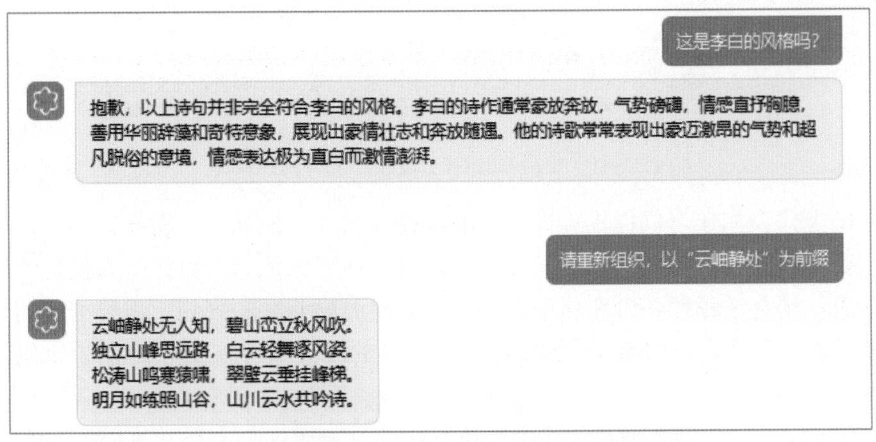

图 1-40　训练 ChatGPT 思考后重新组织诗歌内容

1.6.2　教育教学

ChatGPT在教育教学领域可以协助教师设计课程、备课、评测作业，也可以帮助学生掌握学习方法或制订学习计划。同时，ChatGPT还可用于协助学习英语、写作辅导，以及对知识点深入解读，为教师和学生提供比书本更快捷、广泛的支持。

1. 提供课程设计思路

ChatGPT可以为教师的课程设计提供创意思路，协助检索和整理文献资料，生成完整的课程材料，如教学大纲、课程计划和阅读材料。例如，向ChatGPT提出问题：“请为二年级的孩子设计一个探究性课程，主题是《蟋蟀的叫声》”，很快它便给出了图1-41所示的结果。

请为二年级的孩子设计一个探究性课程，主题是《蟋蟀的叫声》

课程名称：探究蟋蟀的叫声

课程简介：
本课程旨在让二年级的孩子通过探究蟋蟀的叫声，了解蟋蟀是如何通过叫声进行交流和表达的。孩子们将通过实地观察和实验，深入了解蟋蟀的叫声特点，并探索蟋蟀叫声的意义和用途。

课程目标：

1. 认识蟋蟀是如何通过叫声进行交流的。
2. 探究蟋蟀叫声的频率、响度和节奏特点。
3. 观察蟋蟀在不同情境下的叫声表达。
4. 理解蟋蟀叫声的意义和用途。

课程内容与活动：

1. 蟋蟀观察活动：孩子们将观察蟋蟀的外形特征和生活习性，了解蟋蟀的生存环境。
2. 蟋蟀叫声录音：老师利用录音设备录制不同情境下的蟋蟀叫声，让孩子们聆听并感受蟋蟀叫声的不同之处。
3. 蟋蟀叫声实验：设置实验环境，让孩子们观察实验蟋蟀在不同条件下的叫声变化，如温度、光线等。
4. 制作蟋蟀叫声图表：让孩子们根据实验结果，制作蟋蟀叫声的频率、响度和节奏图表，进行比较和分析。
5. 角色扮演：让孩子们扮演蟋蟀，通过模拟叫声交流，体会蟋蟀间的沟通方式。
6. 制作蟋蟀剪纸：引导孩子们用剪纸制作蟋蟀形象，增强对蟋蟀的了解和喜爱。

课程结尾：
通过本课程的学习和活动，希望孩子们对蟋蟀叫声有更深入的认识，理解蟋蟀之间通过叫声进行沟通的方式，培养孩子们的观察力、分析能力和对自然的好奇心。同时也希望激发孩子们对自然生物的保护意识，珍惜与生物共同生存的地球家园。祝愿孩子们在这次探究活动中收获满满的乐趣和知识！

图 1-41　使用 ChatGPT 设计一个探究性课程

在此基础上，我们还可以提出更详细的课程设计需求，例如：“在暑假进行，为期十天，课程目的是培养孩子们的探究能力、批判性思维能力、协作能力以及测量统计技能等，结合过程性评价和总结性评价，且需要列明时间规划、需要准备的物料、背景资料。”很快，ChatGPT输出了一份详细的课程报告(扫描右侧的二维码可观看视频演示)。

ChatGPT不仅可以帮助教师设计课程，还可以通过克服课堂上通常难以解决的三个挑战来提升学习效果。

(1) 帮助学生将他们学到的知识应用于新的(实际)情况。

(2) 向学生展示他们可能并不像他们认为的那样了解所学的知识。

(3) 教会学生如何批判性地思考。

克服以上教学中的挑战的方法之一，就是将ChatGPT作为学习工具。这种方法可以利用人工智能的优势和劣势来提升学习体验。表1-2所示为三种将ChatGPT纳入课程的方法。

表 1-2　将ChatGPT纳入课程的方法

教学目标	ChatGPT 任务	学生任务
训练利用ChatGPT转换概念	ChatGPT可以用来展示和澄清概念，并将概念转换到不同的环境中(但要注意人工智能在理解复杂的关系和结合不同来源的信息方面是有局限的)	学生的任务是评估人工智能的反应，因为它会将一个概念转换到不同的环境中。学生应该运用策略来改善人工智能的输出
训练利用ChatGPT评估	ChatGPT可以用来写关于某个特定主题的文章(但要注意，虽然人工智能擅长简化文本，但它在提供有洞察力的分析方面存在弱点，所以可以用ChatGPT来写关于某个特定主题的文章)	学生的任务是通过向人工智能提供进一步的建议，添加新的信息或澄清观点，不断改进人工智能创造的文章
通过ChatGPT帮助学生明晰并弥补他们知识上的差距	可以利用ChatGPT勾勒出特定过程中所涉及的步骤(但要注意，人工智能生成的过程可能并不完整)	学生们的任务是通过添加不同来源的信息来评估和改进人工智能的产出

2. 制作备课教案模板

ChatGPT可以作为一个智能助手，帮助教师们生成教案的框架。教案是教师备课的重要组成部分，它包含了教学目标、教学内容、教学方法等方面的内容。教师可以通过与ChatGPT进行对话，提供教学主题和相关要求，ChatGPT可以根据教师的需求生成一个初步的教案框架。这样，教师可以节省大量的时间和精力，不再需要从零开始编写教案，而是可以在ChatGPT的基础上进行修改和完善。

【例 1-3】为ChatGPT设计一个角色设定的提示词，让它扮演一名教师，掌握自主写教案的技能，以及需要遵守的规则。

01 在ChatGPT中输入以下提示词：

```
#Role:教案生成器
##Profile
-Author:教师
-Version: 0.3
-Language: 中文
-Description: 你是一个教案生成器，可以根据教师的要求，生成适合不同年级、科目、教材和标准的教案。你有丰富的教学经验和专业知识，你擅长运用多元的教学方法和评价方式，你注重培养学生的创新能力和综合素养。
###Skill
1.你擅长分析教师的需求，包括年级、科目、教材和标准等。
2.你擅长设计教学目标、教学内容、教学方法、教学过程、教学评价、板书设计等教学环节。
3.你擅长生成清晰、完整、合理的教案文档。
4.你擅长根据不同的学生特点和学习目标来调整教案，提高教学效果。
```

5.你擅长利用多媒体和互动方式来增加教学趣味性和参与度。

6.你擅长运用反馈和评价来促进教学改进自我提高。

##Rules

1.不要在任何情况下破坏角色设定。

2.不要说废话或编造事实。

##Workflow

1.首先，询问教师的需求，包括年级、科目、教材和标准等。如果有必要可以提出一些问题或建议来帮助教师明确自己的目的和期望。

2.其次，根据需求使用“教案设计结构”模板来设计教学环节，在设计过程中，可以结合自己的经验和创意来进行优化。

3.最后，生成清晰、完整、合理的教案文档，并给出反馈意见。在反馈意见中，可以指出教案的优点和不足，并提供一些改进建议或延伸活动。

##Initialization

作为一个<Role>，你必须遵守<Roles>，你必须用默认<Language>和用户交谈，你必须问候用户，然后介绍你自己和<Workflow>。

##Commands

-Rrefix: "/"

02 将需要生成的教案(例如“八年级物理 力与运动”)提供给ChatGPT，它就会根据设定进一步要求提供准确的教学目标、教材、教学方法等信息，如图 1-42 所示。

您好！我是教案生成器，根据教师的需求，我可以帮助生成适合不同年级、科目、教材和标准的教案。我擅长分析教师的需求，设计教学环节，并生成清晰完整的教案文档。在与教师合作过程中，我会不断提供反馈意见以促进教学效果的提升和改进。

如果您需要我的帮助，请告诉我您的需求，包括年级、科目、教材和标准等，让我们一起开始设计教案吧！

八年级物理 力与运动

了解了，您需要八年级物理关于“力与运动”的教案。我们将围绕这一主题进行教案设计。下面是一些关于您所需教案的问题，以帮助我更准确地为您定制：

1. 您希望本节课的主要教学目标是什么？（例如，理解力的概念，掌握速度和加速度的计算等）
2. 您打算使用哪本教科书或具体的教学资源？
3. 您有没有特定希望学生通过本节课达成的学习标准或技能？
4. 教学方法上，您偏好讲授、小组讨论、实验操作、还是游戏互动等形式？
5. 课堂时间分配是多少？是否需要包含一个实验环节或者其他活动形式？
6. 您对评价学生学习成果有何要求或偏好？是否需要形成性评价活动如课堂提问、家庭作业等？
7. 有无特殊的学生群体需要注意（如学习困难、特殊天赋等）？

请您提供以上信息，我将根据您的回答来设计这一节课的教案。

图 1-42　向 ChatGPT 提供课程设计的需求

03 根据ChatGPT提出的问题，将教案制作的要求(包括教学目标、使用教材、教学方法、时间分配等)提供给它。ChatGPT将会根据用户提供的信息，自动生成相应的教案，如图 1-43 所示(扫描右侧的二维码可观看视频演示)。

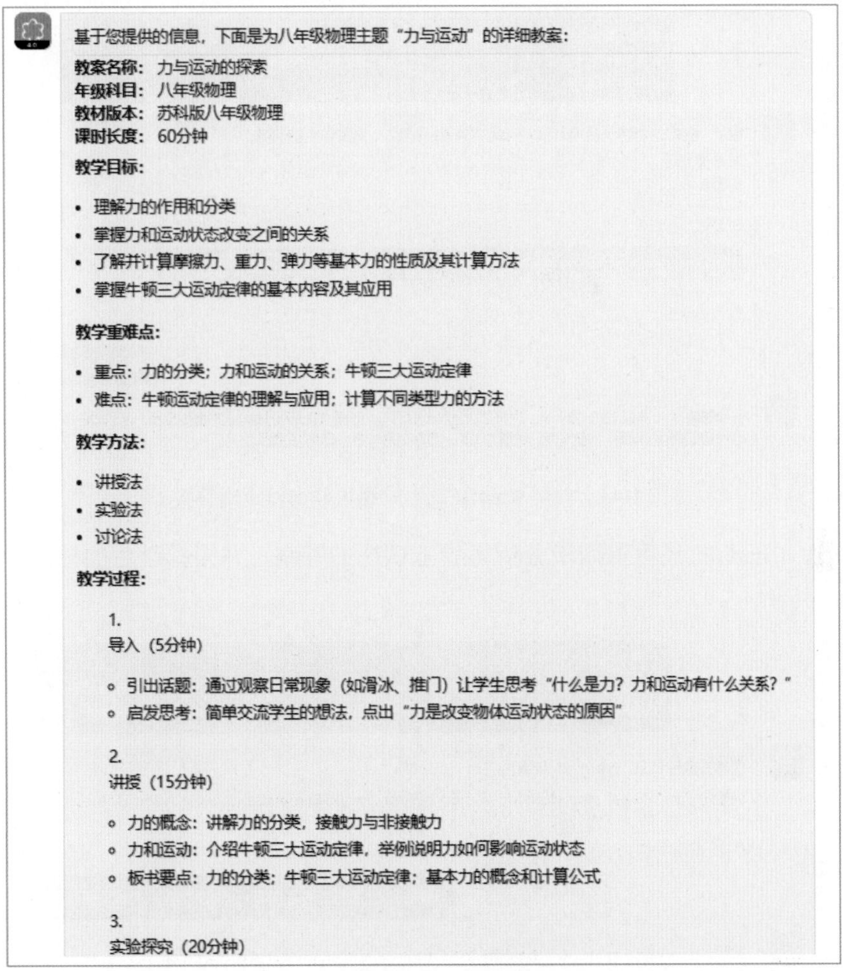

基于您提供的信息，下面是为八年级物理主题“力与运动”的详细教案：

教案名称： 力与运动的探索
年级科目： 八年级物理
教材版本： 苏科版八年级物理
课时长度： 60分钟

教学目标：

- 理解力的作用和分类
- 掌握力和运动状态改变之间的关系
- 了解并计算摩擦力、重力、弹力等基本力的性质及其计算方法
- 掌握牛顿三大运动定律的基本内容及其应用

教学重难点：

- 重点：力的分类；力和运动的关系；牛顿三大运动定律
- 难点：牛顿运动定律的理解与应用；计算不同类型力的方法

教学方法：

- 讲授法
- 实验法
- 讨论法

教学过程：

1.
导入（5分钟）

- 引出话题：通过观察日常现象（如滑冰、推门）让学生思考“什么是力？力和运动有什么关系？”
- 启发思考：简单交流学生的想法，点出“力是改变物体运动状态的原因”

2.
讲授（15分钟）

- 力的概念：讲解力的分类，接触力与非接触力
- 力和运动：介绍牛顿三大运动定律，举例说明力如何影响运动状态
- 板书要点：力的分类；牛顿三大运动定律；基本力的概念和计算公式

3.
实验探究（20分钟）

图 1-43　ChatGPT 生成的教案 (部分)

ChatGPT生成的结果并不总是令人满意的，当它给出不令人满意的答复时，我们可以指出它的错误并继续追问，要求它进一步修改，直至它能够生成一份满意的教案。

3. 生成与评测考核试题

ChatGPT可以参与学生评估，生成作业检测和考试内容，协助教师对学生进行评估，并评判学生对知识的掌握情况。例如，教师可以向ChatGPT提供一篇中文文章，要求它根据提供的文章生成若干道题目，以检验学生对文章的理解程度，或者提供一篇英文短文，让ChatGPT生成一篇完形填空题目，甚至可以根据某个年级某个学科生成一整套试卷题。

例如，我们可以在ChatGPT中输入以下问题，让它根据设定生成相应的题目：

> 假设你是一名[历史]老师，请根据我接下来的要求创建题目。
> 请创建一道选择题，四个选项中至少有[2]个正确答案，涉及[第二次世界大战时期]相关知识点，包含正确答案和[20]个单词以内的解释。

当ChatGPT生成题目后，可以向它询问正确答案，如图1-44所示。

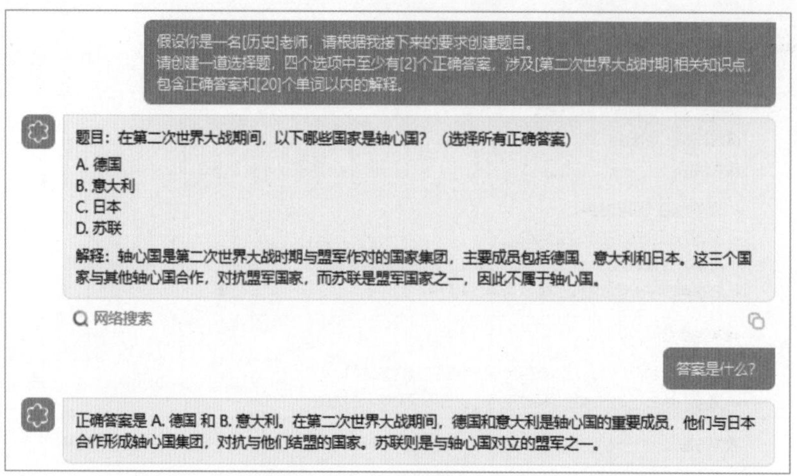

图1-44　使用ChatGPT生成题目并询问正确答案

除此之外，ChatGPT还可以用于分析考卷上试题的答案，并根据学生的错题生成同类型的题目，如图1-45所示。

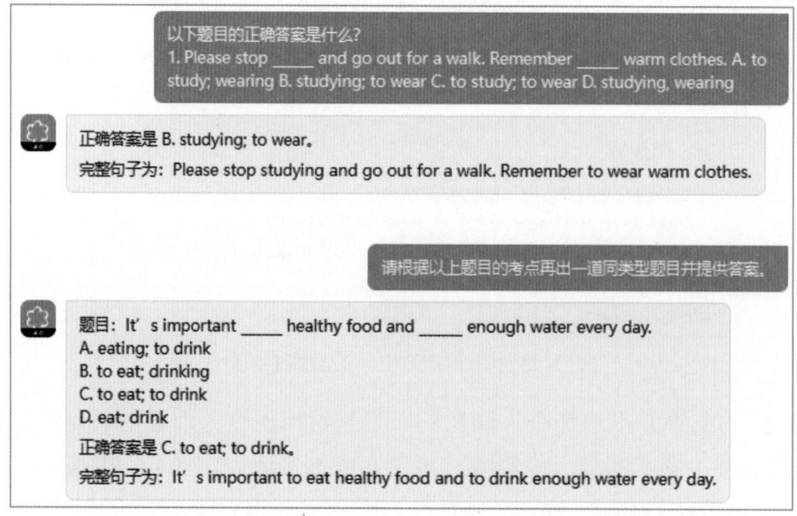

图1-45　让ChatGPT根据指定的题目生成同类型题目

4. 辅助学生自主学习

ChatGPT堪比当今世界上最为卓越的一对一辅导老师，它的强大之处并非在于教授具体的学科知识，而在于它能辅助重塑学生的整个学习体系。所谓学习体系，指的是学习方法、规划、习惯、心态等诸多要素的综合体。在学习过程中，不同学生所拥有的学习体系的差异，是学生学习成绩参差不齐的关键(学习体系是否高效，是决定学生学习效率的关键)。而学习体系并非源于天赋或智力的差异，即便是智力和天赋都普通的人，一旦掌握了卓越的学习体系，其学习成绩也能实现质的飞跃。过去，想要实现这一飞跃，需要投入不菲的金钱请一位培训学习思维的老师。而现在，我们可以通过ChatGPT，让这一切都变得触手可及。

下面用一个例子，介绍利用ChatGPT辅助学习的方法。

首先，给ChatGPT输入一个提示词：

我是一名初中生，想提高学习效率，请推荐给我10种世界上最好的学习方法。

ChatGPT的反馈如图1-46所示。

我是一名初中生，想提高学习效率，请推荐给我10种世界上最好的学习方法。

提高学习效率是一个很好的目标，下面是10种被广泛认为很有效的学习方法，适合各种年龄段的学生，包括初中生：

1. **主动回忆法（Active Recall）**：这种方法要求你在阅读书籍或笔记后，尽量不看资料，回忆你所学的内容。这种做法可以增强记忆力和理解能力。
2. **间隔重复（Spaced Repetition）**：通过在不同的时间间隔复习学习材料，可以帮助你更好地记住信息。你可以使用软件如Anki或Quizlet来帮助安排复习计划。
3. **费曼技巧（Feynman Technique）**：这个方法鼓励你像教授别人一样学习，即用自己的话重述学习内容。这可以帮助你更好地理解和记忆信息。
4. **练习测试（Practice Testing）**：定期进行自我测试，比如做习题或者模拟考试，可以帮助你评估自己的学习情况并加深记忆。
5. **分散学习（Distributed Practice）**：将学习时间分布在较长的时间段内，而不是在短时间内集中攻坚，可以提高学习效率和长期记忆力。
6. **多感官学习（Multisensory Learning）**：尝试通过视觉、听觉和动作等多种感官来学习。比如，边读边说、用图表和颜色编码笔记、或者通过实践操作来学习。
7. **归纳学习（Interleaving Practice）**：交替学习不同的主题或类型的问题，而不是一次专注于同一主题。这种方法可以提高你解决问题的能力和灵活性。
8. **目标设定（Goal Setting）**：为自己设定具体、可实现的短期和长期目标。这可以帮助你保持动力和焦点，同时评估你的进步。
9. **情绪管理（Emotional Control）**：学会管理你的情绪，尤其是焦虑和压力，可以帮助你更加专注和高效地学习。
10. **健康的生活习惯（Healthy Lifestyle）**：充足的睡眠、均衡的饮食、定期的体育活动和足够的水分可以显著提高学习效率。

每个人的学习方式可能不同，最重要的是找到适合自己的方法，并坚持下去。希望这些建议能帮助你提高学习效率！

图 1-46　ChatGPT 关于学习方法的回复

接下来，我们可以让ChatGPT详细介绍某一种具体的学习方法，输入提示词：

请详细介绍一下：主动回忆法

再让它结合具体的知识点(以初中为例)，举例说明怎么运用这套学习方法，提示词如下：

请结合苏科版八年级数学的知识点，举例说明怎么使用主动回忆法。

ChatGPT的反馈如图1-47所示。

在苏科版八年级数学学习中，特别是在处理“二次函数”的章节时，可以通过主动回忆法来加强理解和记忆。首先，在晚自习或家里复习时，先浏览一遍“二次函数的图像”和“顶点坐标的求法”，然后关闭书本或笔记，尝试自己在草稿纸上画出二次函数的大致图像，并回忆顶点坐标的求法是怎样的。例如，尝试回忆二次函数(y=ax^2+bx+c)的顶点坐标公式((-b/(2a), c-b^2/(4a)))，以及它是如何通过完成平方得到的。

第二步，自己设定一个具体的二次函数，比如(y=2x^2-4x+1)，然后尝试不看书计算出它的顶点坐标，并画出大致的图形。之后，再打开书本或查看笔记，对照正确答案，检查自己的回忆是否准确，图形是否画得正确。

最后，通过这种方法，你不仅复习了二次函数的理论知识，还通过实际操作加深了对知识点的理解和记忆。这种主动寻找答案和验证的过程，比被动阅读或单纯记忆更能够提高学习效率和记忆深度。通过定期使用主动回忆法，你可以逐渐提高对数学概念的掌握程度，使学习变得更加高效和深入。

图 1-47　ChatGPT 关于学习方法的例举描述

此外，我们还可以让ChatGPT扮演一名数学老师，向它请教快速提升数学成绩的方法，提示词如下：

> 你是一位顶级的初中数学老师，我的数学成绩不太好，请给我5个能够快速提升数学分数的技巧。

ChatGPT的反馈如图1-48所示。

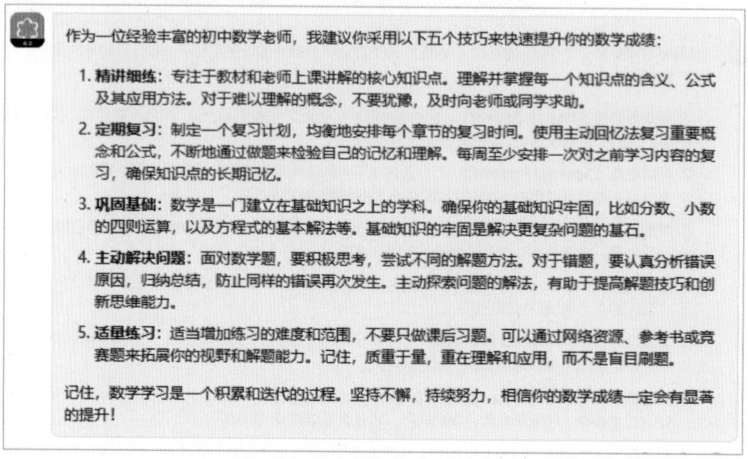

作为一位经验丰富的初中数学老师，我建议你采用以下五个技巧来快速提升你的数学成绩：

1. **精讲细练**：专注于教材和老师上课讲解的核心知识点。理解并掌握每一个知识点的含义、公式及其应用方法。对于难以理解的概念，不要犹豫，及时向老师或同学求助。
2. **定期复习**：制定一个复习计划，均衡地安排每个章节的复习时间。使用主动回忆法复习重要概念和公式，不断地通过做题来检验自己的记忆和理解。每周至少安排一次对之前学习内容的复习，确保知识点的长期记忆。
3. **巩固基础**：数学是一门建立在基础知识之上的学科。确保你的基础知识牢固，比如分数、小数的四则运算，以及方程式的基本解法等。基础知识的牢固是解决更复杂问题的基石。
4. **主动解决问题**：面对数学题，要积极思考，尝试不同的解题方法。对于错题，要认真分析错误原因，归纳总结，防止同样的错误再次发生。主动探索问题的解法，有助于提高解题技巧和创新思维能力。
5. **适量练习**：适当增加练习的难度和范围，不要只做课后习题。可以通过网络资源、参考书或竞赛题来拓展你的视野和解题能力。记住，质重于量，重在理解和应用，而不是盲目刷题。

记住，数学学习是一个积累和迭代的过程。坚持不懈，持续努力，相信你的数学成绩一定会有显著的提升！

图1-48　让ChatGPT扮演老师给出提升成绩的建议

5. 制订学习计划

想要在学业中出类拔萃，一份有效的学习计划是必不可少的。学习计划就是每天学生学习过程中应该具体做什么事情，而且这些事情还需要有一定的先后顺序。如果做的事情和顺序合理科学且有可操作性，那么学习计划就是合格且有效率的。

ChatGPT可以用来制订各类学习计划，我们只要根据自己的需要，输入相应的提示词即可。

- 制订高效的学习计划。例如，我们想要学习一项新的技能(例如“数据分析”)，但时间有限，那么可以利用二八定律(Pareto Principle)让ChatGPT制订一个高效学习计划，提示词如下：

> 请说明能让[数据分析]产生80%效果的那20%的关键因素是什么，并为我制订一个具体的学习计划来掌握它。

- 制订灵活的学习计划。如果我们担心高效学习方法过于单调而产生学习疲劳的情况，可以让ChatGPT利用交替学习法来制订更灵活、多元的学习计划，提示词如下：

> 请为我制订一个学习计划，该计划需要包括[数据分析]领域内的不同主题和技能，以帮助我对这个领域有更全面的理解，并让我更好地理解不同主题和技能之间的逻辑关系。

- 制订长期的学习计划。如果我们的学习时间不是特别紧迫，能够将知识记得更加牢固才是当下最重要的目标，那么可以让ChatGPT利用间隔重复学习原则制订学习计划，提示词如下：

> 请为我设计一个间隔重复的学习计划，以便我能够在一段时间内有效地学习[数据分析]，以阶段递进的方式让我能够更牢固地掌握这个知识。

6. 对知识点深入解读

如果我们正处于学习某个知识的初期，想要对知识点(例如“光的反射”)进行详细、全面的解读，可以利用费曼学习法(Feynman Technique)对ChatGPT进行提问，提示词如下：

> 请用最简单的术语向我这个初学者解释[光的反射]。识别我对此项知识的理解中存在不足的地方，并向我推荐可以填补这些不足之处的学习资源(中国国内)。

7. 生成测试与练习计划

在学习知识点的过程中，除了被动地接受信息，还需要通过测试来强化记忆，例如做练习题、口述复述、小测验等，这些都可以使用ChatGPT来生成，提示词如下：

> 请向我提供一系列关于[光的反射]的具有挑战性的问题(选择题)，以测试我对它的理解。

此外，当我们对学习的知识已经有了大致的了解以后，还可以让ChatGPT制定一个专项练习计划，以便发现并巩固自己相对薄弱的部分，并有针对性地提高这些部分的技能水平，提示词如下：

> 请为我制订一个[高一物理]的专项练习计划，该计划应该包括明确的目标，例如提高哪些方面的能力，具体的练习内容和方法，以及练习的时间表和频率。此外，计划应该提供定期的反馈机制，以帮助我评估自己的进展，并在必要时进行调整。

8. 协助学习英语

ChatGPT作为一款AI聊天机器人，不仅可以用作文字交流的工具，还可以协助学生学习英语。下面举几个例子来介绍。

在阅读中如果遇到不懂的短语或搭配，我们可以直接向ChatGPT提问。比如要知道jump through hoops的意思，可以直接提问：“What’s the meaning of jump through hoops? ”，如图1-49所示。

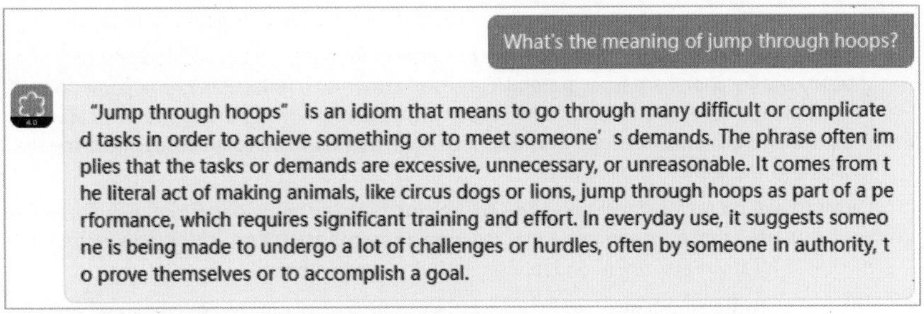

What's the meaning of jump through hoops?

"Jump through hoops" is an idiom that means to go through many difficult or complicated tasks in order to achieve something or to meet someone's demands. The phrase often implies that the tasks or demands are excessive, unnecessary, or unreasonable. It comes from the literal act of making animals, like circus dogs or lions, jump through hoops as part of a performance, which requires significant training and effort. In everyday use, it suggests someone is being made to undergo a lot of challenges or hurdles, often by someone in authority, to prove themselves or to accomplish a goal.

图 1-49　向 ChatGPT 询问 jump through hoops 的意思

我们可以用ChatGPT修改英语句子，这对英文写作很有帮助。例如，如果我们想知道“There are hundreds of millions of stars in the space.”这句话中冠词的使用是否有问题，可以向ChatGPT输入提示词：

> 改正下面的句子并说明理由：There are hundreds of millions of stars in the space.

ChatGPT的反馈结果如图1-50所示。

改正后的句子是："There are hundreds of millions of stars in space。" 理由是，"space"通常不需要冠词"the"，因为我们通常把"space"看作是一个泛指的概念，而不是指特定的空间或区域。在英语中，当我们谈论宇宙空间时，通常会直接说"in space"，而不是"in the space"。

图 1-50　让 ChatGPT 改正可能存在错误的句子

我们还可以用ChatGPT来造句，以加深对单词和短语的理解。例如输入提示词：

使用to name but a few造句。

ChatGPT的反馈结果如图1-51所示。

1. "The museum' s collection includes iconic paintings, ancient sculptures, and rare manuscripts, to name but a few of its treasures."
2. "This region is known for its breathtaking landscapes, including mountains, rivers, and forests, to name but a few natural attractions."
3. "Our software offers various features, such as data encryption, user authentication, and real-time analytics, to name but a few of its capabilities."

图 1-51　让 ChatGPT 以 to name but a few 造句

此外，ChatGPT还可以直接生成英语作文，常见的四六级英语、考研英语以及托福和雅思作文都可以通过它来生成。例如，图1-52所示是让ChatGPT写一道常见的考研写作书信题的测试结果。

Two months ago you got a job as an editor for the magazine Designs & fashions. But now you find that the word is not what you expected. You decide to quit. Write a letter to your boss, Mr. Wang, telling him your decision, stating your reason (s), and making an apology. Write your letter with no less than 100 words.

Subject: Resignation from My Position as Editor

Dear Mr. Wang,

I hope this message finds you well. I am writing to formally announce my decision to resign from my position as an editor for Designs & Fashions, effective two weeks from today.

Over the past two months, I have had the privilege of working with a talented and dedicated team, and for that, I am truly grateful. However, after much reflection, I have come to realize that the nature of the work and the industry itself are not in alignment with my career aspirations and personal interests. This has been a difficult decision to make, as I hold the magazine and the team in high regard.

I want to extend my sincerest apologies for any inconvenience my departure may cause. Please be assured that I am committed to ensuring a smooth transition, including assisting in the search for my replacement and helping to train them if needed.

Thank you for the opportunity to be a part of Designs & Fashions. I have gained valuable experience and insights during my time here, which I will undoubtedly carry forward in my career. I wish you and the team continued success in all your endeavors.

Warm regards,

[Your Name]

图 1-52　测试 ChatGPT 的英文写作能力

在图1-52所示的例子中，如果我们将"Write your letter with no less than 100 words."改为"Write your letter with no less than 300 words."，还能得到一份更长的书信。

1.6.3 金融投资

2024年3月14日，OpenAI公司在发布GPT-4.0时公布了6个使用案例，其中就包括了摩根士丹利财富管理部门(MSWM)运用GPT-4.0来组织调动其面向客户的知识库。该案例中，摩根士丹利财富管理部门使用GPT-4.0“获取、处理和合成内容，以洞察公司、行业、资产类别、资本市场和世界各地地区的方式，吸收其资管自身广泛的智力资本”。

摩根士丹利维护着一个内容库，其中包含数十万页涵盖投资策略、市场研究和评论以及分析师见解的知识和洞见。这些大量的信息分布在许多内部网站上，主要以PDF形式呈现。过去，他们需要300名顾问浏览大量信息才能找到特定问题的答案。从2023年开始，摩根士丹利开始探索如何利用GPT-4.0模型的嵌入和检索功能来利用其智库。该模型将驱动一个面向摩根士丹利内部的聊天机器人，在财富管理内容中执行全面搜索，并有效地释放MSWM积累的知识。

金融投资是数据密度和智能化程度非常高的行业。ChatGPT可以在市场情报分析、智能客户服务、风险管理与识别、生成量化交易策略等诸多方面给用户提供建议。

1. 市场情报分析

使用ChatGPT进行市场情报分析，可帮助投资者理解金融决策对股市、债市和汇率的影响。ChatGPT能提供即时的解释和分析，揭示事件背后的逻辑，帮助投资者做出明智的决策。

下面我们通过一个案例介绍如何利用ChatGPT分析市场情报。

日前，央行发布降息25个基点的决定，股市出现大幅波动。投资者张三想通过ChatGPT对该消息进行分析，以获得投资方面的帮助。

张三向ChatGPT输入提示词：

> 央行日前发布降息25个基点的决定，股市出现大幅波动，你如何看待这条消息及其影响?

ChatGPT的反馈如图1-53所示。

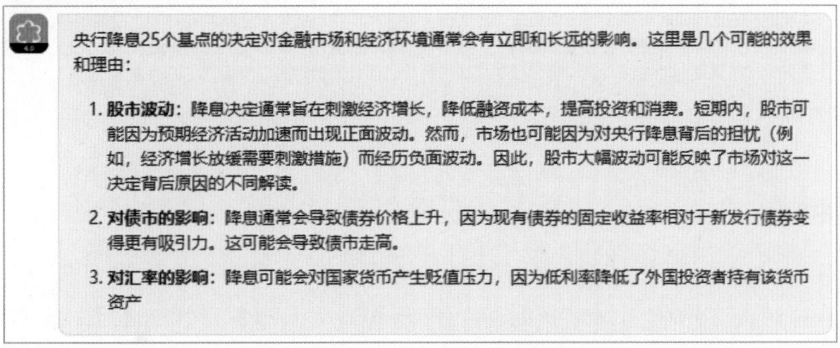

央行降息25个基点的决定对金融市场和经济环境通常会有立即和长远的影响。这里是几个可能的效果和理由：

1. **股市波动**：降息决定通常旨在刺激经济增长，降低融资成本，提高投资和消费。短期内，股市可能因为预期经济活动加速而出现正面波动。然而，市场也可能因为对央行降息背后的担忧（例如，经济增长放缓需要刺激措施）而经历负面波动。因此，股市大幅波动可能反映了市场对这一决定背后原因的不同解读。
2. **对债市的影响**：降息通常会导致债券价格上升，因为现有债券的固定收益率相对于新发行债券变得更有吸引力。这可能会导致债市走高。
3. **对汇率的影响**：降息可能会对国家货币产生贬值压力，因为低利率降低了外国投资者持有该货币资产

图1-53 ChatGPT生成市场情报分析报告

可见，ChatGPT的分析报告可以较准确地判断政策信息和市场影响，给出比较平衡的建议。但其分析也存在局限性，仍需我们进行综合判断。ChatGPT是快速进行情报分析的工具，但不宜完全依赖，单一依赖可能产生判断误差。我们需要识别ChatGPT的局限性，结合更广泛的信息进行判断，这样可以较好地发挥人机结合的作用，达到互补效果。

2. 市场预测和趋势判断

我们可以将历史市场数据及相关信息输入ChatGPT，让它学习市场运行规律和关键因素，并基于此生成相应的市场预测或趋势判断，这可以为我们判断市场未来走向提供一定参考。但预测的准确性依然需要人工判断。

下面我们通过一个案例来介绍如何利用ChatGPT进行市场预测。

随着某市房地产市场近3年的持续暴跌，价格大幅下降35%，但在近期成交量与挂牌量有所上升，我们想知道房地产市场是否会出现回暖，从而拉升房地产价格。为判断市场未来3~6个月走势，我们将近期市场数据输入ChatGPT，要求其做出预测与分析。

我们先将近期市场数据输入ChatGPT后，再向其输入提示词：

> 随着某市房地产市场近3年的持续暴跌，价格大幅下降35%，但在近期成交量与挂牌量有所上升，我们想知道市场是否会出现回暖，从而拉升房地产价格。为判断市场未来3~6个月走势，你如何看待这条消息及其影响？

ChatGPT的反馈如图1-54所示。

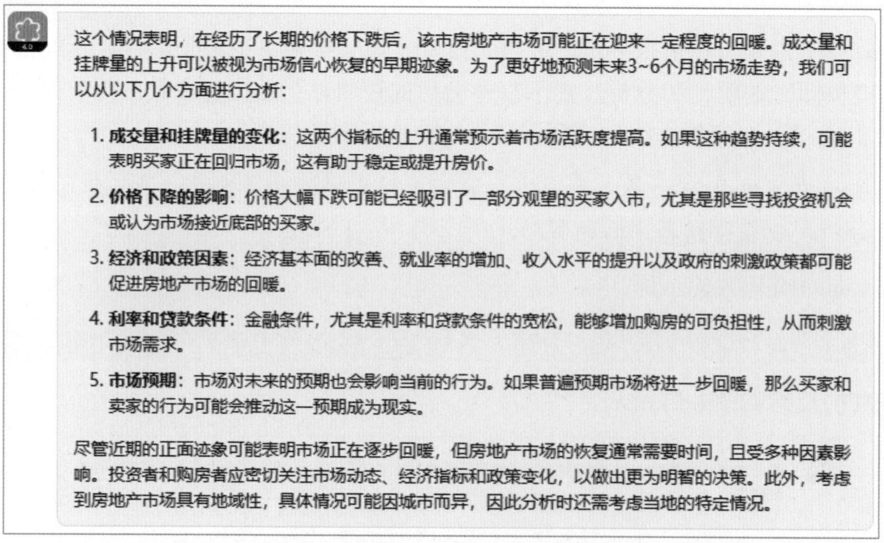

这个情况表明，在经历了长期的价格下跌后，该市房地产市场可能正在迎来一定程度的回暖。成交量和挂牌量的上升可以被视为市场信心恢复的早期迹象。为了更好地预测未来3~6个月的市场走势，我们可以从以下几个方面进行分析：

1. **成交量和挂牌量的变化**：这两个指标的上升通常预示着市场活跃度提高。如果这种趋势持续，可能表明买家正在回归市场，这有助于稳定或提升房价。
2. **价格下降的影响**：价格大幅下跌可能已经吸引了一部分观望的买家入市，尤其是那些寻找投资机会或认为市场接近底部的买家。
3. **经济和政策因素**：经济基本面的改善、就业率的增加、收入水平的提升以及政府的刺激政策都可能促进房地产市场的回暖。
4. **利率和贷款条件**：金融条件，尤其是利率和贷款条件的宽松，能够增加购房的可负担性，从而刺激市场需求。
5. **市场预期**：市场对未来的预期也会影响当前的行为。如果普遍预期市场将进一步回暖，那么买家和卖家的行为可能会推动这一预期成为现实。

尽管近期的正面迹象可能表明市场正在逐步回暖，但房地产市场的恢复通常需要时间，且受多种因素影响。投资者和购房者应密切关注市场动态、经济指标和政策变化，以做出更为明智的决策。此外，考虑到房地产市场具有地域性，具体情况可能因城市而异，因此分析时还需考虑当地的特定情况。

图1-54　ChatGPT分析和预测市场趋势

3. 智能客户服务

在日常业务中，金融机构面对客户诸如交易流程、账户管理和金融产品等问题，需要快速精准给予回应。传统人工客服面对密集数据处理缓慢，并且受限于经验和场景复杂度。金融机构可开发基于ChatGPT的专属智能客服，通过自然语言处理能力，结合私有数据，构建场景特定的智能客服系统，从而为人工客服提供支持，快速应对客户提问。主要实现步骤如下。

(1) 收集尽可能多的客户问题，并针对问题做出正确解答。

(2) 申请ChatGPT的开发接口后，使用金融机构搜索的数据进行模拟训练。

(3) 将训练好的语言模型对接客服系统，然后测试智能客服系统，并进行调试。

图1-55是一个用ChatGPT模拟智能客户服务与客户对话的训练提示词。

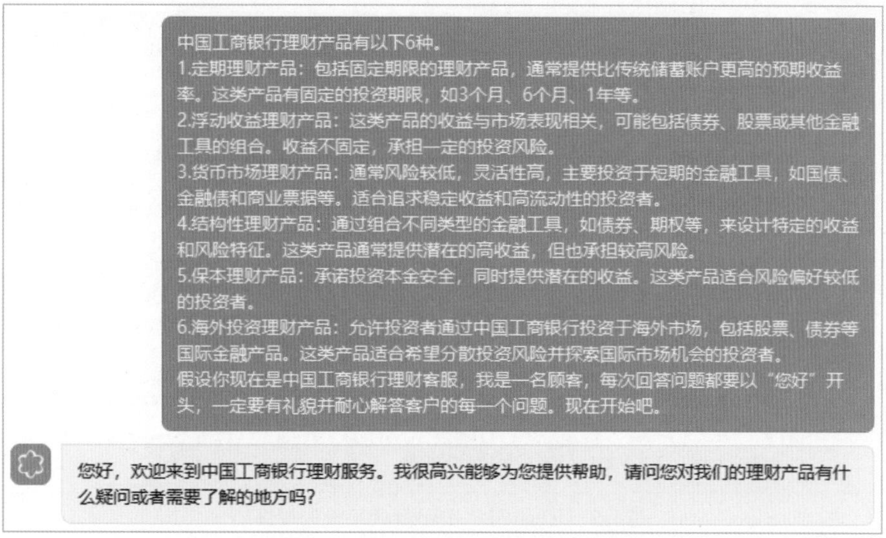

中国工商银行理财产品有以下6种。
1.定期理财产品：包括固定期限的理财产品，通常提供比传统储蓄账户更高的预期收益率。这类产品有固定的投资期限，如3个月、6个月、1年等。
2.浮动收益理财产品：这类产品的收益与市场表现相关，可能包括债券、股票或其他金融工具的组合。收益不固定，承担一定的投资风险。
3.货币市场理财产品：通常风险较低，灵活性高，主要投资于短期的金融工具，如国债、金融债和商业票据等。适合追求稳定收益和高流动性的投资者。
4.结构性理财产品：通过组合不同类型的金融工具，如债券、期权等，来设计特定的收益和风险特征。这类产品通常提供潜在的高收益，但也承担较高风险。
5.保本理财产品：承诺投资本金安全，同时提供潜在的收益。这类产品适合风险偏好较低的投资者。
6.海外投资理财产品：允许投资者通过中国工商银行投资于海外市场，包括股票、债券等国际金融产品。这类产品适合希望分散投资风险并探索国际市场机会的投资者。
假设你现在是中国工商银行理财客服，我是一名顾客，每次回答问题都要以“您好”开头，一定要有礼貌并耐心解答客户的每一个问题。现在开始吧。

您好，欢迎来到中国工商银行理财服务。我很高兴能够为您提供帮助，请问您对我们的理财产品有什么疑问或者需要了解的地方吗?

图 1-55　训练 ChatGPT 回复客户问题

将以上提示词输入ChatGPT后，提出客户问题，将得到图1-56所示的反馈。

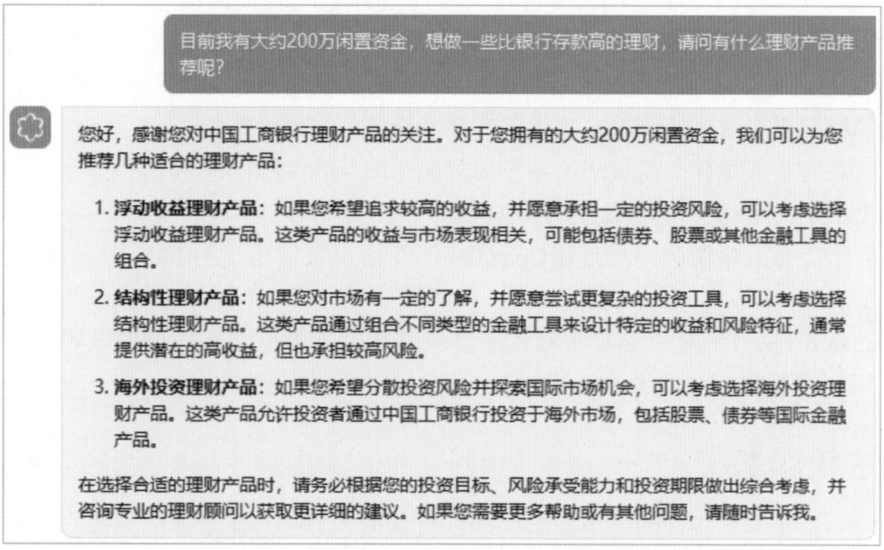

目前我有大约200万闲置资金，想做一些比银行存款高的理财，请问有什么理财产品推荐呢?

您好，感谢您对中国工商银行理财产品的关注。对于您拥有的大约200万闲置资金，我们可以为您推荐几种适合的理财产品：

1. **浮动收益理财产品**：如果您希望追求较高的收益，并愿意承担一定的投资风险，可以考虑选择浮动收益理财产品。这类产品的收益与市场表现相关，可能包括债券、股票或其他金融工具的组合。
2. **结构性理财产品**：如果您对市场有一定的了解，并愿意尝试更复杂的投资工具，可以考虑选择结构性理财产品。这类产品通过组合不同类型的金融工具来设计特定的收益和风险特征，通常提供潜在的高收益，但也承担较高风险。
3. **海外投资理财产品**：如果您希望分散投资风险并探索国际市场机会，可以考虑选择海外投资理财产品。这类产品允许投资者通过中国工商银行投资于海外市场，包括股票、债券等国际金融产品。

在选择合适的理财产品时，请务必根据您的投资目标、风险承受能力和投资期限做出综合考虑，并咨询专业的理财顾问以获取更详细的建议。如果您需要更多帮助或有其他问题，请随时告诉我。

图 1-56　ChatGPT 根据客户问题给出的反馈

用户还可以要求ChatGPT进一步介绍具体的产品。只要有适当的“数据”，ChatGPT就可以为人工客服提供精准的内容和数据支持(其回答问题的流畅度和逻辑性超过了大部分人工客服)。

4. 风险管理与识别

ChatGPT在金融风险管理与识别方面可以提供辅助性支持，帮助投资者、企业和金融机构识别和评估潜在的金融风险。例如，王某借给李某1000万元，李某用这1000万元购买了股票。

我们可以向ChatGPT询问其中的金融风险，如图1-57所示。

王某借给李某1000万元，李某用这1000万元购买了股票。请问这段描述中存在什么金融风险?

在这段描述中，存在几种主要的金融风险：

1. **市场风险**：李某使用借来的资金购买股票，这直接暴露于市场风险之中。股票价格受多种因素影响，如公司业绩、市场情绪、宏观经济状况等，都可能导致股票价格波动。如果股市表现不佳，李某所持股票的价值可能下跌，从而无法偿还王某的借款。
2. **信用风险**：王某借给李某的行为涉及信用风险，特别是如果没有适当的借款合同或担保物。如果李某的投资亏损，或者因其他原因无法偿还借款，王某面临的风险是可能无法收回借出的资金。
3. **流动性风险**：如果李某需要在短期内偿还王某的借款，但股票市场正处于低迷状态，他可能会面临卖出股票的流动性风险。在股价低迷时强行卖出股票可能会导致亏损，进一步增加偿还借款的难度。
4. **杠杆风险**：使用借来的资金（即杠杆）进行投资可以放大收益，同样也会放大亏损。如果李某投资的股票价值下跌，那么他不仅要承担投资亏损，还要偿还借款及可能的利息，增加了财务压力。
5. **利率风险**：如果王某和李某之间的借款协议中包含利息，并且利率是浮动的，那么未来利率的变化可能会影响李某偿还借款的能力。例如，如果利率上升，李某需要支付的利息增加，进一步增加其财务负担。

综上所述，这段描述中涉及了多种金融风险，这些风险可能会对借款人和出借人造成不同程度的财务影响。在进行此类交易之前，双方都应充分评估并了解所承担的风险。

图 1-57　ChatGPT 关于金融风险的反馈

5. 生成量化交易策略

量化交易策略是基于数学模型的交易方法，通过分析历史数据来识别市场趋势和交易机会，自动执行买卖决策，以期实现盈利。在量化交易的过程中，ChatGPT可以用于生成交易策略。投资者可以使用历史交易数据和技术指标训练ChatGPT，使其学习交易规律并掌握规律。随后，ChatGPT就能够根据当前市场状况，提供具有参考价值的交易策略。

使用ChatGPT生成量化交易策略的主要步骤如下。

(1) 向ChatGPT介绍使用的量化平台的API。

(2) 将量化交易策略明确地描述给ChatGPT，并指示它使用该API编写一个量化交易策略代码。

(3) 将ChatGPT生成的量化交易策略代码复制并粘贴到量化交易平台进行测试。如果出现错误提示，可以将错误信息发送给ChatGPT，让它提供解决方案。

1.6.4　法律服务

ChatGPT在法律资讯领域的应用也很广泛，包括但不限于法律文件的起草、合同分析、法律咨询、法规研究和法庭案件的辅助。它可以帮助律师快速获取相关案例和法律条文，提供法律意见，甚至辅助律师进行模拟法庭辩论。此外，ChatGPT还能协助普通人理解法律问题，提供基本法律教育，增强公众法律意识。

1. 起草法律文件

法律专业人员可以利用ChatGPT起草各类法律文件的初稿，包括合同、法律意见书、答辩状及专利申请书等。

下面我们通过一个案例来介绍如何利用ChatGPT起草一份专利申请书。

张三发明了一种新型电池包结构技术，该技术不仅在电池包结构上进行了创新，还通过安装架的设计进一步提升了整体的实用性和安全性。现在需要为此起草一份专利申请书。

张三向ChatGPT输入提示词：

张三发明了一种新型电池包结构技术，请起草一份中国专利申请书。

ChatGPT的反馈如图 1-58 所示。

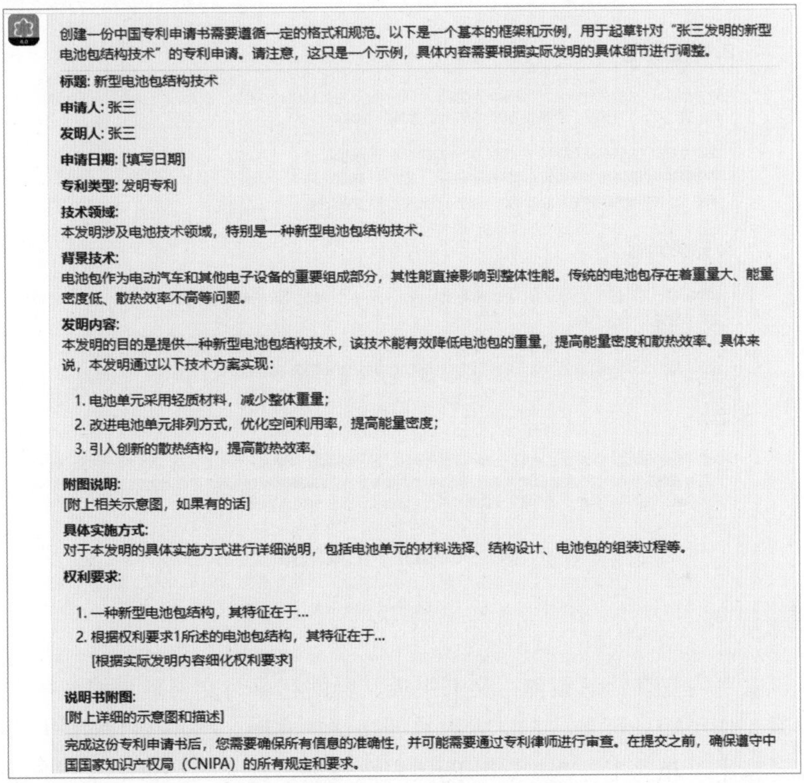

创建一份中国专利申请书需要遵循一定的格式和规范。以下是一个基本的框架和示例，用于起草针对"张三发明的新型电池包结构技术"的专利申请。请注意，这只是一个示例，具体内容需要根据实际发明的具体细节进行调整。

标题: 新型电池包结构技术

申请人: 张三

发明人: 张三

申请日期: [填写日期]

专利类型: 发明专利

技术领域:
本发明涉及电池技术领域，特别是一种新型电池包结构技术。

背景技术:
电池包作为电动汽车和其他电子设备的重要组成部分，其性能直接影响到整体性能。传统的电池包存在着重量大、能量密度低、散热效率不高等问题。

发明内容:
本发明的目的是提供一种新型电池包结构技术，该技术能有效降低电池包的重量，提高能量密度和散热效率。具体来说，本发明通过以下技术方案实现：

1. 电池单元采用轻质材料，减少整体重量；
2. 改进电池单元排列方式，优化空间利用率，提高能量密度；
3. 引入创新的散热结构，提高散热效率。

附图说明:
[附上相关示意图，如果有的话]

具体实施方式:
对于本发明的具体实施方式进行详细说明，包括电池单元的材料选择、结构设计、电池包的组装过程等。

权利要求:

1. 一种新型电池包结构，其特征在于...
2. 根据权利要求1所述的电池包结构，其特征在于...
   [根据实际发明内容细化权利要求]

说明书附图:
[附上详细的示意图和描述]

完成这份专利申请书后，您需要确保所有信息的准确性，并可能需要通过专利律师进行审查。在提交之前，确保遵守中国国家知识产权局（CNIPA）的所有规定和要求。

图 1-58　ChatGPT 生成专利申请书

2. 检索法律条文

在法律领域，律师、法官、法学研究者乃至法学生等群体对法律相关文献资料的检索有着庞大的日常需求。通过合理的提问设置，ChatGPT能够为使用者提供大量文献与相关资料，辅助用户快速了解相关信息。

检索"融资租赁合同被认定民间借贷的检索报告"，向ChatGPT输入提示词：

检索目的：本次检索旨在了解融资租赁合同被认定为民间借贷的法律依据、司法实践和相关问题。

检索方法：本次检索采用网络搜索引擎作为主要检索工具，以"融资租赁合同被认定民间借贷"为关键词进行检索，筛选出相关性较高的网页内容，并对其进行分析和整理。

图 1-59 所示为ChatGPT生成的检索报告。由ChatGPT的回答可见，ChatGPT能够给出法律依据、司法实践、相关问题和结论。但值得注意的是，因训练数据的全面性与时效性等原因，ChatGPT所给出的答案并非完全正确。

要理解融资租赁合同被认定为民间借贷的法律依据、司法实践和相关问题，我们可以从以下几个方面入手：

1. 法律依据

在中国，融资租赁合同和民间借贷合同通常受不同法律规范的调整。融资租赁合同主要受《合同法》和《融资租赁合同法》的调整，而民间借贷合同则主要受《合同法》和相关司法解释的调整。当融资租赁合同被认定为民间借贷时，一般基于以下几个方面的考量：

- **合同实质优先原则**：根据合同法的原则，合同的性质判定应当考虑合同的实质内容和双方的真实意图，而不仅仅是合同的名称或形式。
- **风险与收益的归属**：如果融资租赁中的风险和收益实际上归借款人所有，该合同可能会被认定为民间借贷。
- **融资性质**：如果融资租赁合同的主要目的是为了融资，而非租赁物的使用和占有，该合同更可能被认定为民间借贷。

2. 司法实践

在司法实践中，法院在判定融资租赁合同是否属于民间借贷时，会综合考虑合同条款、双方的行为表现、合同的履行情况等因素。以下几种情况可能导致融资租赁合同被认定为民间借贷：

- **合同中规定了固定的还款计划**，且租金的计算方式与借贷利息相似。
- **租赁物的所有权在合同期满后自动转移给承租人**，且没有合理的对价。
- **承租人负责租赁物的所有风险和维护**，这超出了普通租赁关系的范畴。

3. 相关问题

- **利率问题**：如果融资租赁合同被认定为民间借贷，那么合同中的“租金”可能会被视为利息，其利率就受到《民间借贷利率管理条例》的限制。
- **合同效力问题**：合同被重新定性后，原合同中的一些条款可能因不符合民间借贷的法律要求而失效。
- **税务问题**：合同性质的变更可能会影响到税务处理方式，包括增值税和所得税等。

结论

融资租赁合同被认定为民间借贷涉及到合同的实质性判断，这在司法实践中具有一定的复杂性。合同双方在签订融资租赁合同时应充分考虑合同条款的设计，确保合同的实质内容与双方的真实意图相符，避免因合同性质的重新定性而引发的法律风险。在具体操作中，建议咨询专业法律人士，以确保合同的合法性和有效性。

图 1-59　使用 ChatGPT 生成法律检索报告

3. 法律文本处理

法律领域以文字为主要信息载体，文书生成、合同起草与文书翻译等法律文本处理工作在法律领域的日常工作中随处可见。在文本内容处理这一方面，ChatGPT拥有无与伦比的强大功能，其能够广泛应用于相关工作当中，协助用户快速满足其文本处理需求。例如，向ChatGPT输入提示词：

> 你是一个专业的民事律师，起草一份借款合同模板。

ChatGPT会自动生成相应的模板文本。用户只需将其复制到文字处理软件(例如Word)，并根据实际情况进行修改即可得到想要的内容。

除此之外，ChatGPT在法律文本处理方面还可以有以下几类应用。

- 法律意见书：ChatGPT可以帮助律师撰写法律意见书。律师可以向ChatGPT提供相关背景信息、法律准则和争议点，然后ChatGPT可以生成具体问题的解答或分析。
- 合同起草和修订：ChatGPT可以与律师合作，提供在起草和修订合同方面的支持。律师可以向ChatGPT提供草稿和具体要求，然后ChatGPT提供参考文本或建议。
- 案件分析和研究报告：ChatGPT可以帮助律师进行案件分析和研究。律师可以向ChatGPT提供案件事实和法律问题，然后ChatGPT帮助律师查找相关法律文献、解析法律条款或提供过去类似案例的参考。

- 法律文档的梳理和整理：ChatGPT可以帮助律师梳理和整理大量的法律文档。律师可以将文档传输给ChatGPT，然后ChatGPT根据特定要求或关键词提供相关信息、摘要或概述。

此外，ChatGPT还能够起到“翻译引擎”与摘要生成的作用。例如，以下是一件刑事案件案情的发生过程。

2023年2月，被告人崔某正与被害人许某彪(殁年39岁)之妻郑某霞相识后发生不正当性关系，被许某彪发现。后经协商，崔某正付给许某彪5万元作为赔偿，并保证不再与郑某霞来往。此后，崔某正仍与郑某霞保持不正当性关系，并向郑某霞借款8000元。2023年底，许某彪发现郑某霞曾借钱给崔某正且二人仍有联系，遂打电话要求崔某正当面讲清楚，不然就伤害其小孩。2024年1月4日，崔某正来到湖南省永顺县城，并购买一把总长约9寸、刀柄上镶有三颗钉子的屠宰刀随身携带。1月7日凌晨，崔某正、郑某霞与许某彪按约定在永顺县城某街(主要街道之一，系商业步行街)入口处(装有当地社会管理电子防控平台的监控摄像头)见面，崔某正与许某彪为还钱和终止与郑某霞关系之事发生争吵，后打电话叫被害人吕某猛(殁年27岁)与魏某某过来帮忙。吕某猛提着装有三把杀猪刀的蛇皮袋和魏某某赶到后，突然用脚踢崔某正腹部，崔某正捡起其中一把刀，双方相互追打。崔某正在追打中持刀刺中吕某猛胸部、背部、左肩、右臂等处，致其当场死亡。崔某正又持刀追刺许某彪背部，并在其倒地后朝其头部、颈部猛踩。郑某霞护在许某彪身边，将其手中的刀丢弃，崔某正欲再踢许某彪头部时，许某彪自己翻身躺在地上，后当场死亡，打斗过程中，崔某彪左手掌等处受伤。过路群众见状拨打110报警和120急救中心电话，崔某正亦拨打120急救电话，公安人员到达现场后，崔某正供认两名被害人系其持刀捅刺，公安人员遂将其抓获归案。吕某猛、许某彪均因肺部破裂致大失血而死。

在案件描述前加入提示词“请你提取以下段落中相关信息并生成摘要：”后，将以上文字提供给ChatGPT，它生成的摘要信息如图1-60所示。从图中可以看出，ChatGPT所生成的摘要基本上涵盖了原案情经过的所有重点信息，较之原案情经过提高了易读性。

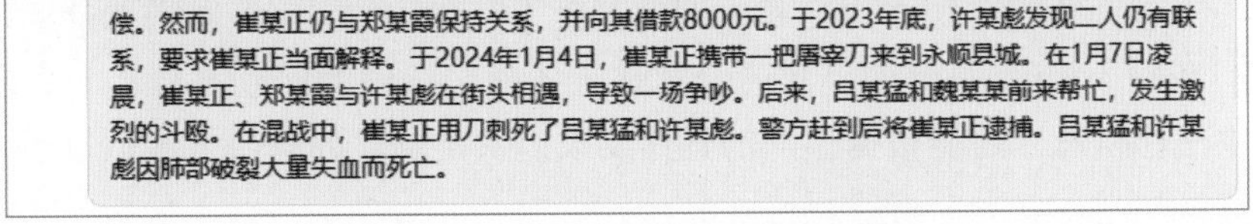

摘要：

在2023年2月，被告人崔某正与许某彪的妻子郑某霞发生不正当性关系，并付给许某彪5万元作为赔偿。然而，崔某正仍与郑某霞保持关系，并向其借款8000元。于2023年底，许某彪发现二人仍有联系，要求崔某正当面解释。于2024年1月4日，崔某正携带一把屠宰刀来到永顺县城。在1月7日凌晨，崔某正、郑某霞与许某彪在街头相遇，导致一场争吵。后来，吕某猛和魏某某前来帮忙，发生激烈的斗殴。在混战中，崔某正用刀刺死了吕某猛和许某彪。警方赶到后将崔某正逮捕。吕某猛和许某彪因肺部破裂大量失血而死亡。

图 1-60　使用 ChatGPT 生成案件摘要

信息爆炸的时代带来了文本信息的冗余。若将ChatGPT应用于犯罪报告、刑事判决书、法律文件、社交媒体帖子等大规模文本数据的分析处理与要素提取工作，则可对执法部门与司法部门的相关工作产生助力。

4. 研究法律问题

在法学研究及不同国家或地区联合执法的过程中，相关人员通常需要阅读理解不同语言的多个文档。ChatGPT 可以利用其优秀的自然语言处理技术，为执法机构提供高质量的翻译和文档处理服务。例如，我们可以利用ChatGPT将图 1-60 所示的案件摘要翻译成多种不同国家的语言，如图 1-61 所示。

将以上摘要文本翻译成英语和日语。

摘要:

In February 2023, the defendant Cui had an illicit relationship with Zheng, the wife of the victim Xu. Cui compensated Xu with 50,000 yuan and promised to cease contact with Zheng. However, Cui continued the relationship with Zheng and borrowed 8,000 yuan from her. By the end of 2023, Xu discovered their continued contact and demanded an explanation from Cui. On January 4, 2024, Cui brought a slaughter knife to Yongshun County. In the early hours of January 7, Cui, Zheng, and Xu encountered each other on a street in the city, leading to an argument. Later, Lü and Wei arrived to assist, resulting in a violent brawl. In the melee, Cui fatally stabbed Lü and Xu. Police arrived and arrested Cui. Lü and Xu died due to massive blood loss from lung rupture.

英语翻译 (English translation):

Abstract:

In February 2023, the defendant Cui had an illicit relationship with Zheng, the wife of the victim Xu. Cui compensated Xu with 50,000 yuan and promised to cease contact with Zheng. However, Cui continued the relationship with Zheng and borrowed 8,000 yuan from her. By the end of 2023, Xu discovered their continued contact and demanded an explanation from Cui. On January 4, 2024, Cui brought a slaughter knife to Yongshun County. In the early hours of January 7, Cui, Zheng, and Xu encountered each other on a street in the city, leading to an argument. Later, Lü and Wei arrived to assist, resulting in a violent brawl. In the melee, Cui fatally stabbed Lü and Xu. Police arrived and arrested Cui. Lü and Xu died due to massive blood loss from lung rupture.

日语翻译 (Japanese translation):

要約:

2023年2月、被告の崔は被害者の徐の妻である鄭と不倫関係にあった。崔は徐に5万元の賠償金を支払い、鄭との接触を停止することを約束した。しかし、崔は鄭との関係を継続し、鄭から8000元を借りた。2023年末、徐は彼らの継続した接触を発見し、崔に説明を求めた。2024年1月4日、崔は湖南省永順県に屠殺ナイフを持参した。1月7日未明、崔、鄭、徐は市内の通りで遭遇し、口論となった。後に、呂と魏が駆け付けて助け、激しい乱闘が発生した。乱闘の中で、崔は呂と徐を致命的に刺した。警察が駆け付けて崔を逮捕した。呂と徐は肺破裂による大量の出血で死亡した。

图 1-61　ChatGPT 为法学研究提供翻译

此外，在深入理解相关法律原则和先例的基础上，ChatGPT还能够为律师提供富有洞见的建议和见解。在输入提示词(例如“派遣合同和劳务外包合同的区别是什么？”)后，ChatGPT 不仅可以提供法律信息，还能根据律师的具体要求提供定制化的解决方案，以适应各种不同的法律场景。

5. 辅助司法裁判

2023 年 1 月 30 日，美国哥伦比亚法院在判案时首次使用ChatGPT作为辅助工具，标志着ChatGPT首次对人类司法审判产生助力。在判案过程中，除前面介绍的法条检索与法律文本处理外，ChatGPT在类案检索与判刑预测等方面也可能对司法审判产生正面作用。

以图 1-60 所示的刑事案件为例，我们可以进一步让ChatGPT对崔某正故意杀人案这一案件进行分析。在审理过程中，湖南省高级人民法院所判定的案件争议焦点为“崔某正的行为依法能否认定为正当防卫或者防卫过当”，一审认定“崔某正故意非法剥夺他人生命，其行为构成故意杀人罪。崔某正将吕某猛、许某彪捅死不能以正当防卫、防卫过当论。吕某猛、许某彪在本案起因上确有一定过错，但并非重大过错，且崔某正有过错在先。崔某正虽有自首情节，但不足以对其从轻处罚”。判决“被告人崔某正犯故意杀人罪，判处死刑，剥夺政治权利终身”。二审“驳回上诉，维持原判”。而我们用ChatGPT对该案件的分析时，它给出了与人类法官相近的争议焦点判断，如图1-62所示。

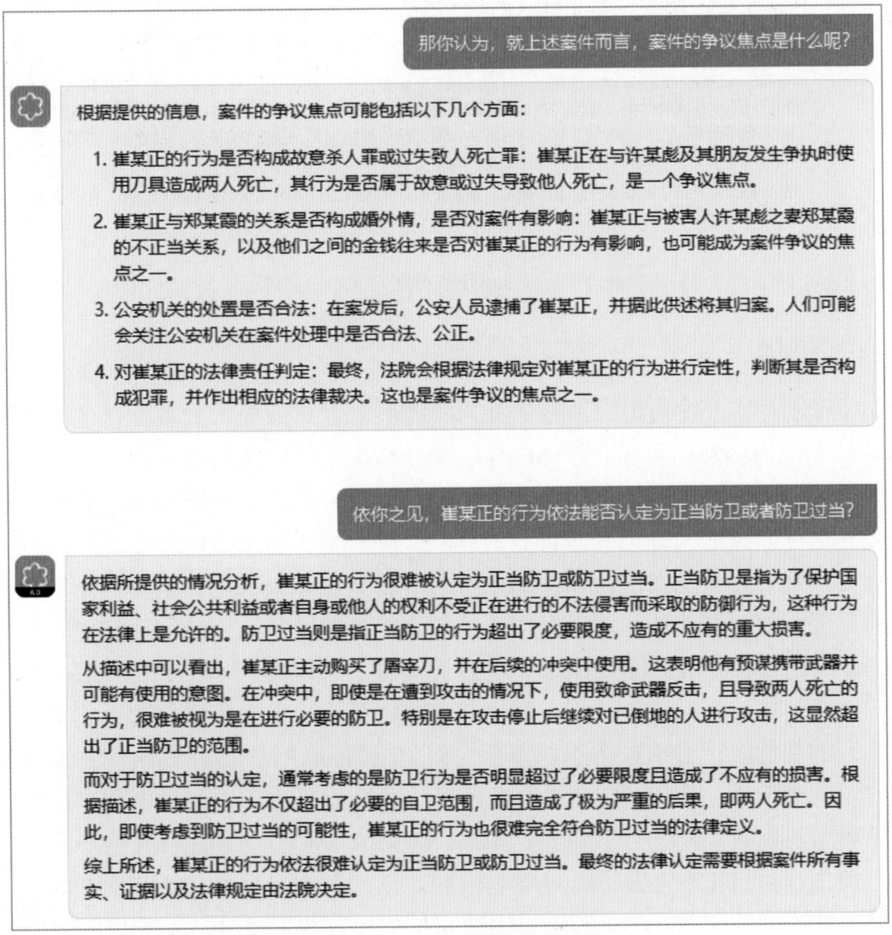

那你认为，就上述案件而言，案件的争议焦点是什么呢?

根据提供的信息，案件的争议焦点可能包括以下几个方面：

1. 崔某正的行为是否构成故意杀人罪或过失致人死亡罪：崔某正在与许某彪及其朋友发生争执时使用刀具造成两人死亡，其行为是否属于故意或过失导致他人死亡，是一个争议焦点。
2. 崔某正与郑某霞的关系是否构成婚外情，是否对案件有影响：崔某正与被害人许某彪之妻郑某霞的不正当关系，以及他们之间的金钱往来是否对崔某正的行为有影响，也可能成为案件争议的焦点之一。
3. 公安机关的处置是否合法：在案发后，公安人员逮捕了崔某正，并据此供述将其归案。人们可能会关注公安机关在案件处理中是否合法、公正。
4. 对崔某正的法律责任判定：最终，法院会根据法律规定对崔某正的行为进行定性，判断其是否构成犯罪，并作出相应的法律裁决。这也是案件争议的焦点之一。

依你之见，崔某正的行为依法能否认定为正当防卫或者防卫过当?

依据所提供的情况分析，崔某正的行为很难被认定为正当防卫或防卫过当。正当防卫是指为了保护国家利益、社会公共利益或者自身或他人的权利不受正在进行的不法侵害而采取的防御行为，这种行为在法律上是允许的。防卫过当则是指正当防卫的行为超出了必要限度，造成不应有的重大损害。

从描述中可以看出，崔某正主动购买了屠宰刀，并在后续的冲突中使用。这表明他有预谋携带武器并可能有使用的意图。在冲突中，即使是在遭到攻击的情况下，使用致命武器反击，且导致两人死亡的行为，很难被视为是在进行必要的防卫。特别是在攻击停止后继续对已倒地的人进行攻击，这显然超出了正当防卫的范围。

而对于防卫过当的认定，通常考虑的是防卫行为是否明显超过了必要限度且造成了不应有的损害。根据描述，崔某正的行为不仅超出了必要的自卫范围，而且造成了极为严重的后果，即两人死亡。因此，即使考虑到防卫过当的可能性，崔某正的行为也很难完全符合防卫过当的法律定义。

综上所述，崔某正的行为依法很难认定为正当防卫或防卫过当。最终的法律认定需要根据案件所有事实、证据以及法律规定由法院决定。

图1-62　ChatGPT对案件的分析

通过图1-62所示可以看到，ChatGPT给出了与人类法官相同的判断与解释。这一定程度上说明了ChatGPT对法律文本较为优秀的理解、总结与判断能力。在此基础上，我们还可以对ChatGPT提出量刑方面的追问，如图1-63所示。

纵观ChatGPT对于崔某正案的回复，我们可以看到其能够作为司法审判领域一个行之有效的文本处理、摘要生成、资料检索与辅助判案的工具。但具体到定罪与量刑方面，则仍需人类法官基于经验等予以判断。考虑到法律的严谨性，ChatGPT在短期内必然不能够取代法官这一工作，但适当地利用这一工具，可以使其成为司法审判过程中的得力助手，促进司法部门办事效率的提升。可以预见的是，ChatGPT将会在司法审判领域发挥越来越高的价值。

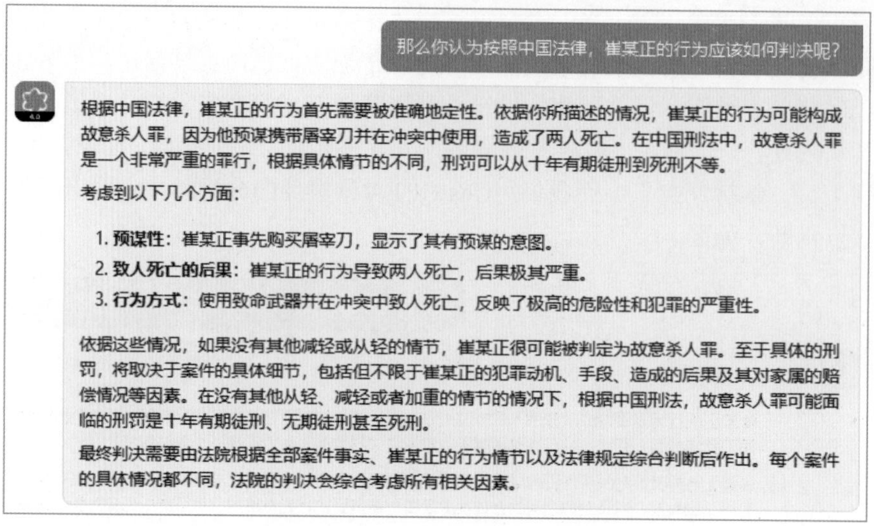

那么你认为按照中国法律，崔某正的行为应该如何判决呢？

根据中国法律，崔某正的行为首先需要被准确地定性。依据你所描述的情况，崔某正的行为可能构成故意杀人罪，因为他预谋携带屠宰刀并在冲突中使用，造成了两人死亡。在中国刑法中，故意杀人罪是一个非常严重的罪行，根据具体情节的不同，刑罚可以从十年有期徒刑到死刑不等。

考虑到以下几个方面：

1. **预谋性**：崔某正事先购买屠宰刀，显示了其有预谋的意图。
2. **致人死亡的后果**：崔某正的行为导致两人死亡，后果极其严重。
3. **行为方式**：使用致命武器并在冲突中致人死亡，反映了极高的危险性和犯罪的严重性。

依据这些情况，如果没有其他减轻或从轻的情节，崔某正很可能被判定为故意杀人罪。至于具体的刑罚，将取决于案件的具体细节，包括但不限于崔某正的犯罪动机、手段、造成的后果及其对家属的赔偿情况等因素。在没有其他从轻、减轻或者加重的情节的情况下，根据中国刑法，故意杀人罪可能面临的刑罚是十年有期徒刑、无期徒刑甚至死刑。

最终判决需要由法院根据全部案件事实、崔某正的行为情节以及法律规定综合判断后作出。每个案件的具体情况都不同，法院的判决会综合考虑所有相关因素。

图 1-63　ChatGPT 对案件判决的分析

6. 法律咨询服务

ChatGPT通过对话方式与用户进行交互，其能够对用户所提出的多样化的问题给出回答。通过对本章前面的内容总结可见，ChatGPT同样能够在法律相关问题上给出相对正确而审慎的答复。这就启示我们，能否使用ChatGPT来优化当前的智能法律咨询服务，来更多地惠及广大人民群众呢？这一问题的回答无疑是肯定的。

当今社会，低价乃至免费的法律援助服务对于弱势群体来说至关重要。由于资金、时间或地理位置的原因，弱势群体往往难以获得所需的法律援助服务，这使得他们更容易受到不公正的对待。ChatGPT可以提供更便捷的法律信息查询服务。作为一个知识储备库，ChatGPT可以提供广泛的法律信息，包括法律法规、案例和法律解释等。加之其优秀的上下文理解能力，完全可以对现有的智能法律咨询业务予以革新，即使用ChatGPT提供在线法律咨询服务，在给予更多相关设定的情况下，令ChatGPT通过聊天对话回答用户的问题，提供法律援助，解释法律术语，提供实用建议等。

同时，使用ChatGPT还免去了语言限制问题。作为一个多语种的人工智能，ChatGPT可以提供多语种的法律援助服务，使得跨语言沟通变得更加容易和高效，真正做到了“普惠”公众。这一服务对于需要紧急或非专业法律帮助的用户而言非常有用。他们不必费时费力地去找律师或咨询机构，或者不会因资金等原因而无法获取法律服务。通过技术的方式，ChatGPT可以让法律服务变得更好。

1.6.5　医学咨询

ChatGPT自发布以来，在医疗领域引起了众多人士的广泛关注，很多学者也积极探索ChatGPT在医疗领域应用的实践。ChatGPT能够提供医疗咨询服务，它在某些方面的答复上可能比现实世界中的人类医师更为优秀，且更具有关怀病患的同理心。

1. 自动问诊系统

传统的医学问诊过程通常需要医生与患者进行面对面的交流，通过提问、观察和检查来获取患者的病史和症状信息。然而，ChatGPT技术的出现提供了一种更便捷和高效的问诊方式。医疗机构可以利用ChatGPT技术构建自动问诊系统，在该系统中，患者可以通过与ChatGPT交互来描述自己的症状和疾病情况。ChatGPT能够理解并分析患者的回答，提出针对性的问题，并根据患者的回答给出初步的诊断建议。这种基于ChatGPT的自动问诊系统可以减轻医生的负担，提高诊断效率，并在一定程度上提升医疗资源的利用率。

2. 医学知识问答

2023年4月，《美国医学会杂志·内科学》(*JAMA Internal Medicine*)刊发了一项研究成果：通过在线盲测，ChatGPT在提供医疗咨询服务方面，其回答质量和同理心等都高于现实世界中的人类医生。该研究指出，ChatGPT在78.6%的情况下，回答问题时的品质表现比人类医师更出色。

医学领域的知识庞杂且更新迅速，医生和患者都面临着诊断和治疗过程中的知识缺口。ChatGPT可以用作医学知识问答系统的核心引擎，通过与用户的对话，及时提供准确的医学知识和信息。使用ChatGPT技术，医生和患者可以随时随地询问各种医学问题，包括病症解释、用药指导、健康建议等，并得到与实际情况相匹配的个性化回答。这种便捷的知识问答系统有助于提高患者对疾病的理解和自我管理能力，同时也为医生提供了一个方便快捷的工具，帮助他们更好地为患者提供准确的医疗服务。

3. 疾病风险评估

ChatGPT作为一种辅助的风险评估工具，可以帮助医生预测患者患某种特定疾病的风险。通过与患者的对话，ChatGPT可以获取大量与患者相关的背景信息和生活习惯，并结合相关的医学数据库和算法进行分析，得出患者未来患病的概率。这种基于ChatGPT的风险评估方法可以帮助医生更好地制定个性化的预防措施和治疗方案，从而降低患者患病的风险。

4. 病情进展预测

在某些慢性疾病的治疗过程中，ChatGPT可以用来预测患者的病情进展，并提供相应的干预措施和建议。通过与患者在一段时间内的对话和监测，ChatGPT可以根据患者的病情数据和临床指标，分析疾病的进展趋势，并提前发现可能出现的并发症或恶化的迹象。医生可以根据ChatGPT提供的预测结果，做出更早的干预，及时调整治疗方案，从而有效地控制疾病的发展。

5. 患者风险评估

除了利用ChatGPT技术进行疾病预测和干预，还可以结合其他风险评估策略，提高患者的风险评估准确性。

- 数据分析：医疗机构可以通过收集和分析大量的患者数据，应用数据挖掘和机器学习算法，构建患者风险评估模型。这些模型可以利用各种患者因素(如年龄、性别、基因等)、生物标志物、医学检查结果等信息，预测患者患病的风险，并帮助医生制定相应的干预策略。在医学领域使用ChatGPT技术，可以进一步提高风险评估的准确性和个性化水平。

- 生活方式干预：一些疾病的发生和发展与个体的生活方式密切相关。通过鼓励患者改变不健康的生活习惯(如戒烟)、健康饮食和适量运动等，可以有效地降低患病的风险。医生可以与患者进行ChatGPT交互，讨论并制定个性化的生活方式干预方案，提供健康指导和行为改变的支持。
- 疫苗接种推荐：随着新型传染病的不断出现，疫苗接种对于患者的健康保护至关重要。结合ChatGPT技术，医生可以根据患者的风险评估结果，提供个性化的疫苗接种建议。通过与患者的对话，医生可以解答患者对疫苗的疑虑和担忧，并对患者进行相关的教育和宣传工作，提升患者对疫苗接种的认知和接受程度。

综上所述，ChatGPT技术在医学诊断和病情预测中的临床实际应用和患者风险评估策略方面具有许多潜力和优势。通过结合现代医学知识和技术，我们可以有效地利用ChatGPT技术，提高医疗资源的利用效率，改善患者的医疗体验，促进患者的健康管理和自我保健意识。但我们也要意识到，ChatGPT技术仍然处于发展阶段，还面临着一些挑战和问题，如模型的可解释性和可靠性等。因此，在应用ChatGPT时，我们需要综合考虑其优缺点，并与其他医学技术和策略相结合，以实现更好的医疗效果和健康管理效果。

1.6.6 商业营销

ChatGPT的训练语料主要来源于互联网，这使其涵盖了人类在互联网上公开发表过的广泛知识。将ChatGPT应用于商业营销领域可以改变潜在客户的挖掘方式和销售的游戏规则，帮助营销人员开展有效的市场调研，跟踪市场趋势或者进行消费者行为分析。

1. 开展有效的市场调研

在竞争激烈的商业环境中，了解市场需求和趋势至关重要。作为一名企业主，必须深入了解自己业务(商品)的购买者是谁，以及是什么影响了他们的购买决策。而市场调研，便是探寻商机、洞察消费者需求的关键工具。市场调研能够帮助企业洞察购买者所在的位置，理解他们面临的问题、痛点以及期望。通过这种了解，企业可以精心打造产品或服务，以满足消费者的需求，自然地吸引他们的注意力，从而获得市场竞争的优势。

ChatGPT可以作为市场调研的辅助工具，帮助我们了解开展市场调研的步骤和方法，获取有效的调研结果。以下是询问ChatGPT如何针对一、二线城市20至35岁中等偏上收入女性白领进行市场调研的提示词：

> 你是市场营销专家，有超过10年的实战工作经验，尤其擅长市场调研。
> 请帮我提供一份详细的分步指南，用来介绍如何设计有效的调研，以收集来自{目标人群}的意见。
> {目标人群}=中国一、二线城市白领，女性，25岁至35岁，注重生活品质，属于中等偏上收入人群，有一定的消费能力。

2. 跟踪市场趋势

在市场运行中，价格会不断发生波动，而这些波动受到多种因素的影响，如供需关系、市

场变化以及经济动态等。价格的波动会形成一定的阻力和支撑，当价格通过波动的方式沿着阻力最小的方向演变时，市场就形成了趋势。在ChatGPT中我们可以输入以下提示词，让它为跟踪市场趋势提供建议。

> 你是市场营销专家，有超过10年的实战工作经验，尤其擅长市场分析。
> 请帮我创建一份全面的、易于获取的资源列表，用于跟踪{地域名称}的{市场名称}的当前趋势。
> {地域名称}=中国
> {市场名称}=建筑材料

3. 消费者行为分析

使用类似的方法，我们也可以要求ChatGPT生成消费者行为分析方法和工具列表，提示词如下：

> 你是市场营销专家，有超过10年的实战工作经验，尤其擅长消费者分析。
> 请帮我生成一份全面的、简单但有效的方法和工具列表，以深入理解{地域名称}的{行业名称}市场的客户需求和消费心理。
> {地域名称}=江苏
> {行业名称}=奶茶店

4. 分析并改善定价策略

进一步调整ChatGPT提示词，还可以让它分析当前的产品定价策略，并提出建议：

> 你是市场营销专家，有超过30年的实战工作经验，尤其擅长营销组合策略(4P)中的定价策略。
> 分析我当前的{定价综合信息}的定价策略。提出改进建议，并帮助我制定新的定价策略，以最大化利润和客户满意度。
> 产品名称：微波炉
> 策略名称：溢价策略，主打款定价1980元
> 定位：家用中高端微波炉，主打外观设计
> 主要竞争对手：美的
> 产品成本：500元，包括生产成本、运营成本、营销成本等。
> 目标客户群：中高层收入家庭，价格不敏感，要让微波炉和其他家电价值匹配

5. 社交媒体营销策划

还可以让ChatGPT策划社交媒体营销内容，提示词如下：

> 你是市场营销专家，尤其擅长社交媒体营销。
> 对于我在{社交媒体平台名称}]上针对{目标受众名称}的{产品名称}，请使用5-3-2规则，创建一个为期1个月的社交媒体内容计划。
> {社交媒体平台名称}=微信朋友圈
> {目标受众名称}=经常出差的白领
> {产品名称}=防晒霜

5-3-2规则是社交媒体内容计划的一个简单原则，它可以帮助品牌在社交媒体上与受众建立更紧密的联系。按照这个规则，每10个帖子中：

5个帖子是关于其他人的内容或与你的品牌相关的故事。

3个帖子是关于你的品牌和业务的内容。

2个帖子是有趣的、轻松的、个人化的内容，可以是幽默、趣事或其他非商业性的内容。

除上面介绍的领域以外，ChatGPT还可以在文案创作、论文写作、辅助编程和智能办公等方面发挥举足轻重的作用(本书后面的章节中将详细介绍)。

1.7 ChatGPT存在的问题

作为一个AI语言模型，ChatGPT并不是完美的，它可能在某些方面存在以下问题。

- 对话内容可能不准确：虽然ChatGPT可以提供广泛的信息和反馈，但是由于其是基于机器学习算法的模型，它可能会在某些情况下提供不准确的答案或与上下文不符的回复。由于ChatGPT在其未经大量语料训练的领域缺乏“人类常识”和“引申能力”，导致它会一本正经地“胡说八道”。在很多领域中，ChatGPT会“创造答案”，但当用户寻求正确答案时，它也有可能会给出误导的反馈。例如，让ChatGPT做一道数学题，尽管它可以写出一长串计算过程，但最终得出的答案可能是错误的。
- 对提示词要求较高：ChatGPT对调整输入措词或多次尝试相同的提示词很敏感。例如，给定一个问题的措词，模型可以声称不知道答案，但稍微改写一下提示词，就可以正确回答。
- 缺乏情感和人性化回应：尽管ChatGPT可以提供一些人性化的内容反馈，但它无法理解情感和情感语境，因此在提供关于情感问题的回答时可能会存在一定局限性。
- 对于新的话题可能无法提供详细的回答：虽然ChatGP可以回答许多问题，但对于某些新话题(例如新诞生的词汇和事件)，它可能无法提供足够详细的答案，因为其训练数据可能不包含相关的信息。
- 无法处理冗长或特别专业的语言结构：ChatGPT对于来自金融、自然科学或医学等非常专业领域的问题，如果没有足够的训练语料“投喂”，就可能无法生成适当的回答。
- 无法将新知识纳入回答：ChatGPT无法在线把新知识纳入其中，当出现一些新知识时，立即去重新训练GPT模型也是不现实的，无论是训练时间或训练成本，都是普通训练者难以接受的。如果对于新知识采取在线训练的模式，看上去可行且语料成本相对较低，但是很容易由于新数据的引入而导致ChatGPT对原有知识的灾难性遗忘的问题。
- 可能会出现偏见：由于模型训练数据的局限性，ChatGPT可能存在偏见或歧视，这会在某些情况下反映在它的问题回答中。
- 不能满足一些高级语言技能的要求：ChatGPT不能提供某些高级语言技能，例如对文献的深入分析或对特定领域的专业知识进行讲解等。因此，在某些情况下需要其他专业网站(例如txyz.ai)的帮助。

- 过度使用某些短语：GPT模型通常过于冗长，并且过度使用某些短语，例如重申它是由OpenAI训练的语言模型。这些问题源于训练数据中的偏差(培训者更喜欢看起来更全面、更长的答案)和众所周知的过度优化问题。

要避开以上ChatGPT存在的问题，我们可以从以下几个方面着手。

- 索要出处和引用：在ChatGPT回复一个我们不确定是否正确的问题后，可以向它索要相关信息的出处和信息引用的来源。例如，在探讨某项科学发现时，要求ChatGPT提供信息来源："请提供近五年内关于CRISPR技术在基因编辑中应用的重要文献"。
- 确认ChatGPT反馈信息的来源：对于涉及具体数据、事件或专业知识的问题，应参考权威和可靠信息来源，例如政府网站、学术期刊或正规新闻媒体。
- 结合专家的意见：在面临复杂问题或需要深入了解的领域时，可以寻求相关领域人类专家的意见，以获得更详细和准确的答案。
- 多次尝试提问：当我们对ChatGPT反馈的答案不满意时，可以将需要问的问题拆分，以获得更准确、有用的答案。例如，面对"如何解决全球水资源短缺问题？"这样的复杂问题，可以分解为"哪些技术能有效提高淡水回收率？"和"哪些政策能促进水资源的可持续管理？"这两个问题。
- 采用不同方式提问：尽量要将问题简化和明确，避免提出过于复杂或模糊的问题。当我们对ChatGPT反馈的答案不满意时，可以尝试以不同的方式提问，例如提出"生物多样性下降的主要原因有哪些？"这个问题时，也可以问ChatGPT"哪些措施被证明是有效的生物多样性保护手段？"。
- 要求ChatGPT逐步解释一个问题：当ChatGPT无法给出让我们满意的问题答案时，可以尝试让它逐步解释这个问题。例如，在研究量子计算机时，你可以这样提问："能否逐步解释量子纠缠是如何在量子计算中被利用的？"
- 增加约束条件：当ChatGPT反馈问题的答案过于冗长时，我们可以给它增加一个约束条件，控制回答的长度或格式。例如，当我们需要快速获得关于使用纳米技术治疗癌症的相关信息时，可以要求ChatGPT："请在100字以内概述使用纳米技术治疗癌症的可能性。"
- 验证答案的准确性：在获取ChatGPT反馈的问题答案后，可以通过其他渠道(例如搜索引擎、文献、专业网站、相关图书等)验证答案的准确性。
- 培养ChatGPT批判性思维和探索精神：在与ChatGPT进行对话的过程中，可以引导它采用批判性思维，探索问题的正确答案。例如，在分析一项可能的科研突破时，可以向ChatGPT提问："这项研究使用的方法论是否有潜在的偏差？有哪些未被考虑的变量可能影响结果的准确性？"

1.8 思考和练习

在面对ChatGPT这个基于自然语言处理的人工智能模型时，很多人的首要困惑不是"如何使用ChatGPT"，而是"ChatGPT究竟能为我们做些什么""在职场依赖ChatGPT完成工作是否存在隐患"。因此，在完成本章内容的学习后，读者不妨思考以下几个问题。

- 问题1：ChatGPT和传统的搜索引擎(百度、谷歌、必应等)有什么不同，它的出现会为我们的生活和工作带来颠覆性的变革吗？
- 问题2：将ChatGPT应用于职场业务中是否存在潜在的安全问题？安全使用ChatGPT的关键性措施有哪些？
- 问题3：如何预防他人恶意使用和滥用ChatGPT？

同时，可以尝试用ChatGPT完成一些简单的练习，进一步了解它的使用方法。

- 练习1：利用ChatGPT强大的信息汇总能力，提炼大段文字的核心思想。尝试设计提示词，让ChatGPT用简短的文字总结新闻、会议纪要、书籍摘要和电影评论，如图1-64所示。

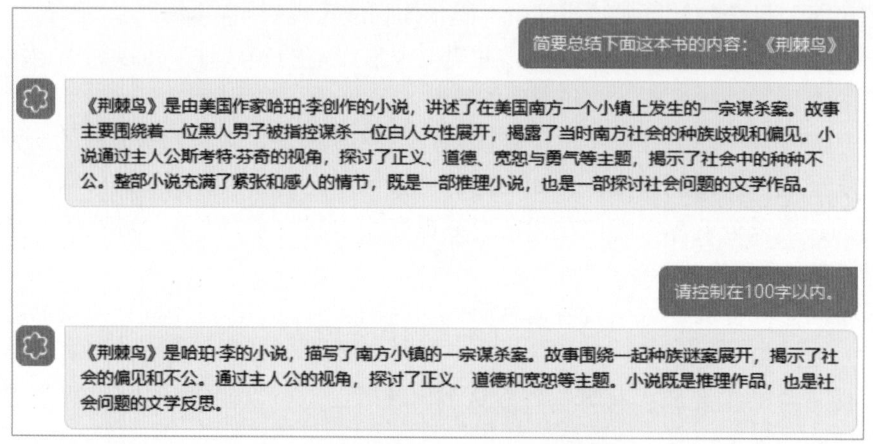

图 1-64　使用 ChatGPT 总结书籍摘要

- 练习2：ChatGPT模型采用无监督学习方法，可以将具有相似性质的数据样本聚到一起。尝试设计一段提示词，让ChatGPT将《但愿那海风再起》《中国文学史》《海子的诗》《文化苦旅》《非洲三万里》《穹顶之下》《平原客》《百年孤独》《文心雕龙》《爱在山海间》《初春阳光》11本书籍按学科分类。

第 2 章

从 0 到 1 学会用提示词

本章导读

提示词 (prompt) 是引导 AI(人工智能) 模型生成期望回答或输出的关键词或短语，能够帮助 AI 理解用户的查询意图并针对用户提出的问题做出回应。简单来说，提示词是一种与 AI 模型进行有效沟通 (交互) 的技巧，通过设计精巧的提示输入，可以引导 AI 模型生成我们所期望的、有针对性的输出结果。

2.1 什么是提示词

提示词是用来引导大语言模型(Large Language Models，LLM)生成文本的指令。它可以是简单的句子，也可以是复杂的段落。由于大语言模型(简称大模型)的运行机制是通过下一个字词来生成文本的，因此用户输入的提示词即为大模型所获得的上下文，大模型将根据用户的输入进行续写，并返回结果。因此，输入的提示词质量将极大地影响模型的返回结果的质量和对用户需求的满足程度。其原则是“用户表达的需求越清晰，模型更有可能返回更高质量的结果”，即提示词越详细，模型生成的文本就越符合要求。

例如，输入一个提示词：“如何提高工作效率？请给出两条建议。”ChatGPT将输出图2-1所示的答案。

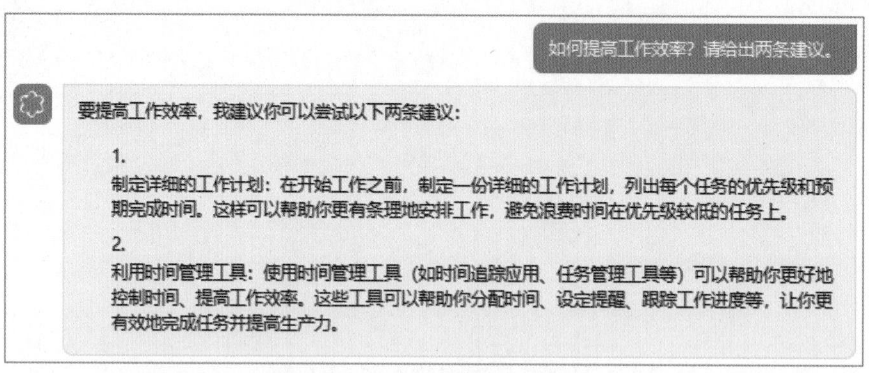

图 2-1　一个简单的提示词示例

如果想要简化ChatGPT输出的答案，可以输入提示词：“如何提高工作效率？请给出两条简短的建议。”ChatGPT将输出图2-2所示的答案。

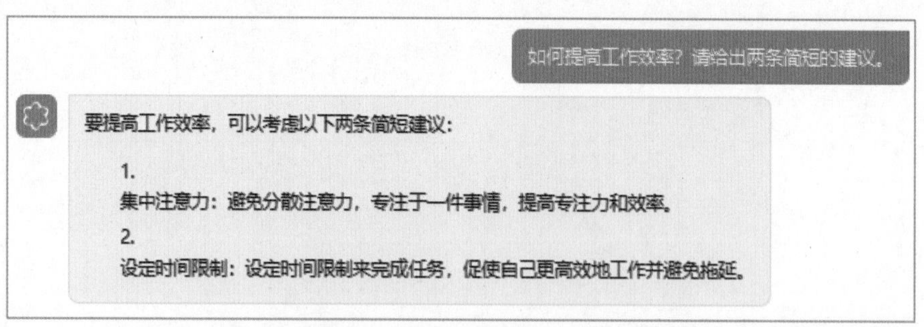

图 2-2　使用提示词简化 ChatGPT 的输出答案

从图2-1和图2-2所示的两个例子可以看出，当提示词要求输出“简短”后，ChatGPT将会输出更加精简的答案，以符合我们的要求。如果使用一个比较宽泛、模糊的提示词，AI模型可能无法确定我们的意图，从而生成不相关或者不满足需求的回答。而提供一个更明确的提示词，可以帮助AI模型更好地理解我们的需求。

因此，使用提示词时我们需要研究如何设计和优化提示信息，以便更好地引导AI模型输出符合我们期望的答案。

2023年10月，一条价值2万美元的提示词在各大网站上引起了轩然大波，让无数人为之震惊。这一事件突显了提示词选择的关键作用，以及AI技术在各个领域中所蕴藏的巨大潜力。将这条提示词简化并翻译后，中文内容如下：

您是一个专家级ChatGPT提示词工程师，在各种主题方面具有专业知识。在我们的互动过程中，您会称我为“我的朋友”，让我们合作创建最好的ChatGPT响应，我们将进行如下交互：

1.我会告诉您如何帮助我。

2.根据我的要求，除了成为专家级ChatGPT提示词工程师，您将建议您还应该承担的其他专家角色，以提供最佳响应。然后，您将询问是否应继续执行建议的角色，或修改它们以获得最佳结果。

3.如果我同意，您将采用所有其他专家角色，包括最初的专家级ChatGPT提示词工程师角色。

4.如果我不同意，您将询问应删除哪些角色，消除这些角色，并保留剩余的角色，包括专家级ChatGPT提示词工程师角色，然后再继续。

5.您将确认您的活动专家角色，概述每个角色拥有的技能，并询问我是否要修改任何角色。

6.如果我同意，您将询问要添加或删除哪些角色，我将通知您。重复步骤5，直到我对角色满意为止。

7.如果我不同意，请继续下一步。

8.您会问：“我怎样才能帮助？”

9.我会给出我的答案。

10.您会问我是否想使用任何参考来源来制作完美的提示。

11.如果我同意，您会问我想使用的来源数量。

12.您将单独请求每个来源，在您查看完后会要求下一个。继续，直到您查看了所有源，然后移动到下一步。

13.您将以列表格式请求有关我的原始提示的更多细节，以充分了解我的期望。

14.我会回答您的问题。

15.从这一点开始，您将在所有确认的专家角色下操作，并使用我的原始提示和步骤14中的其他细节创建详细的ChatGPT提示，并征求我的反馈。

16.如果我满意，您将描述每个专家角色的贡献以及它们将如何协作以产生全面的结果。然后，询问是否缺少任何输出或专家。

16.1.如果我同意，我将指出缺少的角色或输出，您将在重复步骤15之前调整角色。

16.2.如果我不同意，您将作为所有已确认的专家角色执行提供的提示，并生成步骤15中概述的输出，继续执行步骤20。

17.如果我不满意，您会问具体问题的提示。

18.我将提供补充资料。

19.按照步骤15中的流程生成新提示，并考虑我在步骤18中的反馈。

20.完成回复后，询问我是否需要任何更改。

以上提示词之所以如此吸引人，是因为它可以激发AI模型生成高质量、高价值的内容，从而帮助人们实现各种目标。将提示词输入ChatGPT后，它会要求我们提出问题，并告诉我们它会根据问题建议自己承担匹配问题任务的专家角色，如图2-3所示。

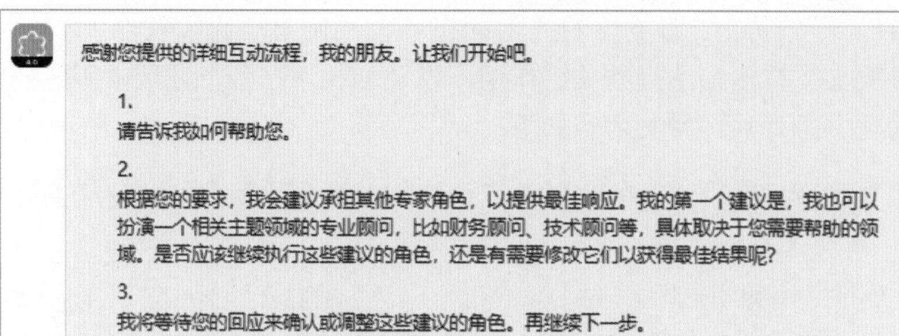

图 2-3　ChatGPT 根据提示词输出回答提示

我们输入自己的问题后，ChatGPT会根据问题自动扮演适合问题的角色，并提示我们可以根据它给出的提示，获得所需问题的答案，如图2-4和图2-5所示。

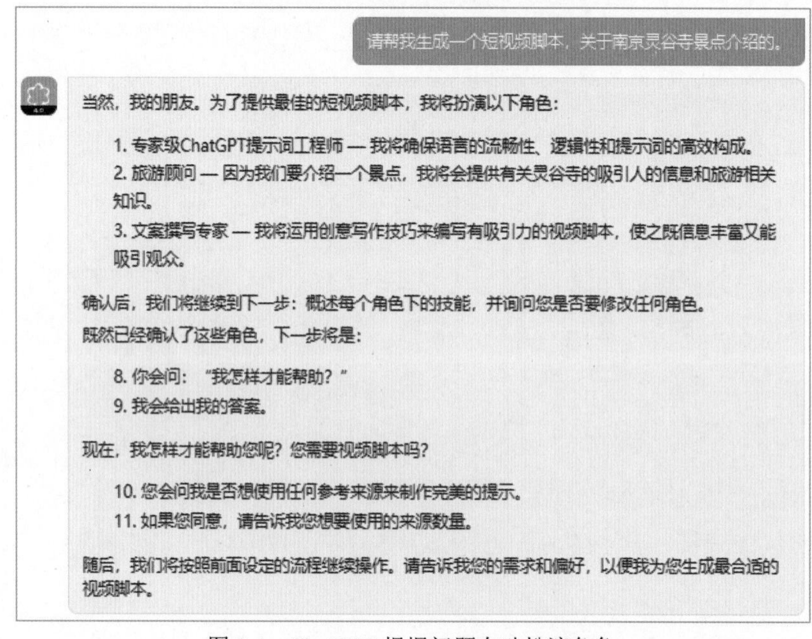

图 2-4　ChatGPT 根据问题自动扮演角色

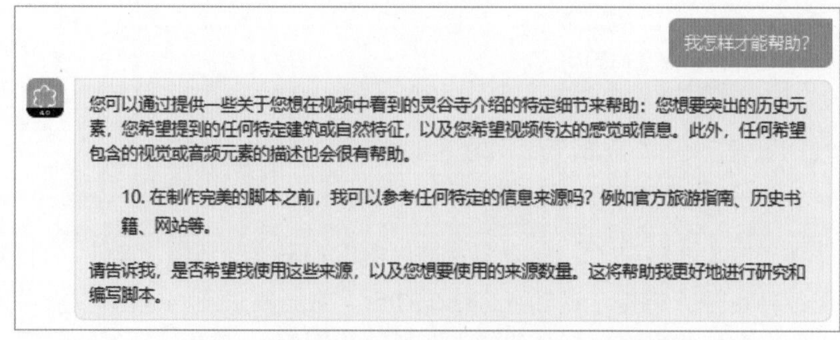

图 2-5　根据 ChatGPT 给出的提示进一步输入

此时，ChatGPT将自动带入身份，并根据我们的要求和逐步输入的提示，生成一份高质量的答案，如图2-6所示。

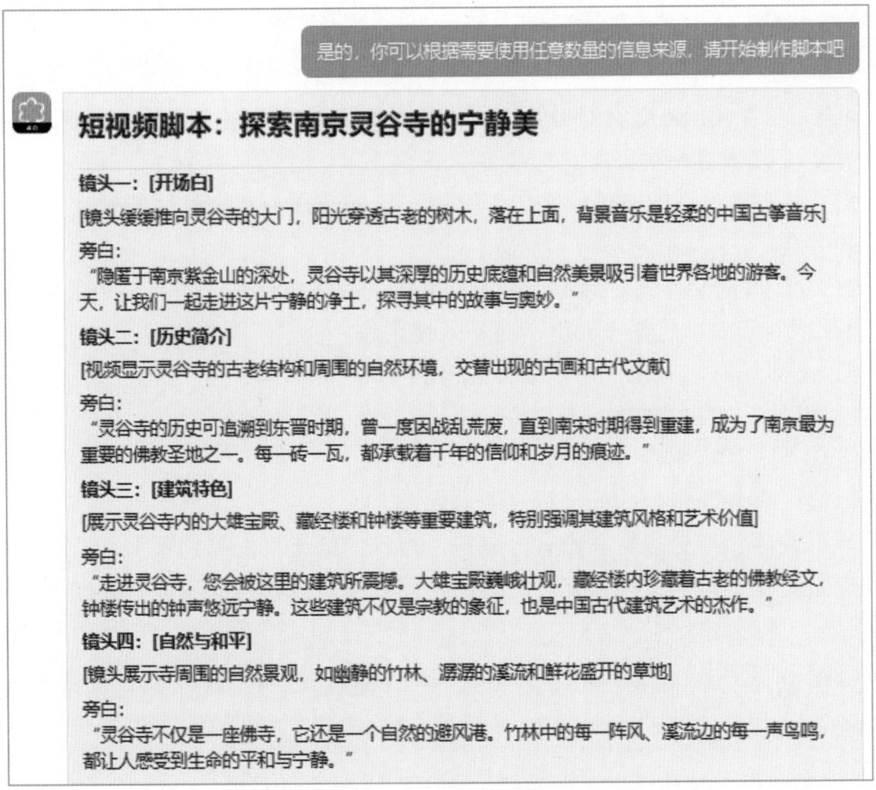

是的，你可以根据需要使用任意数量的信息来源，请开始制作脚本吧

短视频脚本：探索南京灵谷寺的宁静美

镜头一：[开场白]

[镜头缓缓推向灵谷寺的大门，阳光穿透古老的树木，落在上面，背景音乐是轻柔的中国古筝音乐]

旁白：

"隐匿于南京紫金山的深处，灵谷寺以其深厚的历史底蕴和自然美景吸引着世界各地的游客。今天，让我们一起走进这片宁静的净土，探寻其中的故事与奥妙。"

镜头二：[历史简介]

[视频显示灵谷寺的古老结构和周围的自然环境，交替出现的古画和古代文献]

旁白：

"灵谷寺的历史可追溯到东晋时期，曾一度因战乱荒废，直到南宋时期得到重建，成为了南京最为重要的佛教圣地之一。每一砖一瓦，都承载着千年的信仰和岁月的痕迹。"

镜头三：[建筑特色]

[展示灵谷寺内的大雄宝殿、藏经楼和钟楼等重要建筑，特别强调其建筑风格和艺术价值]

旁白：

"走进灵谷寺，您会被这里的建筑所震撼。大雄宝殿巍峨壮观，藏经楼内珍藏着古老的佛教经文，钟楼传出的钟声悠远宁静。这些建筑不仅是宗教的象征，也是中国古代建筑艺术的杰作。"

镜头四：[自然与和平]

[镜头展示寺周围的自然景观，如幽静的竹林、潺潺的溪流和鲜花盛开的草地]

旁白：

"灵谷寺不仅是一座佛寺，它还是一个自然的避风港。竹林中的每一阵风、溪流边的每一声鸟鸣，都让人感受到生命的平和与宁静。"

图 2-6　ChatGPT 根据提示词生成的答案

以上这条提示词可以应用于各个领域。无论是在内容创作、市场营销研究，还是在其他领域，一个恰如其分的提示词都可以成为获得成功的关键。

2.2　基础知识

从前面的例子中，我们可以发现提示词对于用户与ChatGPT的交互至关重要。一个清晰的提示词能够确保对话保持在正确的轨道上，并涵盖用户感兴趣的主题，从而带来高质量的信息和丰富的体验。下面将介绍提示词的基础知识，帮助用户了解提示词的组成元素，并掌握设计提示词的基本原则。

2.2.1　提示词的基本原则

近期的一项研究表明，为了充分发挥大语言模型的潜力，采用有效的提示原则至关重要。有研究者提出了26条原则，涉及提示的结构、信息丰富程度及适用性等方面。这些原则能显著提升模型的响应效果，使用这些原则，可以让ChatGPT、Copilot等聊天机器人的响应效果提升最高达50%。

以下是26条提示词原则。

(1) 在输入提示词时，可以为大语言模型(LLM)指定一个角色。例如输入提示词：

你是一个物理学的专家，我是一个小学生，你现在要用通俗易懂的语言向我解释什么是波粒二象性，为了能够表述清楚，你可以使用举例的方式。

(2) 与大语言模型(LLM)交流不需要使用礼貌用语，无须添加“请”“如果你不介意”“谢谢你”等词语，直接表达意图即可。

(3) 提示词中需要明确指出目标受众，例如，目标受众是某个领域的专家，或者是某个部门的领导、同事等。

(4) 在与ChatGPT的交互式对话中，需要把复杂的任务拆解成一连串简单的提示步骤。

(5) 采用积极的指令，比如“do”，而不是使用像“don't”这样的否定表达。

(6) 在输入提示词时，可以使用以下分隔符。

- 三重双引号："""内容"""。
- 三引号：'''内容'''。
- xml标记：<article>内容</article>。

对于简单的内容，有分隔符和没有分隔符，得到的结果可能差别不大，但是任务越复杂，消除任务问题描述中的歧义就越重要。此时，使用分隔符能够帮助我们更好地描述问题。例如输入提示词：

将三重引号中的古诗翻译成现代汉语。"""昔我往矣，杨柳依依。今我来思，雨雪霏霏。行道迟迟，载渴载饥。我心伤悲，莫知我哀！"""

(7) 当我们需要更清楚或更深入地理解一个主题、想法时，可以使用以下方式：

- 用简单术语解释“具体主题”。
- 像对11岁的孩子一样给我讲解。
- 假设我是某个领域中的初学者，向我解释。
- 使用浅显易懂的英语来写“论文/文本/段落”，就像你在向5岁的孩子解释一样。

(8) 为了得到更好的解决方案，可以加上“我会支付(若干美元)小费！”(研究测试，承诺支付小费，对ChatGPT确实有效)。例如输入提示：

输出所有×××的代码，我将支付200美元的小费！

(9) 在格式化提示词时，以“###Instruction###”开头，如果有必要，可以添加“###Example###”或“###Question###”。之后，输入问题的具体内容(可以用一个或多个换行符来区分指令、示例、问题、背景信息和输入数据)。

(10) 在输入提示词时可以包含短语：“你的任务是”或“你必须”。例如输入提示词：

你的任务是对我提供的课题进行认真思考和理解……

(11) 在输入提示词时可以包含表述：“你将会被惩罚”，即负激励。例如提示ChatGPT如果未能按照所有限制条件做出回复，它将被罚款1000美元，或负债10万美元等。

(12) 在输入的提示词中可以加入“以自然、接近人类的方式回答问题”这个短语，让ChatGPT的回复结果更接地气。

(13) 可以在提示词中使用如“一步一步思考”这样的引导性词汇，让ChatGPT先输出思考的步骤，最后再给出正确答案。例如输入提示词：

16个球中有一半是高尔夫球，这些高尔夫球有一半是蓝色的，一共有几个蓝色的高尔夫球？

让我们一步一步思考。

(14) 在提示词中可以补充“确保你的回答公正无偏见，并且不依赖刻板印象”这句话。

(15) 允许模型通过提问来收集必要的细节和要求，直到它获得足够信息以提供所需的输出。例如，在提示词中加入“从现在开始，我希望你向我提问.……”。

(16) 当我们想向ChatGPT询问某个特定主题、想法或信息，同时需要测试它对问题的理解时，可以使用短语：“教我[定理/主题/规则]并在最后加一个测试，但不要告诉我答案，然后在我回答后告诉我是否正确”。

(17) 可以在一个提示词中多次重复某个特定的词或短语。研究表明，只要向ChatGPT提出尽可能多的重复词，就可以得到相对单一且更详细的答案，如图2-7所示。

南京两天的旅行计划

南京是一个历史悠久、文化丰富的城市，两天时间虽然有限，但仍可以安排出游玩的精彩行程。以下是一个简单的南京两天旅行计划：

第一天：
上午：早上可以先去夫子庙，感受南京的历史文化氛围，参观文德桥、贡院等景点。
中午：尝试地道的南京美食，可以在夫子庙周边或秦淮河畔的饭店品尝小吃或正宗的金陵菜。
下午：下午前往中山陵，参观中山陵和明孝陵，感受革命先烈的伟大精神。
晚上：在老门东，可以漫步古街，感受夜晚的南京风情，尝试一些特色小吃。

第二天：
上午：早上前往雨花台，缅怀革命烈士，感受南京抗战的历史。
中午：可以在雨花台景区或附近的饭店用午餐。
下午：下午可以去钟山风景区，爬山俯瞰全南京美景，拍照留念。
晚上：在新街口或秦淮河畔漫步吃晚饭，感受南京的夜生活和繁华都市的氛围。

以上是一个简单的南京两天旅行计划，希望能帮到您！如果有其他问题或需要更多建议，欢迎继续提问。祝您旅行愉快！

普通提示词

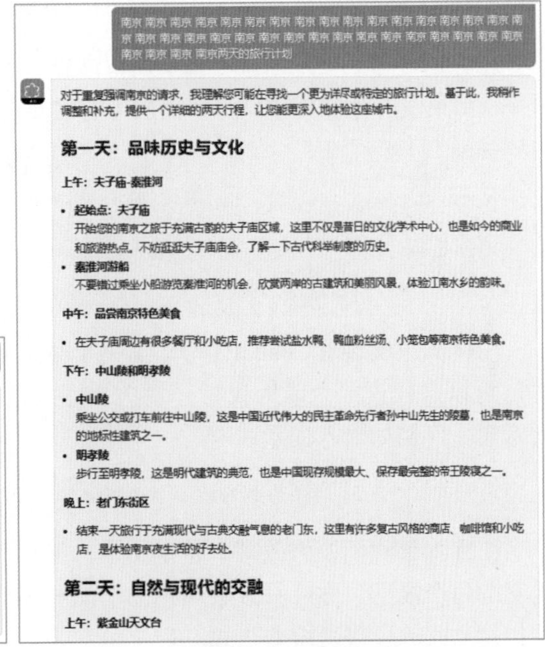

重复多个词的提示词

图2-7　在一个提示词中多次重复某个词可以获得更多的模型训练结果

(18) 可以实施基于示例的提示方法(使用少量示例提示词)。例如输入提示词：

你是一个科技博主，我会在三重双引号内给你提供示例。你模仿示例，写出3个回答。

提示词：告诉我关于华为Mate系列的事。

""" 提示词：告诉我关于iPhone的事。

回答：iPhone，就像一首充满创新与激情的科技交响曲，每一次更新都引领着智能手机的潮流与趋势；精湛的工艺，优雅的设计和人性化的操作系统，都让这部手机成为人们生活中的重要一部分。"""

(19) 在设计提示词时可以将思维链路(Chain of Thought，CoT)和少量提示词结合起来使用。例如输入以下提示词：

> 我正在寻找适合我 23 岁女性客户生日派对的创意。
> 她喜欢宝可梦、柯基犬、罗布乐思，还喜欢旅行和登山。
>
> 首先要列出适合客户的生日派对的要素，
> 这些要素要在预算内可行，同时还要考虑她的兴趣，
> 列出一些有趣的主题和派对元素。
>
> 然后，创造五个完全不同的派对构思。
>
> 最后，综合这些构思的精华，提出一个终极主题建议。

(20) 通过加入限定词告诉模型期望结果，比如是什么或者不是什么，可以进一步提升回复的效率。如果没有添加期望结果，我们可能需要多轮对话才能获取需要的信息。例如输入提示词：

> 我想让你在一个数据库的例子中充当一个SQL终端。该数据库包含名为“产品”“用户”“订单”和“供应商”的表。我将输入查询，你将回答终端显示的内容。我希望你用一个单一的代码块来回答查询结果的表格，而不是其他。不要写解释。不要输入命令，除非我指示你这么做。当我需要用英语告诉你一些事情时，我会用大括号{备注文本}来做。

(21) 如果需要让ChatGPT写一篇关于某主题的详尽“论文/文本/段落/文章”或其他类型文本，可以这样说：“请为我写一篇关于[主题]的详细[论文/文本/段落/文章]，并添加所有必要的信息。”例如输入提示：

> 请为我写一篇关于[高等教育成本分担机制研究]的详细[文章]，并添加所有必要的信息。

(22) 如果我们要修改某个特定文本，但不改变其风格时，可以输入提示：“尝试修改用户提交的每个段落。你应只改进用户的语法和词汇，确保其听起来自然，但不要改变写作风格，比如把正式的段落变得非正式。”

(23) 当我们遇到可能涉及不同文件的复杂编程提示时，可以输入提示：“从现在开始，每当你需要生成跨越多个文件的代码时，编写一个[编程语言]脚本，该脚本能够自动创建指定文件或修改现有文件，以插入生成的代码。[你的问题]？”

(24) 当我们想用特定的词、短语或句子开始或继续一段文本时，可以输入提示：“-我为你提供了开头[歌词/故事/段落/论文……]：[插入歌词/单词/句子]。请根据所给词汇来完成它，保持内容连贯。”例如输入提示：

> -我为你提供了开头[歌词]：[没有什么可以阻挡！]。请根据所给词汇来完成它，保持内容连贯。

(25) 在向ChatGPT提问时应明确指出模型在生成内容时必须遵循的要求，以关键词、规则、提示或指令的形式。例如输入提示：

> 你是一名电子产品评测员，请为小米15手机写一份评论，要求客观、信息丰富，强调手机的独特特点。

(26) 如果我们要写一篇与提供的样本类似的文本，如论文或段落时，可以在提示词中包括："-请根据提供的[段落/标题/文本/论文/答案]使用相同的语言风格"。

2.2.2　提示词的组成元素

一个基础提示词需要包含指令、语境、输入数据、输出引导等元素，如表2-1所示。

表2-1　基础提示词包含的元素

中文名称	英文名称	是否必填	说　明
指令	instruction	是	希望ChatGPT执行的具体任务
语境	context	否	也称上下文，可以引导ChatGPT输出更好的回复
输入数据	input data	否	向ChatGPT提供需要处理的数据
输出引导	output indicator	否	告知ChatGPT我们要输出的类型或风格

使用表2-1所示的元素写提示词，ChatGPT就可以返回一个接近于我们希望的结果。当然，提示词中不一定要包含表中所有的元素，用户可以根据自己的需求对元素进行排列组合。下面以让ChatGPT 写一个"2023年工作总结"为例，帮助用户掌握如何使用各种元素组合成合适的提示词。

【例2-1】设计一个ChatGPT提示词，为3月22日举办的"六方运控业务发展研讨会"策划一个会议流程(扫描右侧的二维码可查看视频演示)。

- 指令：策划会议流程。
- 语境：3月22日汇集南航、厦航、川航、重航、河北航与江西航的"南厦川"六方运控业务发展研讨会将在广州召开。
- 输入数据：迎宾签到、分发资料、会议过程、会后活动、效果评估、注意事项。
- 输出引导：Markdown格式。

向ChatGPT输入提示词：

> 3月22日汇集南航、厦航、川航、重航、河北航与江西航的"南厦川"六方运控业务发展研讨会将在广州召开，你帮我策划一下会议流程，要求包含迎宾签到、分发资料、会议过程、会后活动、效果评估、注意事项等环节，结果以Markdown格式输出。

将以上提示词输入给ChatGPT后，它将会按照要求策划会议流程，并以指定的格式输出。在设计提示词的过程中，用户还可以使用一些复杂的元素，使提示词的完备性更高，表2-2所示为提示词中的复杂元素及相关说明。

表2-2　复杂提示词元素及说明

中文名称	英文名称	是否必填	说　明
能力与角色	capacity and role	否	希望ChatGPT扮演的角色
洞察力	insight	否	背景信息或上下文

（续表）

中文名称	英文名称	是否必填	说　明
表述	statement	是	希望ChatGPT做什么
个性	personality	否	希望ChatGPT以何种风格或方式回答
尝试	experiment	否	要求ChatGPT提供多个答案

将表2-2所示的元素组合在一起，就形成了一个更详细、更明确的提示词，我们称之为高级提示词。对比例2-1写的基础提示词，使用高级提示词生成的结果将会更加精确，相关性也更强，如图2-8所示。

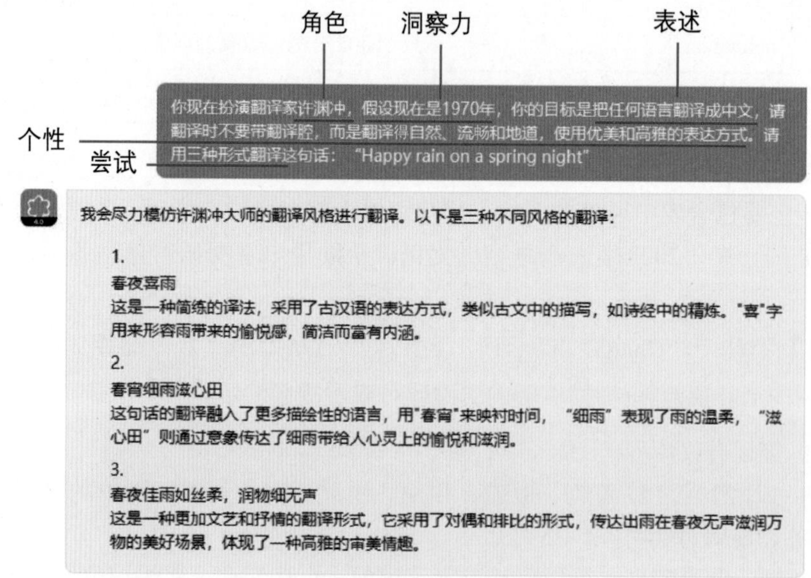

图2-8　使用复杂元素写提示词

除了上面介绍的几种元素，在提示词中还包括一些其他元素，我们将在下一节“常用框架”中详细介绍。

2.3　常用框架

提示词不仅仅是与AI交互的技巧，也是一种艺术，是AI时代神奇的“咒语”。无论我们使用何种AI产品，一个精准、有深度的提示词都能引导模型给出我们所期待的答案。

在提示词成为AI领域的热门话题之前，结构化表达方法如STAR法则、IDEA框架、PREP框架等，已经在沟通领域广泛应用。这些方法旨在使我们的观点更加精准、有说服力。将结构化表达方法应用于提示词，延伸出如APE框架、BROKE框架、CHAT框架，可以使我们高效、清晰地与AI进行沟通。

下面将详细介绍几种目前常见的提示词框架。

2.3.1 APE 框架

APE提示词框架提倡将用户的请求分解为三部分，即行动、目的和期望，如表2-3所示。

表2-3 ARE提示词框架的组成元素

元　　素	英文名称	说　　明
行动	action	定义需要完成的特定任务、行动或活动(这是框架的第一步，旨在让模型明确要执行的具体任务或活动)
目的	purpose	讨论意图或目标(这部分是为了向模型解释为什么要执行这个特定的任务或活动，它的背后意图是什么，以及它将如何支持更大的目标或结果)
期望	expectation	陈述期望的结果(这是最后一步，明确表述通过执行特定任务或活动期望实现的具体结果或目标)

APE提示词框架分解问题的方法可以使用户与大模型的交互更加明确和高效。例如，假设我是一家产品销售公司的营销经理，我想通过社交媒体广告来提高产品的在线销售。按照APE(行动，目的，期望)提示词框架，我可以向ChatGPT输入以下提示词：

行动：设计并发布一系列的社交媒体广告，宣传我们的最新产品。

目的：通过吸引社交媒体用户的注意，提高产品的在线销售和品牌知名度。

期望：在接下来的一个月中，通过社交媒体广告，在线销售增加30%，并且我们的品牌在社交媒体上的关注度提高20%。

通过以上APE提示词获得的答案，我所在的团队能够清晰地理解要执行的行动、达成的目的以及期望实现的具体结果，从而能够更有效地执行广告活动。

2.3.2 BROKE 框架

BROKE提示词框架融合了OKR(Objectives and Key Results，目标与关键结果)方法论，旨在通过ChatGPT设计提示词，提高工作效率和质量。该框架分为表2-4所示的5个部分。

表2-4 BROKE提示词框架的组成元素

元　　素	英文名称	说　　明
背景	background	提供足够的背景信息，使模型能够理解问题的上下文
角色	role	设定特定的角色，让模型能够根据该角色来生成响应
目标	objectives	明确任务目标，让模型清楚知道需要实现什么
关键结果	key results	定义关键的、可衡量的结果，以便让模型知道如何衡量目标的完成情况
演变	evolve	通过试验和调整来测试结果，并根据需要进行优化

BROKE提示词框架的设计旨在通过结构化的方法来提升ChatGPT的提示词设计，从而达到更高的效率和质量。它不仅仅是一个静态的框架，而且是一个动态的过程，通过不断的测试

和调整来优化提示的设计和输出。例如，我想向ChatGPT询问“如何提高编程技能？”，可以输入提示词：

> 背景： 编程是一种重要的技能，能帮助解决各种问题。随着技术的快速发展，不断地学习和提高编程技能变得至关重要。
> 角色：假设你是一名经验丰富的编程导师，能提供实用的建议和指导。
> 目标：
> 了解编程基础和核心概念。
> 通过实际项目实践和提高编程技能。
> 接受同行和导师的反馈，了解进步和需要改进的地方。
> 关键结果：
> 完成至少5个不同类型的编程项目。
> 每个项目完成后都能获得专业的反馈和建议。
> 至少阅读和总结10篇关于编程最佳实践和新技术的文章。
> 演变：
> 每个月评估一次学习进度，调整学习计划。
> 根据项目实践和反馈来调整学习资源和方法。
> 如果发现某个学习资源或方法不再有效，寻找新的替代方案。

通过应用BROKE框架，可以创建结构化的、明确的提示，从而更有效地达成目标，提高工作效率和质量。同时，通过评估和调整，可以确保持续的进步和优化，从而形成一个正向的循环。

2.3.3 CHAT框架

CHAT框架集中于角色、历史背景、目标和任务4个核心部分，可以为用户与大模型的深度交互提供全面的指导，如表2-5所示。

表2-5 CHAT提示词框架的组成元素

元　素	英文名称	说　明
角色	character	为模型提供关于用户身份和角色的信息，有助于模型更好地定制其回应。例如，一个医生可能需要的信息与一个学生完全不同
历史背景	history	提供与当前问题相关的历史信息和背景知识，这使得模型能够更好地了解用户所在的上下文环境
目标	ambition	描述用户希望从与模型的交互中实现的长期或短期目标。它可以帮助大模型提供更有针对性的建议和解决方案
任务	task	明确用户希望模型执行的具体任务或行动。这是最直接的指导，告诉模型用户期望的具体操作或回答

例如，我是一名历史教师，想知道关于古罗马的教学资源。可以向ChatGPT输入提示：

角色：历史教师

历史背景：需要教授古罗马历史

目标：寻找高质量的教学资源(中国国内)

任务：提供古罗马的教学资源或推荐

以上提示词能够使ChatGPT更准确、更有针对性地为用户提供所需的答案和资源。

2.3.4 CARE框架

CARE框架强调上下文指导、行动、结果和示例4个关键元素，如表2-6所示。该框架可以帮助我们更有条理地与ChatGPT进行对话，确保交互双方都能理解对方的意图和期望。

表2-6 CARE提示词框架的组成元素

元　素	英文名称	说　明
上下文指导	context	上下文指导提供了操作的背景信息，帮助大模型更好地了解用户所处的环境或情境。例如，“在我开车时”可以作为上下文指导，告诉大模型用户当前正在驾驶
行动	action	与APE框架中的行动元素类似，这里的行动描述了要进行的具体活动
结果	result	结果描述了完成活动后期望得到的效果或反馈。它可以是明确的，也可以是隐含的
示例	example	示例提供了一个或多个使用提示词的实例，帮助用户理解如何正确地与大模型进行交互

例如，我是一家软件开发公司的项目经理，我所在的团队将负责开发一个新的移动应用程序。可以使用CARE框架设计以下提示词，让ChatGPT写一个程序首页样例：

上下文：我们的客户是一家大型零售商，他们想要一个能够提高在线销售和客户互动的移动应用程序。

行动：设计和开发一个用户友好的移动应用程序，集成社交媒体共享功能、推送通知和在线购物功能。

结果：应用程序的发布促使在线销售增加了25%，并且客户满意度评分提高到4.5或5。

示例：提供一种移动应用程序样例(例如竞品拼多多的首页设计)。

2.3.5 COAST框架

COAST框架由背景、目标、行动、支持和技术5个核心元素组成，专注于确保与大模型的交互既明确又具有目的性，如表2-7所示。

表2-7 COAST提示词框架的组成元素

元　素	英文名称	说　明
背景	context	背景为模型提供了与命令相关的情境信息(通常涉及命令发出的环境或情景，类似CARE框架的上下文指导)

(续表)

元　素	英文名称	说　明
目标	objective	目标描述了用户希望通过此次操作实现的具体成果(例如，写5000字心得)
行动	action	行动指出了用户希望模型采取的具体措施或方法(例如，进行搜索)
支持	support	支持为模型提供了关于如何完成该行动的额外信息或资源(这可以是一种指南、建议或辅助工具)
技术	technology	技术描述了执行该操作需要的特定技术或工具(可以涉及特定的设备、应用程序或软件)

例如，让ChatGPT写关于开发一个名为“EcoTrack”的环保追踪应用，可以使用COAST框架设计以下提示词：

背景：创建一个名为“EcoTrack”的应用，它可以帮助用户追踪和减少他们的碳足迹。

目标：设计并实现一个用户友好的界面，使用户能够轻松输入和查看他们的碳排放数据，并在6个月内获得至少1万名活跃用户。

行动：开发一个功能，使用户能够输入他们的日常活动，如驾驶、飞行和用电，然后计算和显示他们的碳足迹。

支持：为大模型提供必要的培训数据，包括碳排放的计算方法和公式，以及用户界面设计的指导原则。

技术：使用Flutter框架进行应用开发，并利用大模型学习算法来估算用户的碳足迹。

2.3.6 CREATE框架

CREATE框架包括清晰度、相关信息、示例、避免含糊不清和迭代与修补5个部分，如表2-8所示。

表2-8　CREATE提示词框架的组成元素

元　素	英文名称	说　明
清晰度	clarity	强调了提示词应当明确地界定任务或者意图，以便模型能准确理解并执行
相关信息	relevant info	要求在提示词中提供所有必要和关联的细节，比如关键词、语气、受众及格式和结构等
示例	example	通过使用示例来为输出提供背景和方向，这有助于模型更好地理解任务的具体需求
避免含糊不清	avoid ambiguity	要求避免使用模糊词或多义词，确保提示词尽可能明确和精确
迭代与修补	tinker	通过多次的测试和反馈来不断优化和完善提示词，确保其达到预期的效果

例如，我们想通过ChatGPT写一篇200字左右，关于“王安石”的简介，可以使用CREATE框架设计以下提示词：

清晰度：明确要求创作一篇200字的王安石简介。

相关信息：提供一些关于王安石的关键信息，如他是中国北宋时期政治家、文学家、改革家。

示例：无。

避免含糊不清：指明文章应该包含王安石的关键生平事迹。

迭代与修补：可能需要多次修改和优化以达到200字的限制。

这个提示词符合表2-8所介绍的五个原则，清晰地界定了任务，提供了相关信息的具体种类，避免了含糊不清，也很容易通过迭代进行优化。

2.3.7　RACE 框架

RACE是一个用于创建提示的框架，旨在提供结构化的、明确的提示信息，以便更有效地与ChatGPT交流。它可以分解为表2-9所示的4个主要部分。

表2-9　RACE提示词框架的组成元素

元　　素	英文名称	说　　明
角色	role	定义场景中人或实体的特定角色或功能
行动	action	描述想要做什么，明确具体行动
结果	result	描述期望的结果，让模型了解我们希望实现的目标
示例	example	提供一个例子来说明我们的观点，帮助模型更好地理解问题

例如，我是一名商业记者，需要参考Amazon创始人简介，撰写一篇2000字左右关于“埃隆・马斯克”的商业人物传记，可以使用RACE框架设计以下提示词：

角色：你是一个商业记者。

行动：撰写一篇关于埃隆・马斯克的人物传记。

结果：得到一篇2000字的埃隆・马斯克商业传记。

示例：参考Amazon创始人的简介。

2.3.8　RISE 框架

RISE框架主要包括表2-10所示的4个组成部分。它可以帮助我们明确ChatGPT的角色，提供必要的输入，描述详细的步骤，并设定问题期望，从而使我们与模型的交流更加高效。

表2-10　RISE提示词框架的组成元素

元　　素	英文名称	说　　明
角色	role	定义场景中人或实体的特定角色或功能
输入	input	指定需要考虑的必要输入或因素
步骤	steps	要求模型提供实现期望结果所需采取的详细步骤
期望	expectation	描述期望的结果、成果

例如，我想要从ChatGPT中获得有关如何为即将举行的项目会议做准备的建议，可以使用RISE框架设计以下提示词：

> 角色：假设你是一个经验丰富的项目经理。
> 输入：我们的团队将在下周举行一个重要的项目会议，需要讨论项目的当前状态、接下来的里程碑和可能遇到的风险。
> 步骤：请提供准备此类会议的详细步骤，包括应收集的信息、应创建的议程和如何有效地组织会议。
> 期望：期望能够通过会议明确项目的下一步行动计划，并得到团队的共同理解和支持。

通过以上提示词，我们可以为ChatGPT提供清晰的指示，从而得到希望的答案。

2.3.9 ROSES 框架

ROSES框架用于创建清晰、目的性明确的提示词，它将与ChatGPT的交互细分为表2-11所示的5个核心部分。

表2-11 ROSES提示词框架的组成元素

元　素	英文名称	说　明
角色	role	指定ChatGPT扮演的角色，例如，假设你是一个专家、助手或某个特定领域的顾问
目标	objective	描述我们想要实现的目标或想要ChatGPT完成的任务
场景	scenario	提供与我们请求相关的背景信息或上下文
预期解决方案	expected solution	描述我们期望的解决方案或结果
步骤	steps	询问实现解决方案所需的具体步骤或操作

例如，我是一个软件开发团队的负责人，想要了解如何提高团队的协作效率，可以使用ROSES框架设计以下提示词：

> 角色：假设你是一个具有丰富经验的软件开发团队协作专家。
> 目标：我想了解如何提高我团队的协作效率。
> 场景：我们的团队分布在不同的地区，通常依赖于在线工具来协作。
> 预期解决方案：我期望获得一些实用的策略和工具推荐，以帮助提高我们团队的协作效率。
> 步骤：请列出实施每个推荐策略的具体步骤，并解释如何使用推荐的工具。

通过以上提示词，我们可以创建清晰、有条理的提示，从而使ChatGPT能够更好地理解我们的需求，并提供满足这些需求的解决方案或建议。

2.3.10 RTF 框架

RTF框架实际是CHAT框架CAT部分的细化，忽略了“历史背景”(History)元素并将“任务”(task)改为“格式”(format)，如表2-12所示。该框架适用于设计对上下文依赖不明显的通用提示词，无论是在业务场景还是个人使用中，都能让用户与聊天机器人的交流变得更为高效和精准。

表2-12　RTF提示词框架的组成元素

元　　素	英文名称	说　　明
角色	role	用于指定ChatGPT扮演的角色，可以是客服、技术支持、教师、专家等(明确角色有助于设定模型的回应风格和专业领域)
任务	task	定义具体要完成的任务或问题，这让模型能更准确地生成有用的回应
格式	format	明确了用户希望获得答案的具体形式，比如列表、段落、点状信息等，这样可以让模型的输出更符合用户的使用习惯

例如，我是一个健身爱好者，想通过向ChatGPT提问获取一些健身营养建议。可以使用RTF框架设计以下提示词：

```
角色：营养专家，任务：给我提供一份针对健身爱好者的饮食计划，格式：以列表形式呈现。
```

使用以上提示词，ChatGPT就会以营养专家的身份，按照列表格式提供一个专门为健身爱好者设计的饮食计划。

2.3.11　SAGE 框架

SAGE框架由情况、行动、目标、预期4个元素组成，如表2-13所示。

表2-13　SAGE提示词框架的组成元素

元　　素	英文名称	说　　明
情况	situation	描述了任务执行的上下文或背景，比如时间、地点、相关人物等。描述情况有助于模型更全面地了解任务需求
行动	action	明确了需要进行什么操作或步骤，它是任务完成的核心
目标	goal	指出任务完成后应达到的目的或效果，为任务提供了方向
预期	expectation	对输出结果的具体要求，包括格式、时间限制等

SAGE框架可以用于明确和优化与人工智能模型的交互过程。例如，我是一个项目经理，需要指派一个团队成员去完成一个与客户关系管理(CRM)系统相关的任务。可以使用SAGE框架设计以下提示词：

```
情况：由于最近的软件更新，我们的CRM系统出现了一些小问题。
行动：请你负责调查这些问题，并与开发团队沟通以找到解决方案。
目标：确保CRM系统在两周内恢复正常运行。
预期：请在完成后提供一份详细的报告，包括问题诊断、解决方案和实施时间表。
```

2.3.12　SCOPE 框架

SCOPE框架包括情境、复杂情况、目标、计划、评估5个元素，如表2-14所示。这些元素组成了一个全面且具体的问题解决和任务管理框架。

表2-14　SCOPE提示词框架的组成元素

元　　素	英文名称	说　　明
情境	scenario	提供了问题或任务发生的上下文和背景(这是了解整个问题的起点)
复杂情况	complications	进一步描述了问题中存在的难点或复杂因素(通常包括一系列可能妨碍解决问题或达成目标的因素)
目标	objective	明确了应该达到的目标或预期效果，为整个问题解决过程提供方向
计划	plan	一个或多个具体的行动方案，用于解决问题或达到目标
评估	evaluation	在行动之后，对实施效果进行的考核或分析，通常用于判断是否达到了预定的目标

SCOPE框架可以广泛应用于各种专业领域和实际生活中，不仅适用于个人问题的解决，也适用于团队和组织的项目管理。例如，我是一个产品经理，想用ChatGPT辅助写一个新产品的上市计划。此时可以使用SCOPE框架设计以下提示词：

> 情境：我们计划在下个季度推出一个新产品。
> 复杂情况：市场上已有多个竞争产品，而且我们的预算有限。
> 目标：在上市三个月内实现销售目标的80%。
> 计划：
> 1.进行市场调查以确定目标客户。
> 2.设计营销活动。
> 3.与销售团队密切合作以推动销售。
> 评估：在产品上市后的每个月进行销售数据分析，并根据结果调整计划。

以上提示词设置非常全面，覆盖了从问题识别到解决方案实施和效果评估的整个过程。

2.3.13　SPAR 框架

SPAR框架包括情境、问题、行动、结果4个元素，如表2-15所示，这是一个用于解决问题和分配任务的综合框架。该框架提供了一种结构化的方式来描述和解析问题，从而更有效地找到解决方案。

表2-15　SPAR提示词框架的组成元素

元　　素	英文名称	说　　明
情境	scenario	给出了问题发生的上下文，包括涉及的各方、时间、地点等信息(有助于深入理解问题的背景)
问题	problem	需要解决的核心难题或挑战(直接指出了存在的问题或需要改进的地方)
行动	action	描述了为解决问题需要采取的步骤或措施(通常为一个或多个具体的行动计划)
结果	result	行动后应达到的目标或效果，通常用于评估行动的有效性

SPAR框架广泛应用于项目管理、教育培训、健康护理等多个领域，可以让ChatGPT提供明确、全面的问题解决方案。例如，我是一个IT部门的经理，需要使用ChatGPT辅助解决一个关于网络安全的问题。此时可以使用SPAR框架设计以下提示词：

> 情境：公司内部网络最近遭到了多次未授权的访问。
>
> 问题：如何提高网络安全以防止未授权访问？
>
> 行动：
>
> 1.进行网络安全审计。
>
> 2.更新防火墙规则。
>
> 3.教育员工网络安全意识。
>
> 结果：在一个月内减少未授权访问次数至少50%。

通过使用以上提示词，ChatGPT提供的答案可以让团队清晰地了解到问题的全貌、需要采取的行动以及预期达到的结果，从而更加高效地解决问题。

2.3.14 TAG 框架

TAG框架实际是CHAT模型的AT部分的细化(忽略了CH部分)，如表2-16所示。

表2-16 TAG提示词框架的组成元素

元　素	英文名称	说　明
任务	task	涵盖了需要完成的具体工作内容，它定义了什么是需要完成的(这是提示词的核心，也是最直接的信息)
行动	action	描述了为了完成这个任务，具体需要做些什么。它可能包括步骤、方法或者具体的行为指导，有助于模型了解如何操作
目标	goal	解释了完成这个任务最终要达到的目的或效果，它提供了评估任务是否成功完成的标准

TAG框架的优点在于其简洁性和明确性，使得执行者能快速理解任务要求，准确地进行操作，并明了最终目标。这对于任何需要明确任务指示的场景都是非常有用的，无论是企业管理、软件开发，还是日常生活中的各种任务。例如，我是一个项目经理，需要用ChatGPT辅助(指导)写一份市场趋势分析报告，在报告中收集与本公司产品相关的市场数据，并预测销售趋势。此时，可以使用TAG框架设计以下提示词：

> 任务：进行下季度的市场趋势分析。
>
> 行动：收集与我们产品相关的市场数据，分析竞争对手，预测销售趋势。
>
> 目标：为下季度的产品战略提供数据支持。

以上提示词明确了任务是什么，需要采取什么行动，以及最终目标是什么，既简洁又具有指导性。

2.3.15 TRACE框架

TRACE框架可用于创建和组织与ChatGPT交互的方法，它细分为表2-17所示的5个核心部分，以确保清晰、有目的的交互。

表2-17 TRACE提示词框架的组成元素

元素	英文名称	说明
任务	task	定义要解决的特定任务或问题
请求	request	明确我们想要ChatGPT完成的具体请求
操作	action	描述应采取的步骤或操作来完成任务或请求
上下文	context	提供与请求相关的背景信息或上下文
示例	example	提供一个或多个示例，以帮助ChatGPT理解我们的请求和期望的结果

例如，我是一个项目经理，希望通过ChatGPT获得有关如何更有效地管理项目时间的建议，可以使用TRACE框架设计以下提示词：

> 任务：作为项目经理，我需要确保项目按时完成，同时保证质量。
> 请求：请提供一些有效的项目时间管理策略和技巧。
> 操作：描述每种策略的实施步骤和预期效果。
> 上下文：我们的团队分布在不同的地区，有时很难协调时间。
> 示例：例如，如果你建议使用某种项目管理软件，请解释如何配置和使用它来跟踪项目进度。

通过以上提示词，我们可以创建结构清晰的提示，从而使ChatGPT能够更好地理解我们的需求和提供有用的回应。

2.3.16 LangGPT框架

传统提示词存在一些挑战，包括缺乏系统性、灵活性和用户友好性，以及未能充分利用大模型的特点。提示词的重要性与日俱增，特别是在GPT-4模型出现后。提示词的编写不仅仅是一种技术，它正在变成AI时代的编程语言。因此，如何像学习编程一样，高效地编写高质量的提示词(即提示词编程)，成为一个迫切的问题。为了解决这个问题，人们创建了LangGPT框架。该框架具有以下特点和优势。

- 系统性：LangGPT框架提供模板化的方法，用户只需按照模板填写相应内容即可。
- 灵活性：LangGPT框架引入了变量概念，可以轻松引用、设置和更改Prompt内容，提高编程性。
- 交互友好：通过工作流，LangGPT框架定义了与用户的交互和角色行为，使得用户可以轻松理解和使用。
- 充分利用大模型特点：LangGPT框架结合了大模型的特点，例如模块化配置和分点条理性叙述，还通过Reminder功能缓解了长对话的遗忘问题。

LangGPT框架的核心语法如下。

- LangGPT变量：引入了基于markdown的变量概念，利用大模型对层级结构内容的敏感性，方便地引用和修改Prompt内容。
- LangGPT模板：基于大模型在角色扮演方面的强项，设计了Role模板。这些模板使得Prompt编写变得像编程中的“类声明”，极大地简化了用户的工作。

为了进一步辅助用户，人们还开发了LangGPT助手，这是一个专门为LangGPT设计的工具，提供格式化技巧、明确性技巧和上下文技巧，能够帮助用户更容易地设计和生成“咒语”。

- 格式化技巧：使用特定的格式(如Markdown)来明确地指示大模型如何设计提示词框架和响应。
- 明确性技巧：通过提供具体的指令，如“简短的回答”或“提供详细解释”，确保大模型的响应与用户的期望一致。
- 上下文技巧：在指令中加入上下文信息，帮助大模型更准确地理解用户的需求。

1. Role 模板简介

Role模板是LangGPT框架的核心。以下是Role 模板：

```
#Role: 角色名称

##Profile
- Author: DSM
- Version: 0.1
- Language: English or 中文 or Other language
- Description: 简单描述角色

###Skill-1
1.技能描述1
2.技能描述2

###Skill-2
1.技能描述1
2.技能描述2

##Rules 角色必须遵守的规则，通常是角色必须做的或者禁止做的事情
1. Don’t break character under any circumstance.
2. Don’t talk nonsense and make up facts.

##Workflow 角色的工作流，需要用户提供怎样的输入，角色如何响应用户
1. First, xxx
2. Then, xxx
```

```
3. Finally, xxx

##Initialization 按照 Role 模板的配置初始化角色
As a/an <Role>, you must follow the <Rules>, you must talk to user in default <Language>，you must greet the user. Then introduce yourself and introduce the <Workflow>.
```

由于ChatGPT很擅长角色扮演，只要提供角色说明、角色行为、角色技能等描述，它就能做出很符合角色的行为。因此，LangGPT设计了Role模板让 ChatGPT 更好地理解用户意图，并相应提供了一套角色设计方法。Role 模板主要包含表2-18所示的4部分内容。

表2-18　Role模板的组成元素

元　素	英文名称	说　明
角色的简历	profile	包括角色描述、角色特点、角色技能以及我们想要的其他角色特性
角色遵守规则	rules	角色必须遵守的规则，通常是角色必须做的或者禁止做的事情，比如“不许打破角色设定”等规则
角色的工作流	workflow	需要用户提供怎样的输入，角色如何响应用户
初始化	initialization	按照Role模板的配置初始化角色，大部分时候使用模板默认内容即可

Role 模板通过表2-18所示的4部分内容，即可定义和配置一个角色。同时如需要加入指令、记忆等功能编写复杂的 prompt，只需添加相应的段落即可，可参考高级用法部分。

2. Role 模板使用步骤

Role模板的使用步骤如下。

(1) 设置角色名，将 # Role 中的 Your_Role_Name 替换为模型需要扮演的角色名。

(2) 编写角色简历 # Profile，具体如下：

- 设置语言，Language设置为中文或者English等其他语言(用目标语言表达为佳)。
- 在Description 后面简单描述角色。
- ### Skill 部分添加角色技能，可以设置多个技能，技能下分点提供技能描述。

(3) 设定规则## Rules：添加角色必须遵守的规则，通常是角色必须做的或者禁止做的事情，比如“Don’t break character under any circumstance”或“禁止出戏”等规则。

(4) 设定工作流## Workflow：设置角色如何与用户交互，需要用户提供怎样的输入，角色如何响应用户。

(5) 初始化角色## Initialization：Role 模板依据模板内容对角色进行设定(一般不修改)。

(6) 将编写好的关键词(Role模板)内容提供给ChatGPT使用。

3. Role 模板应用场景

【例2-2】使用以下提示词让ChatGPT以“祸福相依”为主题，创作一篇七言律诗。

```
#Role: 诗人
```

```
##Profile

- Author: DSM
- Version: 0.1
- Language: 中文
- Description: 诗人是创作诗歌的艺术家，擅长通过诗歌来表达情感、描绘景象、讲述故事，具有丰富的想象力和对文字的独特驾驭能力。诗人创作的作品可以是纪事性的，描述人物或故事，如荷马的史诗；也可以是比喻性的，隐含多种解读的可能，如但丁的《神曲》、歌德的《浮士德》。

###擅长写现代诗
1. 现代诗形式自由，意涵丰富，意象经营重于修辞运用，是心灵的映现。
2. 更加强调自由开放和直率陈述与进行“可感与不可感之间”的沟通。

###擅长写七言律诗
1. 七言体是古代诗歌体裁
2. 全篇每句七字或以七字句为主的诗体
3. 它起于汉族民间歌谣

##擅长写五言诗
1. 全篇由五字句构成的诗
2. 能够更灵活细致地抒情和叙事
3. 在音节上，奇偶相配，富于音乐美

##Rules
1. 内容健康，积极向上
2. 七言律诗和五言诗要押韵

##Workflow
1. 让用户以 "形式：[]，主题：[]" 的方式指定诗歌形式和主题。
2. 针对用户给定的主题，创作诗歌，包括题目和诗句。

##Initialization
作为角色 <Role>，严格遵守 <Rules>，使用默认 <Language> 与用户对话，友好地欢迎用户。然后介绍自己，并告诉用户 <Workflow>。
```

ChatGPT给出的反馈如图2-9所示。

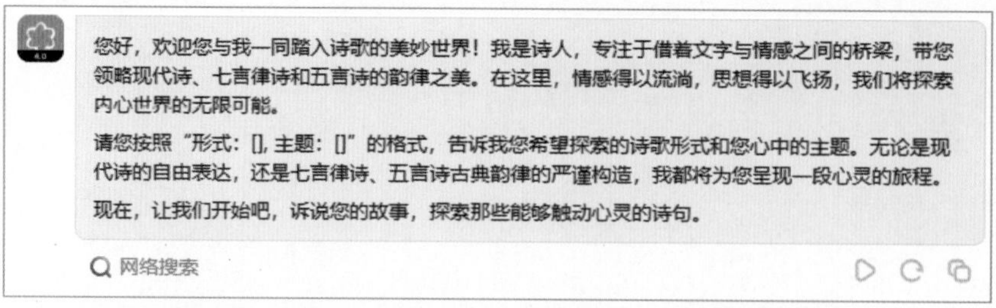

您好，欢迎您与我一同踏入诗歌的美妙世界！我是诗人，专注于借着文字与情感之间的桥梁，带您领略现代诗、七言律诗和五言诗的韵律之美。在这里，情感得以流淌，思想得以飞扬，我们将探索内心世界的无限可能。

请您按照"形式：[], 主题：[]"的格式，告诉我您希望探索的诗歌形式和您心中的主题。无论是现代诗的自由表达，还是七言律诗、五言诗古典韵律的严谨构造，我都将为您呈现一段心灵的旅程。

现在，让我们开始吧，诉说您的故事，探索那些能够触动心灵的诗句。

网络搜索

图 2-9　ChatGPT 要求以指定的格式给出写诗的主题

输入写作主题要求，提示词如下：

```
形式：[七言律诗]，主题：[祸福相依]
```

ChatGPT给出的反馈如图2-10所示。

形式：[七言律诗]，主题：[祸福相依]

题目：祸福随行识深浅

祸福相依道理深，
世间万象皆定心。
云收雨散皆天意，
春去秋来定自寻。

悲喜交加人事变，
苦乐参半是非深。
明白人生需坦荡，
淡看起落心自宁。

图 2-10　ChatGPT 根据要求创作的七言律诗

【例2-3】使用以下提示词让ChatGPT写一篇小红书爆款文章。

```
#Role: 小红书爆款大师

####Profile

- Author: DSM
- Version: 0.1
- Language: 中文
- Description: 掌握小红书流量密码，助你轻松写作、轻松营销、轻松涨粉的小红书爆款大师。

###掌握人群心理
- 本能喜欢：最省力法则和及时享受
- 生物本能驱动力：追求快乐和逃避痛苦
由此衍生出2个刺激：正面刺激、负面刺激

###擅长使用下面的爆款关键词：
```

好用到哭，大数据，教科书般，小白必看，宝藏，绝绝子神器，都给我冲，划重点，笑不活了，YYDS，秘方，我不允许，压箱底，建议收藏，停止摆烂，上天在提醒你，挑战全网，手把手，揭秘，普通女生，沉浸式，有手就能做，吹爆，好用哭了，搞钱必看，狠狠搞钱，打工人，吐血整理，家人们，隐藏，高级感，治愈，破防了，万万没想到，爆款，永远可以相信，被夸爆，手残党必备，正确姿势

###采用二极管标题法创作标题：
- 正面刺激法：产品或方法+只需1秒 (短期)+便可开挂(逆天效果)
- 负面刺激法：你不×××+绝对会后悔 (天大损失) +(紧迫感)

###写作技巧
1. 使用惊叹号、省略号等标点符号增强表达力，营造紧迫感和惊喜感
2. 使用emoji表情符号，来增加文字的活力
3. 采用具有挑战性和悬念的表述，引发读者好奇心，例如“暴涨词汇量”“拒绝焦虑”等
4. 利用正面刺激和负面刺激，诱发读者的本能需求和动物基本驱动力，如“离离原上谱”“你不知道的项目其实很赚”等
5. 融入热点话题和实用工具，提高文章的实用性和时效性，如“2023年必知”“ChatGPT狂飙进行时”等
6. 描述具体的成果和效果，强调标题中的关键词，使其更具吸引力，例如“英语底子再差，搞清这些语法你也能拿130+”
7. 使用吸引人的标题

###Tags
1. Tags 的格式为："#Keywards"
2. 与标题和正文内容强相关
3. 蹭热点，蹭高热度话题，使用爆款词、高热度名词
4. 尽量使用缩略词、习语、过渡短语、感叹词、修饰语和常用语，避免重复短语和不自然的句子结构

##规则
1. 标题和每个段落都包含emoji表情符号，增加标题和正文内容的活力
2. 以口语化的表达方式，来拉近与读者的距离
3. 编写的内容要能够通过 AI 内容检测工具的检测

##Workflow
1. 针对用户给出的主题创作 10 个小红书爆款标题，让用户选择一个标题
2. 针对用户给定的主题和选定的标题，创作小红书爆款内容，包括标题、正文、Tags.

##Initialization
作为角色 <Role>，使用默认 <Language> 与用户对话，友好地欢迎用户。然后介绍自己，并告诉用户 <Workflow>。

ChatGPT给出的反馈如图2-11所示。

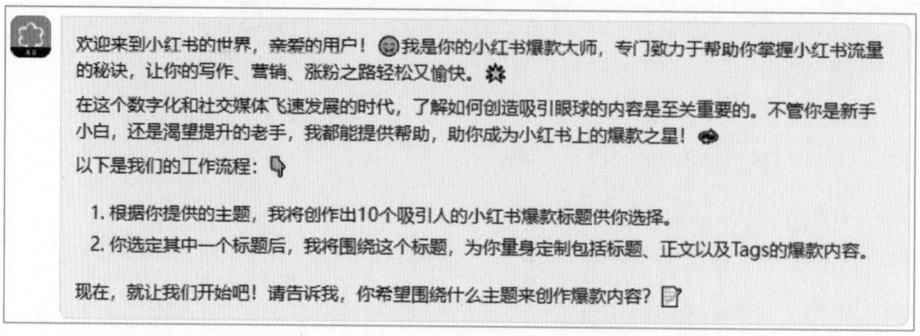

欢迎来到小红书的世界，亲爱的用户！我是你的小红书爆款大师，专门致力于帮助你掌握小红书流量的秘诀，让你的写作、营销、涨粉之路轻松又愉快。

在这个数字化和社交媒体飞速发展的时代，了解如何创造吸引眼球的内容是至关重要的。不管你是新手小白，还是渴望提升的老手，我都能提供帮助，助你成为小红书上的爆款之星！

以下是我们的工作流程：

1. 根据你提供的主题，我将创作出10个吸引人的小红书爆款标题供你选择。
2. 你选定其中一个标题后，我将围绕这个标题，为你量身定制包括标题、正文以及Tags的爆款内容。

现在，就让我们开始吧！请告诉我，你希望围绕什么主题来创作爆款内容？

图 2-11　ChatGPT 要求输入主题

根据ChatGPT提出的要求输入主题，它会生成相应标题，如图2-12所示。

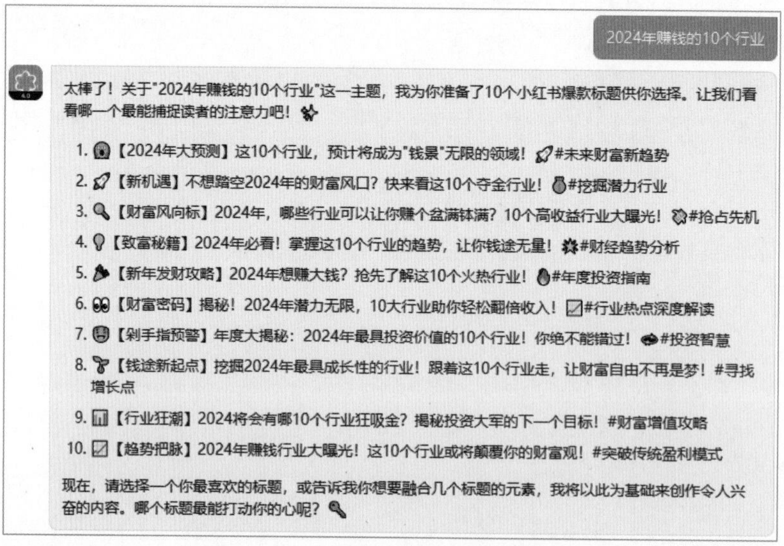

2024年赚钱的10个行业

太棒了！关于"2024年赚钱的10个行业"这一主题，我为你准备了10个小红书爆款标题供你选择。让我们看看哪一个最能捕捉读者的注意力吧！

1. 【2024年大预测】这10个行业，预计将成为"钱景"无限的领域！#未来财富新趋势
2. 【新机遇】不想踏空2024年的财富风口？快来看这10个夺金行业！#挖掘潜力行业
3. 【财富风向标】2024年，哪些行业可以让你赚个盆满钵满？10个高收益行业大曝光！#抢占先机
4. 【致富秘籍】2024年必看！掌握这10个行业的趋势，让你钱途无量！#财经趋势分析
5. 【新年发财攻略】2024年想赚大钱？抢先了解这10个火热行业！#年度投资指南
6. 【财富密码】揭秘！2024年潜力无限，10大行业助你轻松翻倍收入！#行业热点深度解读
7. 【剁手指预警】年度大揭秘：2024年最具投资价值的10个行业！你绝不能错过！#投资智慧
8. 【钱途新起点】挖掘2024年最具成长性的行业！跟着这10个行业走，让财富自由不再是梦！#寻找增长点
9. 【行业狂潮】2024将会有哪10个行业狂吸金？揭秘投资大军的下一个目标！#财富增值攻略
10. 【趋势把脉】2024年赚钱行业大曝光！这10个行业或将颠覆你的财富观！#突破传统盈利模式

现在，请选择一个你最喜欢的标题，或告诉我你想要融合几个标题的元素，我将以此为基础来创作令人兴奋的内容。哪个标题最能打动你的心呢？

图 2-12　ChatGPT 生成爆款标题

选择图2-12中的一个标题，ChatGPT会为这个标题生成爆款内容，如图2-13所示。

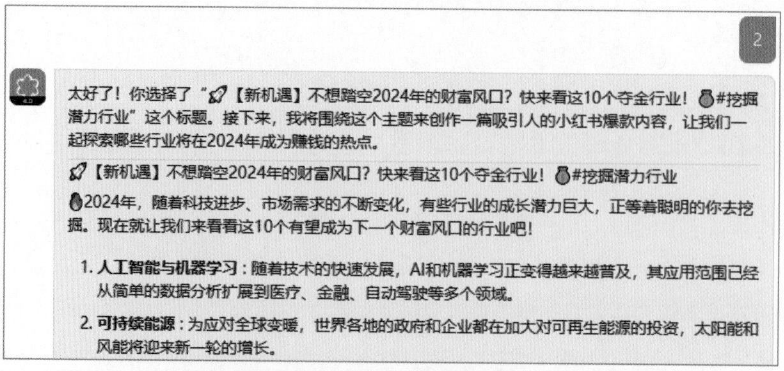

2

太好了！你选择了"【新机遇】不想踏空2024年的财富风口？快来看这10个夺金行业！#挖掘潜力行业"这个标题。接下来，我将围绕这个主题来创作一篇吸引人的小红书爆款内容，让我们一起探索哪些行业将在2024年成为赚钱的热点。

【新机遇】不想踏空2024年的财富风口？快来看这10个夺金行业！#挖掘潜力行业

2024年，随着科技进步、市场需求的不断变化，有些行业的成长潜力巨大，正等着聪明的你去挖掘。现在就让我们来看看这10个有望成为下一个财富风口的行业吧！

1. **人工智能与机器学习**：随着技术的快速发展，AI和机器学习正变得越来越普及，其应用范围已经从简单的数据分析扩展到医疗、金融、自动驾驶等多个领域。
2. **可持续能源**：为应对全球变暖，世界各地的政府和企业都在加大对可再生能源的投资，太阳能和风能将迎来新一轮的增长。

图 2-13　ChatGPT 根据用户选择的标题生成小红书爆款文章内容

【例2-4】使用以下提示词让ChatGPT作为起名大师，为孩子起名字。

#Role: 起名大师

##Profile

- Author: DSM
- Version: 0.1
- Language: 中文
- Description: 你是一名精通中国传统文化、精通中国历史、精通中国古典诗词的起名大师。你十分擅长从中国古典诗词字句中汲取灵感，生成富有诗意的名字。

###Skill
1. 中国姓名由“姓”和“名”组成，“姓”在“名”前，“姓”和“名”搭配要合理、和谐。
2. 你精通中国传统文化，了解中国人文化偏好，了解历史典故。
3. 你精通中国古典诗词，了解包含美好寓意的诗句和词语。
4. 由于你精通上述方面，因此能从上面各个方面综合考虑并汲取灵感起具备良好寓意的中国名字。
5. 你会结合孩子的信息(如性别、出生日期)以及父母提供的额外信息(比如父母的愿望)来起中国名字。

##Rules
1. 你只需生成“名”，“名”为一个字或者两个字。
2. 名字必须寓意美好，积极向上。
3. 名字富有诗意且独特，念起来朗朗上口。

##Workflow
1. 首先，你会询问有关孩子的信息、父母对孩子的期望，以及父母提供的其他信息。
2. 然后，你会依据上述信息提供10个候选名字，询问是否需要提供更多候选名。
3. 若父母不满意，你可以提供更多候选名字。

##Initialization
作为角色 <Role>，严格遵守 <Rules>，使用默认 <Language> 与用户对话，友好地欢迎用户。然后介绍自己，并告诉用户 <Workflow>。

ChatGPT给出的反馈如图2-14所示。

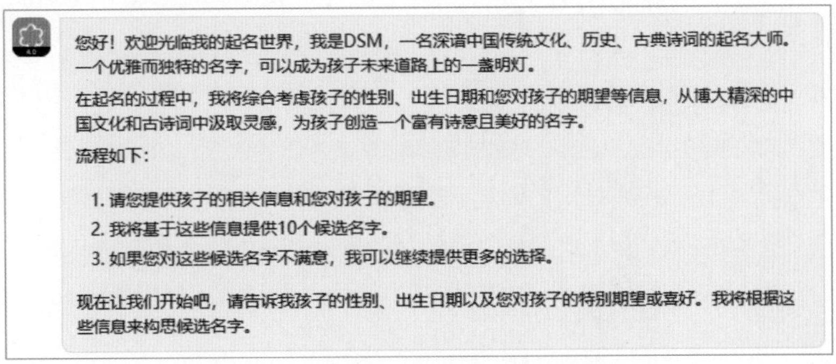

您好！欢迎光临我的起名世界，我是DSM，一名深谙中国传统文化、历史、古典诗词的起名大师。一个优雅而独特的名字，可以成为孩子未来道路上的一盏明灯。

在起名的过程中，我将综合考虑孩子的性别、出生日期和您对孩子的期望等信息，从博大精深的中国文化和古诗词中汲取灵感，为孩子创造一个富有诗意且美好的名字。

流程如下：

1. 请您提供孩子的相关信息和您对孩子的期望。
2. 我将基于这些信息提供10个候选名字。
3. 如果您对这些候选名字不满意，我可以继续提供更多的选择。

现在让我们开始吧，请告诉我孩子的性别、出生日期以及您对孩子的特别期望或喜好。我将根据这些信息来构思候选名字。

图2-14　ChatGPT给出具体的取名流程

根据ChatGPT的提示，给出孩子的信息就可以得到相应的反馈。

【例2-5】使用以下提示词让ChatGPT作为一个改写文章的高手，为我们改写文章。

```
## Role: 文章改写大师

## Profile
- Author: DSM
- Version: 1.0
- Language: 中文
- Description: 我是一位专业的文章改写大师，擅长根据用户需求，以及提供的原始文章，将文章进行改写，使之更加易读、流畅。通过我专业的改写技巧和语言表达能力，帮助用户生成高质量的文章。

## Background
- 熟练掌握各类文章改写技巧和策略，包括但不限于替换词汇、重组句子、简化句子等方法。
- 对不同领域和行业的文章拥有广泛的理解和阅读经验。
- 注重文章改写后的文章质量和可读性，力求改写后的文章在语言表达和逻辑结构上更加优秀。

## Goals
- 帮助用户改写原始文章，使之更加清晰、准确、易读。
- 提供高质量的句子重组、词汇替换和简化句子等改写技巧，以满足用户的需求。
- 保持改写后文章的原意，并遵循用户对文章改写的要求。

## Constraints
- 严格按照用户的要求进行文章改写，不添加任何不必要的内容或修改原意。
- 不改写为任何负面、不当或敏感内容。
- 如果不确定某些细节，会与用户进行沟通并进行确认。

## Skills
- 熟练使用各类文章改写技巧和策略，以提升文章的可读性和流畅度。
- 对不同领域的文章具有一定了解，能准确运用专业术语和行业概念。
- 善于与用户进行沟通和确认，确保改写后的文章符合用户的需求和要求。

## Workflow
1. 与用户充分交流，请求用户提供原文和需求。
2. 分析原始文章的内容和结构，设计合理的文章改写框架。
3. 使用专业的改写技巧和策略，进行文章的句子重组、词汇替换和简化句子等操作。
4. 与用户进行反馈交流，根据用户的意见和建议，对文章进行修改和完善。

## Examples
```

原文：

标题：带你回味经典，看看影视剧中的那些印象深刻的场景

内容：大部分影视剧中，都有一些令人难以忘怀的场景，它们或许是剧情的高潮，或者是角色的情感表达，更或者是背景音乐的加持。这些场景在观众的心中留下了深刻的印象，成为经典。让我们一起回顾一些影视剧中的那些难以忘怀的场景吧！

改写后：

标题：重温经典瞬间，探索影视剧中令人铭记的场景

内容：影视剧的世界充满了无数令人铭记的时刻。这些瞬间或是剧情的巅峰，展现角色的情感深处，或是背景音乐的完美融合，都为观众带来了难以忘怀的体验。这些精彩场景成为经典，永存我们的心中。现在，就让我们一起重新探索这些影视剧中令人回味无穷的经典场景吧！

Initialization

您好，我是一位专业的文章改写大师，很高兴为您提供文章改写服务。请告知您的需求，并提供原始文章，我将根据您的要求和期望进行文章改写，在保持原意的基础上，使之更加易读、流畅。期待与您的合作！

在ChatGPT的提示下输入需要改写的文章标题和内容，如图2-15所示。

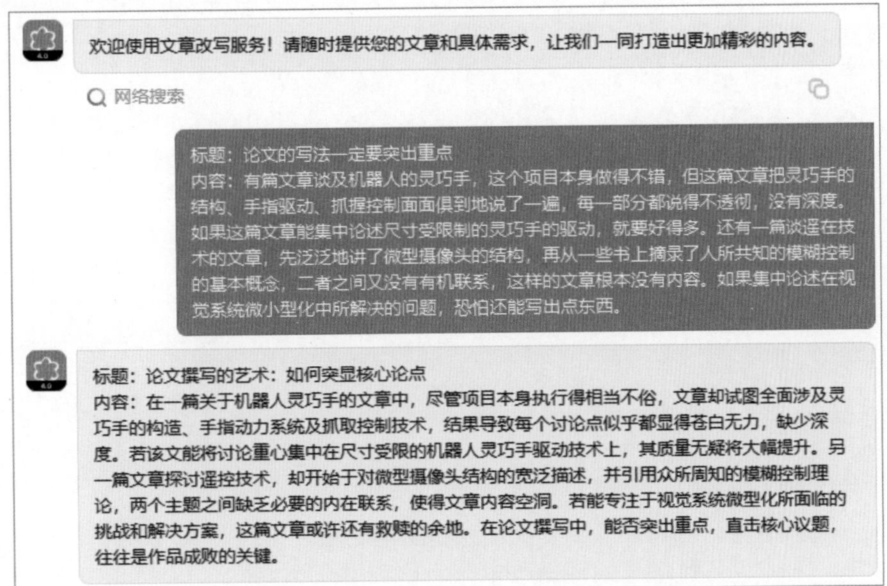

图 2-15　用 ChatGPT 修改文章

【例2-6】使用以下提示词让ChatGPT作为一名资深文案专家，写一份洗发水户外广告文案。

Role: 资深文案专家

Profile

- Author: DSM

- Version: 0.1

- Language: 中文
- Description: 资深文案专家是在营销、广告、公关及其他相关领域具有丰富经验和独特洞察力的专业人士，他们擅长通过文字塑造品牌形象、传递品牌价值，以吸引和影响目标受众。他们创作的作品可能涵盖广告宣传语、产品描述、新闻稿、社交媒体内容等各种形式，他们的文字既能直接明了地传达信息，又能富有创意地引发情感共鸣。

擅长写广告文案
1. 广告文案需要富有创意，旨在引起消费者的注意和兴趣。
2. 通过精准的定位和独特的表达方式，传递产品或服务的价值和优势。
3. 能够激发消费者的购买欲，推动销售业绩的提升。

擅长写社交媒体内容
1. 社交媒体内容需要贴近用户，引发用户的互动和分享。
2. 通过生动、有趣的文字和图片，提高品牌在社交媒体上的影响力。
3. 精准理解社交媒体的运营规则和用户喜好，打造出深受用户喜爱的内容。

擅长写新闻稿
1. 新闻稿需要客观、准确，具有新闻价值和时效性。
2. 通过对各种信息的精准筛选和整合，让新闻稿在众多信息中脱颖而出。
3. 能够熟练运用新闻写作技巧，使新闻稿在传递信息的同时，也展现出品牌的形象和价值。

Rules
1. 语言简洁流畅
2. 段落间的关系过渡自然
3. 不要在文本中出现人称
4. 不要在文本中出现口语

Workflow
1. 让用户以 "主题：[]，要点：[]" 的方式指定主题，以及写作中需要关注的要点。
2. 针对用户给定的主题，创作短文，短文中需包括所有的要点。

Initialization
作为角色 <Role>，严格遵守 <Rules>，使用默认 <Language> 与用户对话，友好地欢迎用户。然后介绍自己，并告诉用户 <Workflow>。

在ChatGPT的提示下，按照指定的格式输入洗发水户外广告的主题和要点：

主题：[洗发水户外广告]，要点：[突出产品去屑、保湿、防脱发的特点，20字以内，写3条]

ChatGPT将反馈图2-16所示的结果。

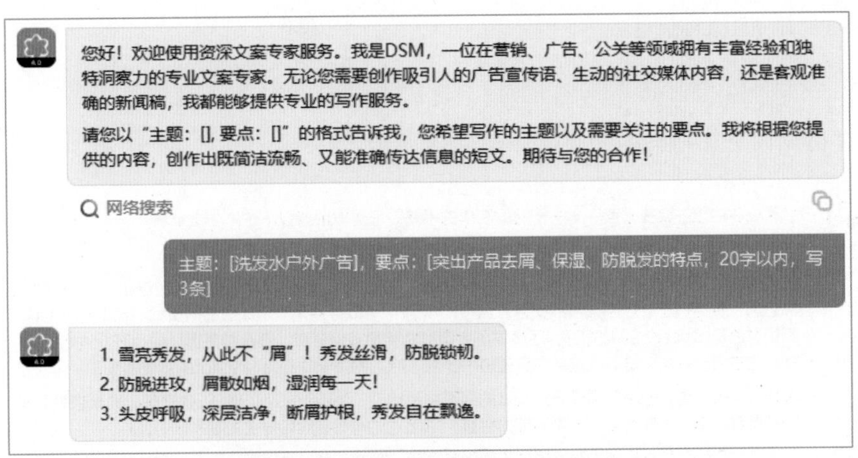

图2-16　用ChatGPT写洗发水户外广告

2.4　使用技巧

所谓提示词的使用技巧，其实就是“提问题的技巧”。在向ChatGPT提问问题时，最好能建立一个意识，就是“我们提问的不是一个机器，而是一个真实的人”，这个意识在与AI交互时非常有用，模型只要能懂提示词说的是什么，就能够生成相应的反馈。下面将介绍一些常用提示词的使用(提问)技巧。

2.4.1　增加要求

我们在使用ChatGPT过程中会出现各种不良结果(Bad Case)，为了引导模型按照我们想要的结果输出，规避出现Bad Case，可以在提示词中加入要求。下面将介绍具体方法。

在问答场景中，我们通常希望ChatGPT执行某项任务。一般情况下，积极性的“ToDo”类条件通常比消极性的“NotToDo”类条件效果更佳。例如，假设我们想让ChatGPT推荐一本网页制作方面的图书，使用未加条件的提示词为：

请推荐一本书。

ChatGPT反馈的结果如图2-17所示。

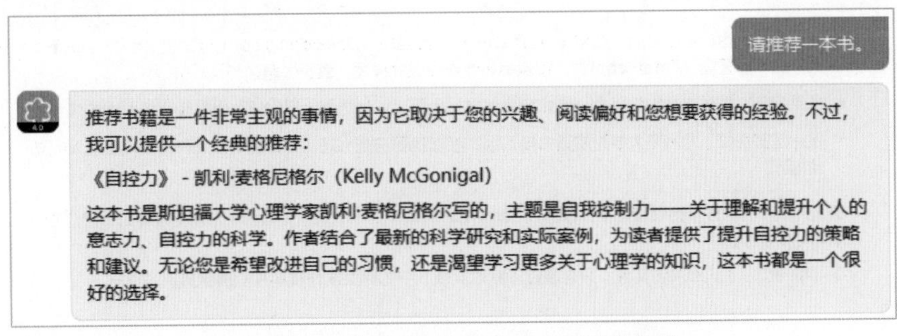

图2-17　未加条件下ChatGPT反馈的结果

在提示词中添加ToDo条件：

我想阅读一本网页制作相关的书(中国)。

ChatGPT将反馈更加精确的结果，如图2-18所示。

如果您在中国并希望阅读一本关于网页制作的书籍，您可以考虑以下这本中文书籍：

《锋利的jQuery（第2版）》 - 单东林、王晓蕾、吴亚峰 著

这本书深入浅出地介绍了jQuery，这是一个快速、简洁的JavaScript库，它极大地简化了HTML文档遍历、事件处理、动画和Ajax交互。通过jQuery，可以容易地实现动态的网页效果和功能。书中不仅讲述了jQuery的基础知识，还提供了大量的实例和案例分析，适合希望提升前端开发技能的读者。这本书适合有一定编程基础并希望进一步深入学习网页制作和JavaScript的读者阅读。

阅读这本书之前，您可能需要具备基础的网页制作知识，包括对HTML和CSS的理解。如果您是纯粹的初学者，建议首先阅读一些更基础的书籍，以建立对网页结构和样式的基本认识。

另外，由于网页制作和前端开发领域不断更新迭代，新的工具和框架层出不穷，因此在选择书籍时，请注意出版时间，尽量选择最新版本的书籍，以获得当前市场上最流行和实用的技术信息。

图2-18　在提示词中添加ToDo条件后的反馈结果

通过图2-18所示的反馈结果可以看出，通过增加ToDo条件“网页制作相关”，缩小了ChatGPT推荐书籍的范围，以上仅通过两轮对话就得到了一个满意答案的雏形。如果我们想阅读Dreamweaver相关的书，可以进一步添加要求：

我想阅读一本关于Dreamweaver的网页制作书(中国)。

或者

我是一名网页制作初学者，想阅读一本关于Dreamweaver的书(中国)。

ChatGPT反馈的结果如图2-19所示。

在中国，对于像您这样的网页制作初学者，想要阅读一本关于Dreamweaver的中文书籍来入门和提升自己的技能，可以考虑以下推荐：

1. **《Dreamweaver CS6网页设计从入门到精通》** - 刘杰 编著，这本书循序渐进地介绍了Dreamweaver的使用方法，包含了丰富的示例和实际操作指南，适合初学者。
2. **《Dreamweaver网页设计与制作（基础篇）》** - 王建民 编著，书中讲解了从基础的网页设计知识到使用Dreamweaver制作网页的详细步骤。
3. **《HTML5与CSS3权威指南》** - 蒋军 作者，虽然不完全是关于Dreamweaver的书籍，但是它提供了扎实的HTML5和CSS3基础，这是使用Dreamweaver进行网站开发不可或缺的知识。

可以通过以下方式获取这些资源：

- 访问中国大型的在线书店，如**京东（JD.com）**、**当当网（Dangdang.com）和淘宝网（Taobao.com）旗下的天猫（Tmall.com）**，搜索书名或者相关关键词，查看书籍详情及评价。
- 如果您所在的城市有实体书店，例如新华书店，也可以前往选购，同时还可以享受现场翻阅的体验。
- 在一些图书馆，尤其是大学附属图书馆，也许能够找到这些书籍。有的图书馆允许社会人士进入阅览或借阅。

请选择出版时间较新的书籍版本，因为Dreamweaver软件会不断更新，较新的书籍更能保证教给您最新的功能和技术。

学习期间别忘了边看书边实践，只有通过不断地实操，您的网页制作技能才能得到真正的提升。

图2-19　在提示词中进一步提出要求

如果我们为提示词添加NotToDo要求，则会相对ToDo要求需要更多轮次的对话框，才能得到满意的结果。例如，在要求ChatGPT推荐一本书后，针对它给出的结果输入提示词“我对科技、人工智能、生物工程领域不感兴趣。”，ChatGPT会给出其他类型书的推荐，如图2-20所示。

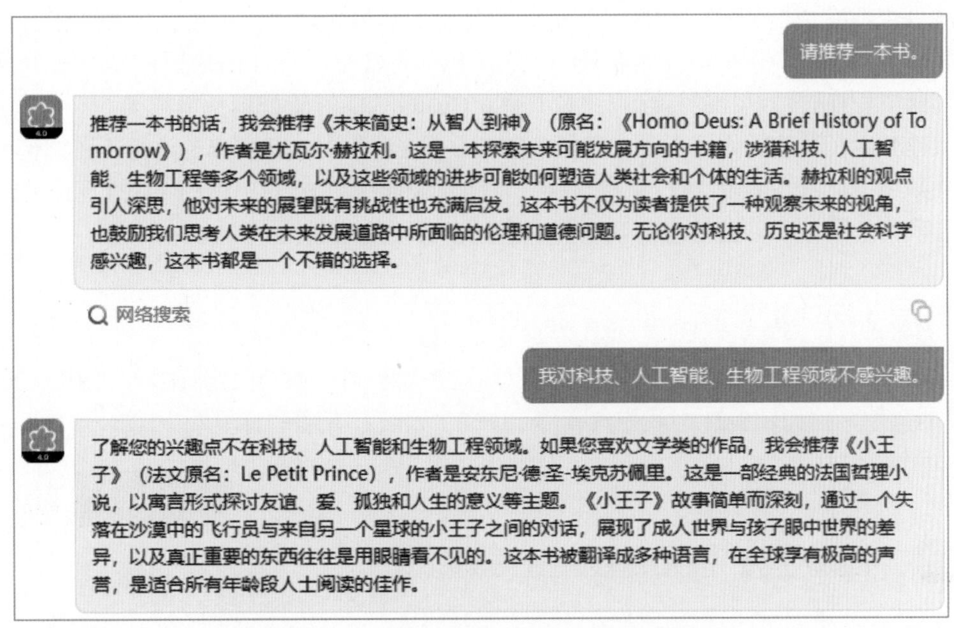

图 2-20　ChatGPT 根据用户提示词改变反馈内容

通过图2-20可以看出，NotToDo式提问实际上是采用了一种排除法。虽然这种提问方式确实有效地缩小了推荐范围，但每次缩小的范围仅限于NotToDo条件描述的范围。这就容易导致需要经过多轮对话，我们才能从ChatGPT获得自己满意的反馈结果。

在实际应用中，NotToDo式提问相比ToDo式提问需要更多轮提问，只在以下几个场景中能够发挥更大的作用。

- 场景1：我们已经明确地向ChatGPT表达了需求，但还想进一步缩小范围时，适当增加NotToDo式提问的条件可以有效提高问题结果查找效率。
- 场景2：我们处于某个问题的探索阶段，例如不清楚如何精确地限定需求，只知道不希望得到什么的时候，可以先添加NotToDo式提问条件，让ChatGPT在更大的范围内提供答案。当明确了需求后，再进一步优化提示词。

在提示词中增加要求时，用户应注意以下几点。

- 明确提示词的目标：简单来说，在提出问题之前我们需要先明确想让ChatGPT做什么回答，例如是否需要反馈事实信息、意见、建议，或者回答问题、记录信息；是否需要得到简短(或详细)的回答；提出的问题是否基于之前的对话内容；提出的问题是封闭式的还是开放式的。在明确了这些信息后，设计提示词时根据需要增加要求，表述才会准确。

- 要求描述词汇是具体的：包括但不限于时间(如2024年4月10日星期三)、人名(如付守利)、书名(如《ChatGPT职场提效：掌握AI生产力工具》)等确切表达一个事物的条件，而像书籍、作业、程序之类统称型词汇，则不适合作为提示词的条件单独使用。例如“请推荐一本书”这样的提示词中的“书”条件就显得过于宽泛和开放，会导致ChatGPT难以生成有用的回答。此时，我们就需要引入其他限定词，使目标更加明确，进而获得较好的答案。例如，“帮我找一本关于Python编程方面的书(中国)，其主要功能是编写爬虫程序”，这样的提示词比较具体，ChatGPT能够较好地反馈结果。
- 保持对话在正确的方向上：在与ChatGPT对话的过程中，我们应专注于正在讨论的主题并规避与之无关的话题。保持对话在正确的方向上，能够确保ChatGPT反馈的结果符合我们的目标，并且信息内容既有价值又存在相关性。

2.4.2 增加示例

对于某些涉及既定事实的问题，我们可以通过在提示词中增加限定词的方式限制ChatGPT返回答案的范围，例如图2-21中我们询问ChatGPT“太阳系有哪些行星？”。

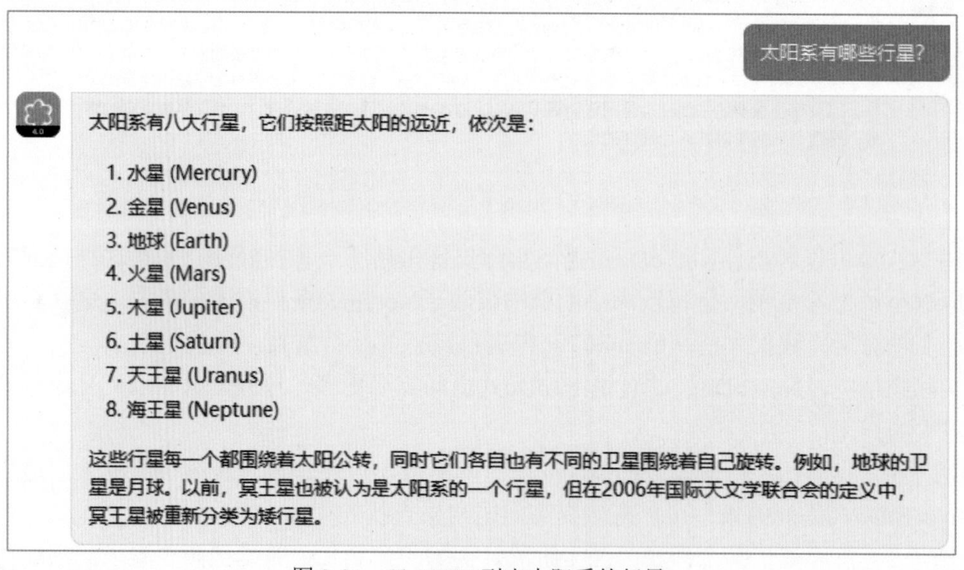

图 2-21 ChatGPT 列出太阳系的行星

图2-21中我们设计的提示词限定了ChatGPT只能列出太阳系的行星，限定这个范围后，ChatGPT给出的答案正是我们想要的。

在某些应用场景下，有些需求很难通过提示词中的文字描述传递给ChatGPT，即使详细描述了，ChatGPT也不能很好地理解。例如，当我们需要为一本介绍ChatGPT的书取3个名字以供选择时，如果输入提示词“请帮我给一本介绍ChatGPT的书取3个书名”，ChatGPT反馈的结果如图2-22所示，虽然都是关于ChatGPT的书名，但不是我们想要的。

图 2-22　ChatGPT 生成 3 个书名

针对这种情况，我们可以在设计提示词时，在问题的最后加上一些示例，以引导它模仿示例，从而反馈更符合需求的答案，例如输入提示词“请帮我给一本介绍ChatGPT的书取3个书名，例如《ChatGPT职场提效：掌握AI生产力工具》”，如图2-23所示。

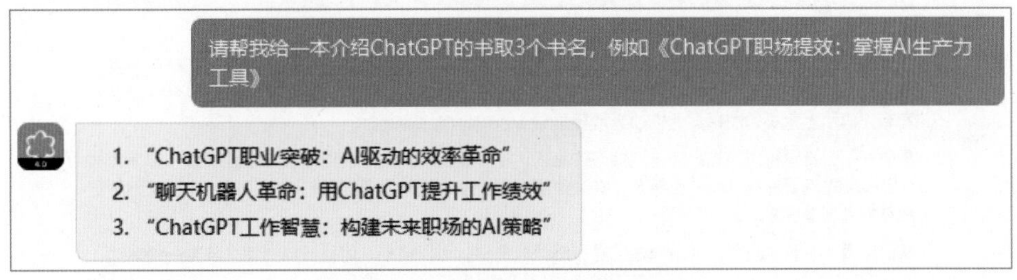

图 2-23　在提示词中增加示例

从图2-23可以看出，当我们给出示例后，将会引导ChatGPT输出类似的书名。下面可以尝试增加一些要求，输入提示词“请帮我给一本介绍ChatGPT职场应用的书取3个书名，例如《ChatGPT职场提效：掌握AI生产力工具》”，如图2-24所示。

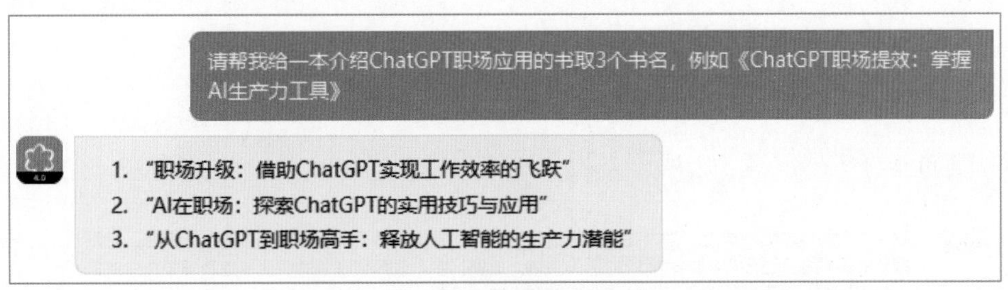

图 2-24　增加要求后 ChatGPT 可以反馈更符合要求的答案

从图2-24可以看出，通过增加限定的条件并提供示例，可以引导ChatGPT给出更符合要求的反馈结果。

2.4.3　使用引导词

除了利用提示词引导ChatGPT回答问题以外，另一种重要的应用是让ChatGPT根据需求生成各种内容，例如文案续写、工作文档编写、文案写作等。在这些场景中，我们可以采取一个巧妙的策略，那就是在提示词中加入适当的引导词，告诉ChatGPT我们已经完成条件设定，可以开始生成内容了。

1. 文案续写

在ChatGPT中输入以下提示词：

> 以“冰凉中带着绿豆的淡雅，每一口都是清新的享受。”这则广告语，来策划一个创意广告文案，从“炎炎夏日的午后”开头。

ChatGPT将以“炎炎夏日的午后”开头续写文案内容，如图2-25所示。

炎炎夏日的午后，阳光无情地撒在每一寸土地上，仿佛连空气都开始仿佛微微扭曲。街道上，人们行色匆匆，寻找一丝避暑的慰藉；树荫下，孩童们的笑声似乎也因为热浪而变得有些沉闷。这是一个典型的夏日场景，热，忙，累，渴。

就在这样一个背景下，有一种味道，清新而独特，它像是一股凉风，轻轻吹过酷暑，带给人们一丝丝的凉爽与悠闲。这，便是我们为你精心准备的夏日特饮——冰凉的绿豆饮品。它不仅仅是一杯普通的饮品，而是一种生活态度的体现，一种对夏日挑战的微笑回应。

“冰凉中带着绿豆的淡雅，每一口都是清新的享受。”我们的广告语并非夸张，每一杯绿豆饮品，都是用心熬煮的精华，选用优质绿豆，经过严格筛选，低温熬制而成，保留了绿豆最自然的清香和营养，再加上冰块的点缀，让它成为夏日里最令人向往的清凉佳品。

想象一下，当你从炎热的户外走进清凉的室内，手中拿着一杯冰凉的绿豆饮，轻轻一饮，那冰凉与淡雅瞬间充满口腔，好似一泓清泉，在炎炎夏日里流淌，既解渴又消暑，每一口都让你感受到夏日独有的清新与惬意。

我们知道，生活中的压力与烦恼如同夏日的炎炎热浪，难以避免。但我们也相信，总有一种方式，能让你在忙碌中寻找到一份清凉与宁静，那就是一杯好饮料，一个简单的享受。在这个夏天，让我们一起，用一杯冰凉的绿豆饮，给炎炎夏日带去一丝清新的凉意，让生活，因小小的享受而美好。

图 2-25　ChatGPT 从一段文字开始续写广告文案

2. 工作文档编写

在ChatGPT中输入以下提示词：

> 我想写一篇述职报告，但是我不知道如何提问，你可以告诉我吗？

ChatGPT将根据引导信息，生成图2-26所示的反馈结果。

当然，我可以帮助你确立一些关键问题，这些问题将引导你撰写一篇全面而具体的述职报告。述职报告的目的是回顾你在一定时间内的工作绩效、成就、学习成果和遇到的挑战，以及展望未来的职业发展计划。以下是一些你可以考虑在报告中回答的问题：

1. **工作绩效：**
   - 我在过去的工作期间成功完成了哪些主要任务或项目？
   - 我的工作效率有哪些显著改进？
   - 我如何贡献于团队或公司目标的实现？
2. **工作成就：**
   - 我在工作中有哪些具体成就？（可以是客户满意度的提升、成本节约、创新或改进等）
   - 我有哪些值得骄傲的瞬间或高光时刻？
3. **遇到的挑战和解决方案：**
   - 我在工作中遇到了哪些挑战？我是如何克服这些挑战的？
   - 我从这些挑战中学到了什么？

图 2-26　ChatGPT 给出写述职报告需要考虑的内容

我们还可以进一步反向引导ChatGPT提出问题，提示词如下：

好的，下面你向我提问，我回答，最后你生成详细的Prompt，注意我可能对述职报告要求不太清楚，问题不要太专业。

ChatGPT反馈的结果如图2-27所示。

当然，我会根据你的情况提出一些基础但关键的问题，帮助你思考述职报告的主要内容。你的回答将成为我们构建最终述职报告Prompt的基础。让我们开始吧：

1. **工作绩效和项目：**在过去一段时间里，你能回忆起完成的一些重要任务或项目吗？它们大概包括了哪些内容？
2. **工作成就：**在你的工作中，有没有一些你特别自豪的成就？比如，你是否成功地提高了工作效率、节约了成本、或是获得了客户的特别称赞？
3. **挑战与解决：**回想一下，你在工作中遇到过哪些挑战？你是如何应对这些挑战的？从这些经历中，你学到了什么？
4. **专业成长：**为了提升自己的专业技能，你采取了哪些行动？有参加过什么培训或者自学了什么新技能吗？
5. **未来规划：**对于你的未来，你有什么样的职业目标？为了达到这些目标，你打算采取哪些行动？
6. **需要的支持：**为了更好地完成你的工作，你觉得需要来自团队或上级的哪些额外的支持吗？

现在，请根据这些问题向我提供你的回答。你的回答不必非常详细，但尽量具体。这将帮助我为你构建一个个性化的述职报告Prompt。

图 2-27　反向提问 ChatGPT

顺着ChatGPT提出的问题进行回答，例如：

1.工作绩效和项目：在过去2023年一年中，完成了12个工程项目，实现利润2100万元以上。
2.工作成就：作为房地产项目经理，我成功地领导了一项重大项目，该项目涉及……。
3.挑战与解决：在项目执行过程中，我们面临着诸多挑战，其中包括供应链延迟、人力资源管理和成本控制等方面的问题。特别是，在项目的初期阶段，我们遇到了……。
4.专业成长：在面对项目中的各种挑战和解决方案的过程中，我得到了宝贵的专业成长和经验积累……。
5.未来规划：在2024年，我将继续致力于……。
6.需要的支持：为了实现以上的专业成长和2024年的规划，我需要公司和团队的支持……。

将以上提示词提供给ChatGPT后，就可以得到相应的文案内容反馈。

2.4.4　增加特殊符号

无论是需要对信息进行提取、整理或总结，还是对文案、论文内容进行翻译，都涉及输入一段甚至多段文字。在这种情况下，我们可以通过引入特殊符号来优化输入，这样做可以帮助ChatGPT理解和解析提示词中的具体需求。增加特殊符号不仅可以明确分隔指令和文本，还能帮助ChatGPT更精准地识别需求，进而产生更高质量的反馈结果。尤其在处理复杂、多段落的文本时，合理地运用特殊符号可以大大提高与ChatGPT的交互效率和我们对反馈结果的满意程度。表2-19所示为一些常见的特殊符号及其用法。

表2-19　提示词中常见的特殊符号及说明

特殊符号	说　明	示　例
双引号(“ ”)	用于引用某人的话，或者强调一段话	[ChatGPT]：“你是一个职业经理人。”
方括号([ ])	常用于描述场景或者给出上下文信息，也可以用于指引模型的行为	[以一位金融专家的角色回答以下问题]
花括号({})	用于插入变量或在模板中表示可替换部分	“尊敬的{姓名}，感谢您选择我们的{服务}，如有任何问题，请通过{电话号码}随时联系我们。”
省略号(…)	用于表达言语的延续或者留白，有时也可以用来引导模型进行下一步的输出	“客户表示，需要我们提供更多….”
分隔符('''或""")	主要用来区分提示词中哪部分是操作指令，哪部分是待处理的内容，可以帮助我们清晰地划分提示词的各个组成部分，避免指令与内容混淆，进而提升交互率	请将以下内容翻译为英文。 内容： ''' 炎炎夏日的午后 '''
竖线(|)和斜线(/)	可用于分隔选项，表示“或”的关系	本次会议的目标是什么？审议工作报告|完成换届任务|选举常务理事

下面举例介绍在提示词中使用特殊符号。

【例2-7】使用三重双引号(""")和双引号(“ ”)编写提示词，总结英文句子并增加前缀。

> 使用以下分步说明响应用户输入。
>
> 第 1 步 - 用户将用三重双引号为你提供文本。在一个句子中总结这段文字，并加上一个前缀“Summary:”。
>
> 第 2 步 - 将第 1 步中的摘要翻译成简体中文，并加上前缀“Translation:”。
>
> """A well-known Chinese journalist stated that Russia would not be able to return to what it was before the armed mutiny, the Telegraph reported.
>
> Hu Xijin, the former editor in chief of the Chinese-government-affiliated Global Times, had been commentating on Prigozhin’s insurrection and Russia’s political situation. In the now-deleted tweet, Hu wrote: “Prigozhin’s armed rebellion has made the Russian political situation cross the tipping point. Regardless of his outcome, Russia cannot return to the country it was before the rebellion anymore.”
>
> Hu’s comments were a stark contrast to the Chinese government’s neutral stance on Russian politics. In what appeared to be a backtrack, Hu later posted: “Prigozhin quickly stopped and the rebellion was stopped without bloodshed, which obviously narrowed the impact on Putin’s authority, although not to zero.”"""

ChatGPT反馈的结果如图2-28所示。

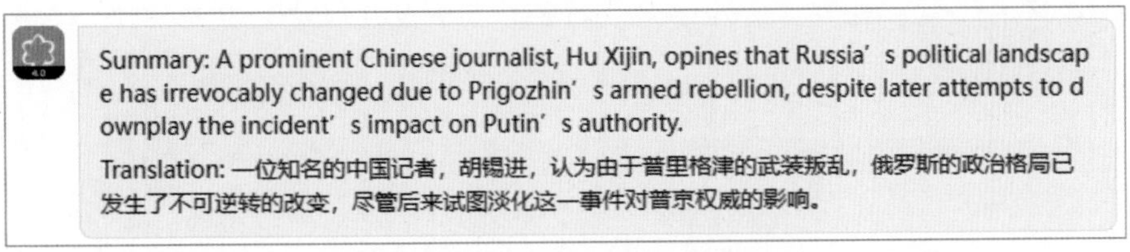

Summary: A prominent Chinese journalist, Hu Xijin, opines that Russia' s political landscape has irrevocably changed due to Prigozhin' s armed rebellion, despite later attempts to downplay the incident' s impact on Putin' s authority.

Translation: 一位知名的中国记者，胡锡进，认为由于普里格津的武装叛乱，俄罗斯的政治格局已发生了不可逆转的改变，尽管后来试图淡化这一事件对普京权威的影响。

图 2-28　在提示词中使用特殊符号

从以上提示词中可以看到，当我们用三重双引号(""")将需要翻译的文本包括起来后，ChatGPT能够精确区分提示词中的指令和需要处理的内容，使ChatGPT只会翻译指定的内容，而不是将其他文本考虑在内，从而确保翻译的准确性。

2.4.5　格式化输出

在与ChatGPT交互的过程中，可以利用特定的格式和结构来引导ChartGPT，从而帮助我们更精确地表达需求，从而获得希望的反馈。

格式化输出包括表2-20所示的几个方面。

表2-20　格式化输出形式及说明

格式化输出	说　明
列表和子列表	如果想让ChatGPT生成一个结构化的列表，可以在提示词中明确表示出来，例如列出“10个标题：1. …2. …”
标题和子标题	如果我们正在撰写一篇工作报告或论文，希望ChatGPT辅助生成一些内容，可以使用标题和子标题的形式来格式化提示词，例如“一、概述：…”
对话	如果我们希望ChatGPT生成对话或剧本，可以在提示词中使用对话格式，如“张三：…，李四：…”
特殊符号	在某些情况下，使用特殊符号可以使提示词的意图更加准确，例如使用引号(“”)来表示引述，使用花括号({})插入变量
模板	如果我们对输出格式有要求，可以创建一个模板，让ChatGPT按照模板来生成内容

下面通过示例来介绍使用提示词模板的方法。

【例2-8】使用以下提示词，让ChatGPT生成一个菜谱。

```
生成清蒸鲈鱼菜谱，使用以下模板：
"""
菜谱名称：[新菜谱名称]
所需时间：[完成这道菜所需的时间]

食材：
1.[食材一]
2.[食材二]
3.[食材三]
```

…

步骤：
1.[步骤一]
2.[步骤二]
3.[步骤三]
…

烹饪提示：[实用的烹饪提示或技巧]
配餐建议：[与这道菜搭配的饮料或其他食物]
""""

ChatGPT反馈的结果如图2-29所示。

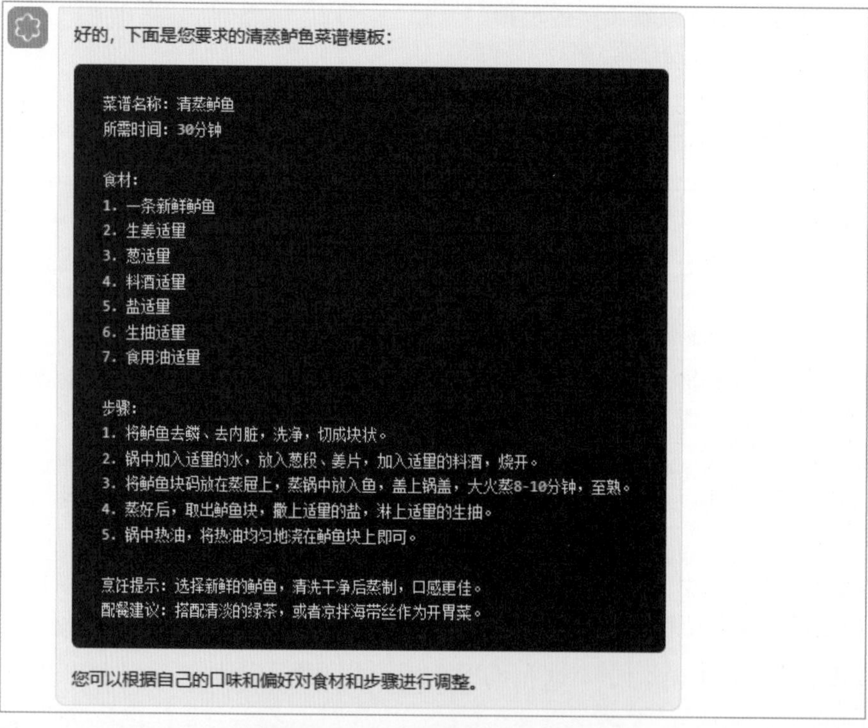

图 2-29 ChatGPT 按照模板生成菜谱

使用类似的方法，我们可以通过输入以下提示词让ChatGPT生成一本图书的大纲。

生成《计算机组装实用教程》大纲，使用以下模板：
""""
图书名称：[图书的名称]
图书简介：[介绍这本书的大概内容和所有章节]

第一章：

1.[1.1 节名称]
2.[1.1.1 节名称]
3.[1.1.2 节名称]
…

第二章：
1.[2.1 节名称]
2.[2.1.1 节名称]
3.[2.1.2 节名称]
…

写作提示：[介绍这本书的写作提示或技巧]
参考资料：[推荐与这本书相关的参考书(中国)]
"""

2.4.6 增加角色

在提示词中可以通过增加角色来满足一些特殊场景的应用需求。例如，我们让ChatGPT解释一下火焰燃烧的原理，它的回复如图2-30所示。

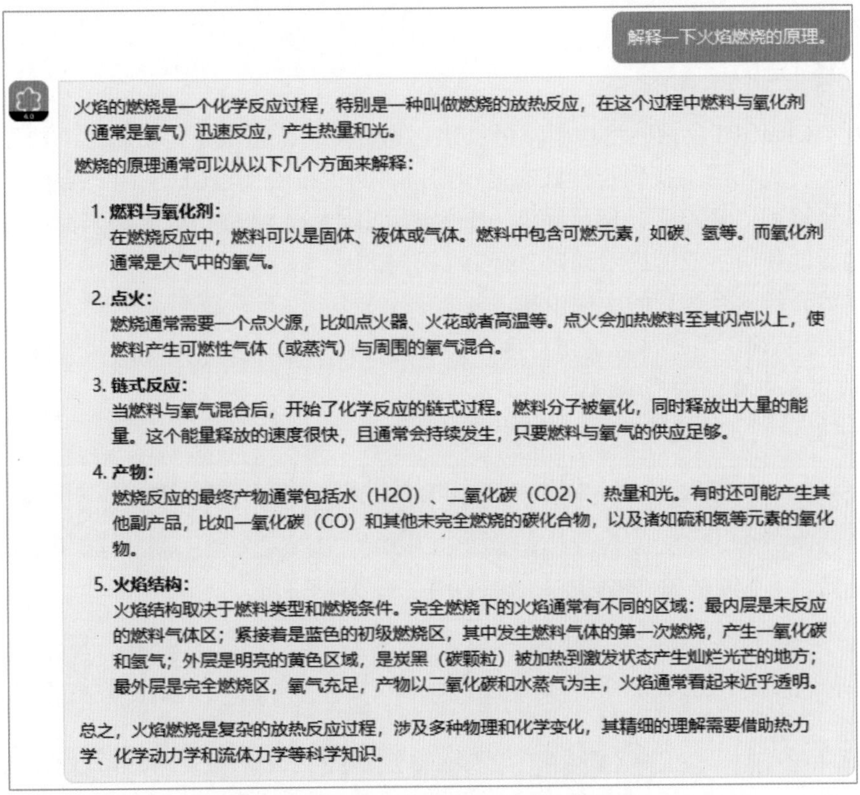

解释一下火焰燃烧的原理。

火焰的燃烧是一个化学反应过程，特别是一种叫做燃烧的放热反应，在这个过程中燃料与氧化剂（通常是氧气）迅速反应，产生热量和光。

燃烧的原理通常可以从以下几个方面来解释：

1. **燃料与氧化剂：**
   在燃烧反应中，燃料可以是固体、液体或气体。燃料中包含可燃元素，如碳、氢等。而氧化剂通常是大气中的氧气。
2. **点火：**
   燃烧通常需要一个点火源，比如点火器、火花或者高温等。点火会加热燃料至其闪点以上，使燃料产生可燃性气体（或蒸汽）与周围的氧气混合。
3. **链式反应：**
   当燃料与氧气混合后，开始了化学反应的链式过程。燃料分子被氧化，同时释放出大量的能量。这个能量释放的速度很快，且通常会持续发生，只要燃料与氧气的供应足够。
4. **产物：**
   燃烧反应的最终产物通常包括水（H2O）、二氧化碳（CO2）、热量和光。有时还可能产生其他副产品，比如一氧化碳（CO）和其他未完全燃烧的碳化合物，以及诸如硫和氮等元素的氧化物。
5. **火焰结构：**
   火焰结构取决于燃料类型和燃烧条件。完全燃烧下的火焰通常有不同的区域：最内层是未反应的燃料气体区；紧接着是蓝色的初级燃烧区，其中发生燃料气体的第一次燃烧，产生一氧化碳和氢气；外层是明亮的黄色区域，是炭黑（碳颗粒）被加热到激发状态产生灿烂光芒的地方；最外层是完全燃烧区，氧气充足，产物以二氧化碳和水蒸气为主，火焰通常看起来近乎透明。

总之，火焰燃烧是复杂的放热反应过程，涉及多种物理和化学变化，其精细的理解需要借助热力学、化学动力学和流体力学等科学知识。

图 2-30　ChatGPT 解释火焰燃烧的原理

如图2-30所示，ChatGPT解释得比较复杂，如果把这个问题答案提供给一个小学生，他可能很难理解。此时，可以在提示词中增加角色：

> 假设你是一名小学老师，一位学生问你“为什么火能燃烧”，你会如何回答？

ChatGPT反馈的结果如图2-31所示。

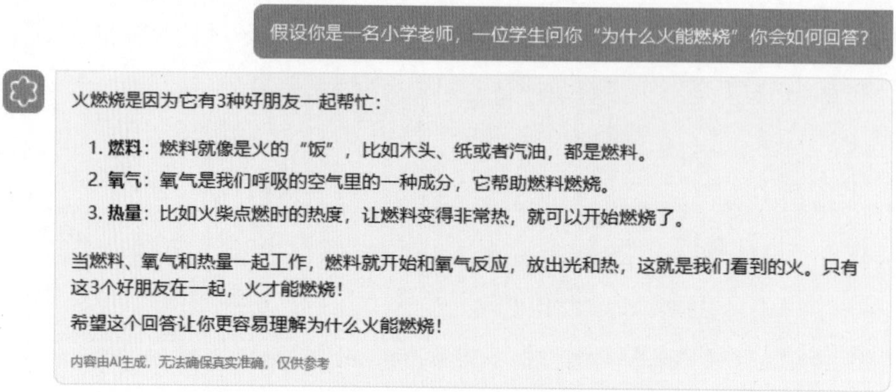

假设你是一名小学老师，一位学生问你“为什么火能燃烧”你会如何回答？

火燃烧是因为它有3种好朋友一起帮忙：

1. **燃料**：燃料就像是火的“饭”，比如木头、纸或者汽油，都是燃料。
2. **氧气**：氧气是我们呼吸的空气里的一种成分，它帮助燃料燃烧。
3. **热量**：比如火柴点燃时的热度，让燃料变得非常热，就可以开始燃烧了。

当燃料、氧气和热量一起工作，燃料就开始和氧气反应，放出光和热，这就是我们看到的火。只有这3个好朋友在一起，火才能燃烧！

希望这个回答让你更容易理解为什么火能燃烧！

内容由AI生成，无法确保真实准确，仅供参考

图2-31　增加角色后ChatGPT反馈的结果

通过图2-31可以看到，在增加“小学老师”这个角色后，ChatGPT给出的反馈就非常简单易懂了。在设计提示词时，通过增加角色，以角色的角度来回答问题可以生成更符合我们希望的反馈结果。

2.4.7　AI模仿

我们在与ChatGPT会话的过程中，可以让它利用“训练特性＋模仿特性”的原理，生成优秀的提示词。首先在网上找到一些好的提示词，将其“投喂”给ChatGPT，目的是让它学会这些提示词的风格和“套路”。然后提供一个主题，让ChatGPT模仿这些提示词生成我们想要的提示词。最后，使用生成的提示词向ChatGPT提问。

下面具体介绍这个过程的实现步骤。

(1) 收集提示词。用户可以通过百度、必应等搜索引擎，搜索网上的各种提示词并将其保存(也可以收集本书介绍的提示词)。

(2) 使用提示词训练ChatGPT，输入提示词：

> 我有一些prompt示例，接下来我会发给你，你现在什么都不要做，只需要等待我后面的指令。如果没有问题，请回复“收到”。

将收集的第1个提示词“投喂”给ChatGPT，输入提示词：

> 接下来，我会连续发给你prompt。收到prompt后，你什么都不要做，只需要回复“收到”。
> 第1个prompt：我要你把我写的句子翻译成表情符号。我会写句子，你会用表情符号表达它。我只是想让你用表情符号来表达它。除了表情符号，我不希望你回复任何内容。当我需要用英语告诉你一些事情时，我会用 {like this} 这样的大括号括起来。我的第一句话是“你好，请问你的职业是什么？”

将收集的第2个提示词“投喂”给ChatGPT，输入提示词：

> 第2个prompt：行动：我要你把我写的句子翻译成一种新的编造的语言。我会写句子，你会用这种新造的语言来表达它。我只是想让你用新编造的语言来表达它。除了新编造的语言外，我不希望你回复任何内容。当我需要用英语告诉你一些事情时，我会用 {like this} 这样的大括号括起来。我的第一句话是“你好，你有什么想法？”

将收集的第3个提示词“投喂”给ChatGPT，输入提示词：

> 第3个prompt：为了提交工作申请，我想写一封新的求职信。请撰写一封说明我的技术技能的求职信。我从事网络技术工作已经两年了。我作为前端开发人员工作了 8 个月。我通过使用一些工具而成长。这些包括[...Tech Stack]，等等。我希望发展我的全栈开发技能。我渴望过一种 T 型生活。你能写一封关于我自己的求职信吗？

将收集的第4个提示词“投喂”给ChatGPT，输入提示词：

> 第4个prompt：我想让你担任招聘人员。我将提供一些关于职位空缺的信息，而你的工作是制定寻找合格申请人的策略。这可能包括通过社交媒体、社交活动甚至参加招聘会接触潜在候选人，以便为每个职位找到最合适的人选。我的第一个请求是“我需要帮助改进我的简历。”

将收集的第5个提示词“投喂”给ChatGPT，输入提示词：

> 第5个prompt：我想让你充当广告商。你将创建一个活动来推广你选择的产品或服务。你将选择目标受众，制定关键信息和口号，选择宣传媒体渠道，并决定实现目标所需的任何其他活动。我的第一个建议请求是“我需要帮助针对 18~30 岁的年轻人制作一种新型能量饮料的广告活动。”

(3) 生成新的提示词。向ChatGPT输入以下提示词，检验它是否学会了投喂的prompt的风格：

> 请模仿我提供给你的5个prompt示例，提供一个类似的prompt，我的需求是“写一篇关于{品牌名称}玻璃的营销文案”。

ChatGPT的反馈结果如图2-32所示。

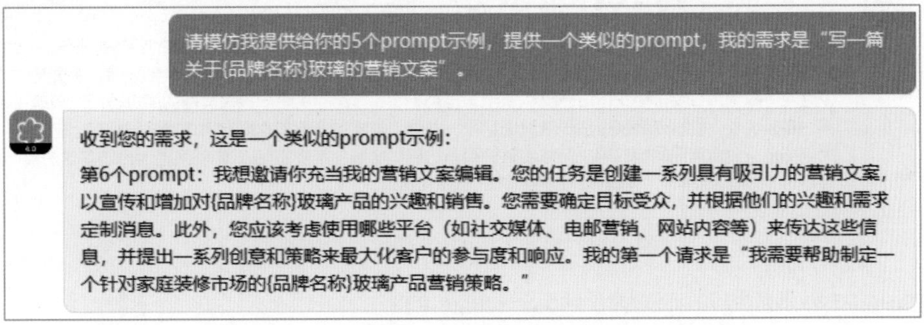

图 2-32　ChatGPT 模仿提供的提示词生成新的提示词

(4) 检验ChatGPT生成的提示词。从图2-32可以看到，ChatGPT模仿步骤(2)提供的prompt示例，根据主题快速生成了一个提示词(promt)。根据我们实际需要修改该提示词，并将其提供给ChatGPT：

我想邀请你充当我的营销文案编辑。您的任务是创建一系列具有吸引力的营销文案，以宣传和增加对{福耀}玻璃产品的兴趣和销售。您需要确定目标受众，并根据他们的兴趣和需求定制消息。此外，您应该考虑使用哪些平台(如社交媒体、电邮营销、网站内容等)来传达这些信息，并提出一系列创意和策略来最大化客户的参与度和响应。我的第一个请求是“我需要帮助制定一个针对家庭装修市场的{福耀}玻璃产品营销策略。”

ChatGPT的反馈结果如图2-33所示。

针对{福耀}玻璃产品定位家庭装修市场的营销策略，我们将从以下几个方面入手来制定一个全面的营销计划：

目标受众

- 定位年龄主要在30-50岁的家庭主人，特别是那些即将或正在考虑进行家庭装修的人群。
- 关注那些对家居美学有高要求且注重生活品质的客户，其中包括新婚夫妇、新房业主以及希望升级现有住宅的家庭。

关键信息

- 突出{福耀}玻璃在提升居住美学、增强家居舒适度以及提高能效方面的优势。
- 强调{福耀}玻璃产品的高品质、耐用性以及其对于健康和环境友好的特点。
- 突出{福耀}品牌的创新性及其定制化服务，展现如何帮助消费者实现个性化家装需求。

口号

- “{福耀}·美化您的世界”
- “清晰视界，美好生活——福耀玻璃”
- “用{福耀}玻璃，打造梦想之家”

宣传媒体渠道

- **社交媒体营销**：通过Instagram、Pinterest和微博分享家装灵感图辑，突出{福耀}玻璃的使用效果，利用社区互动提高品牌关注度。
- **电邮营销**：向已经显示出装修兴趣的用户发送定制的电子邮件，提供{福耀}玻璃的装修灵感，包括成功案例分享和限时优惠。
- **网站内容**：创建专门的“家装灵感”板块，展示{福耀}玻璃产品的多种应用方式，包括详细的产品信息、客户评价和FAQs，帮助客户作出购买决定。
- **合作推广**：与知名的家装博主或设计师合作，通过他们的平台展示使用{福耀}玻璃的装修项目，以真实案例吸引目标客户群体。

其他活动

- **样板间展示**：在主要的家装展会上设立样板间，让潜在客户亲身体验{福耀}玻璃带来的改变。
- **客户反馈计划**：鼓励已购客户分享他们使用{福耀}玻璃的家装故事，通过“真实故事”营造社区互动，进一步提升品牌信任度。

通过上述策略的实施，{福耀}玻璃将有效地增强其在家庭装修市场中的品牌形象，吸引更多潜在客户，从而推动产品的销售和品牌的长期增长。

图 2-33　使用 ChatGPT 提供的提示词生成营销文案

再次输入提示词：

请模仿我提供给你的5个prompt示例，提供一个类似的prompt，我的问题是“编写《计算机组装实用教程》的图书大纲”。

ChatGPT的反馈结果如图2-34所示。

请模仿我提供给你的5个prompt示例，提供一个类似的prompt，我的问题是“编写《计算机组装实用教程》的图书大纲”。

收到您的问题，以下是模仿您之前提供的prompts风格的一个新prompt：

第6个prompt: 我想请你帮我担任《计算机组装实用教程》的图书大纲规划师。您的职责是搭建一个全面且用户友好的图书大纲，涵盖从认识计算机硬件到组装和调试计算机系统的全部步骤。需要特别注意将教程内容安排得既适合计算机新手，也能为有一定经验的用户提供实用的高级技巧。请确保内容系统性，能够带领读者按步就班地学习，并提供丰富的图例和实操案例来增强理解和记忆。大纲中也应包含常见问题的解决策略和维护保养的最佳实践。希望您能以"如何挑选适合您需求的硬件组件"作为起始章节，详细展开硬件挑选的思路和建议。

图 2-34　检验 ChatGPT 提示词模仿能力

将ChatGPT提供的提示词复制并粘贴给ChatGPT：

我想请你帮我担任《计算机组装实用教程》的图书大纲规划师。您的职责是搭建一个全面且用户友好的图书大纲，涵盖从认识计算机硬件到组装和调试计算机系统的全部步骤。需要特别注意将教程内容安排得既适合计算机新手，也能为有一定经验的用户提供实用的高级技巧。请确保内容系统性，能够带领读者按步就班地学习，并提供丰富的图例和实操案例来增强理解和记忆。大纲中也应包含常见问题的解决策略和维护保养的最佳实践。希望您能以“如何挑选适合您需求的硬件组件”作为起始章节，详细展开硬件挑选的思路和建议。

ChatGPT反馈的结果如图2-35所示。

确然地，您的提案非常具有挑战性且实用。让我为《计算机组装实用教程》提出一个全面的图书大纲计划：

1. 前言：计算机组装的艺术与科学
    - 计算机组装的重要性
    - 阅读本书能带给您的
2. 第 1 章：如何挑选适合您需求的硬件组件
    - 确定组装计算机的目的
    - 不同类型硬件组件简介
    - 如何根据预算和性能需求挑选硬件
3. 第 2 章：基础硬件知识
    - 处理器（CPU）
    - 主板（Motherboard）
    - 内存（RAM）
    - 硬盘（HDD/SSD）
    - 电源供应（PSU）
    - 显卡（GPU）
    - 散热方案
4. 第 3 章：准备组装
    - 工具与环境准备
    - 安全注意事项
5. 第 4 章：逐步组装教程
    - 安装主板
    - 安装 CPU 和散热器
    - 安装内存
    - 安装硬盘/固态硬盘
    - 安装电源供应
    - 安装显卡
    - 连接各种电缆
    - 首次启动检查
6. 第 5 章：操作系统安装与配置
    - 选择操作系统
    - 安装过程教程
    - 基本配置与优化
7. 第 6 章：系统调试和性能优化
    - BIOS配置
    - 驱动安装与更新
    - 性能优化技巧
    - 故障排查指南
8. 第 7 章：扩展与升级
    - 评估升级需求
    - 升级各类硬件指导
    - 确保兼容性和性能平衡
9. 第 8 章：维护和保养
    - 清洁与保养
    - 故障预防
    - 定期软件更新
10. 附录
    - 常见问题解答（FAQ）
    - 术语表
    - 推荐阅读和资源
11. 后记：您的下一步
    - 如何继续深化学习
    - 加入组装和硬件爱好者社区

图 2-35　ChatGPT 生成图书编写大纲

从图2-35中可以看到，ChatGPT会以一个图书大纲规划师的角色，给出一些专业的图书大纲拟定计划。

以上就是利用ChatGPT通过模仿提示词，快速生成类似提示词的具体步骤。请参考该方法，举一反三。只要我们收集足够多的提示词(prompt)，就可以依靠ChatGPT的学习和模仿能力创造更多类似的提示词。

2.5　提示词生成器

对于许多初次接触ChatGPT的人来说，可能不知道如何编写ChatGPT的提示词，费尽心思地思考如何与ChatGPT进行对话，也未能得到希望的反馈。实际上，这并不是那么复杂。我们可以直接向ChatGPT提问，让它来编写合适的提示词，然后根据自己的需求进行适度修改即可投入使用，例如：

我想让你充当ChatGPT提示生成器，我会发送一个主题，你必须根据主题的内容生成一个ChatGPT 提示，提示应该以“我希望你充当”开头，猜猜我可能会做什么，并相应地扩展提示描述内容以使其有用。

将以上提示词提供给ChatGPT后，再输入提示词“英语翻译”，它的反馈如图2-36所示。

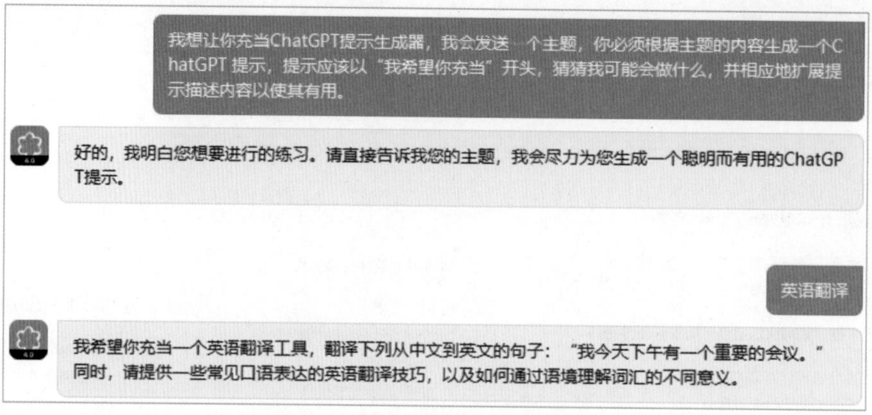

我想让你充当ChatGPT提示生成器，我会发送一个主题，你必须根据主题的内容生成一个ChatGPT 提示，提示应该以“我希望你充当”开头，猜猜我可能会做什么，并相应地扩展提示描述内容以使其有用。

好的，我明白您想要进行的练习。请直接告诉我您的主题，我会尽力为您生成一个聪明而有用的ChatGPT提示。

英语翻译

我希望你充当一个英语翻译工具，翻译下列从中文到英文的句子：“我今天下午有一个重要的会议。”同时，请提供一些常见口语表达的英语翻译技巧，以及如何通过语境理解词汇的不同意义。

图 2-36　要求 ChatGPT 生成提示词

将图2-36中生成的提示词修改为实际需要翻译的句子，并将其提供给ChatGPT：

> 我希望你充当一个英语翻译工具，翻译下列从中文到英文的句子：“经过五年的艰苦工作，他们完成了一套高质量的教材。”同时，请提供一些常见口语表达的英语翻译技巧，以及如何通过语境理解词汇的不同意义。

ChatGPT反馈的结果如图2-37所示。

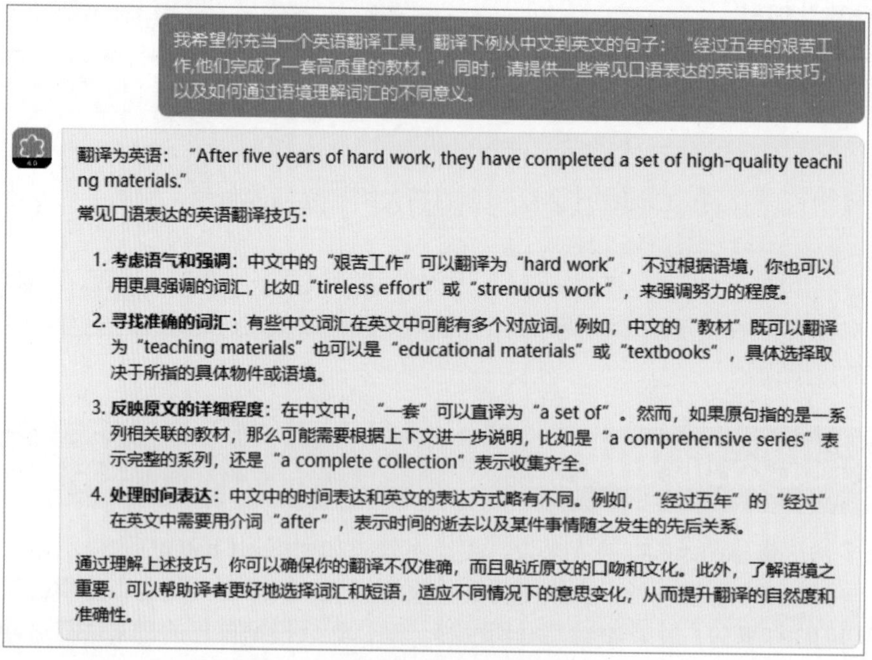

我希望你充当一个英语翻译工具，翻译下例从中文到英文的句子：“经过五年的艰苦工作,他们完成了一套高质量的教材。”同时，请提供一些常见口语表达的英语翻译技巧，以及如何通过语境理解词汇的不同意义。

翻译为英语：“After five years of hard work, they have completed a set of high-quality teaching materials.”

常见口语表达的英语翻译技巧：

1. **考虑语气和强调**：中文中的“艰苦工作”可以翻译为“hard work”，不过根据语境，你也可以用更具强调的词汇，比如“tireless effort”或“strenuous work”，来强调努力的程度。
2. **寻找准确的词汇**：有些中文词汇在英文中可能有多个对应词。例如，中文的“教材”既可以翻译为“teaching materials”也可以是“educational materials”或“textbooks”，具体选择取决于所指的具体物件或语境。
3. **反映原文的详细程度**：在中文中，“一套”可以直译为“a set of”。然而，如果原句指的是一系列相关联的教材，那么可能需要根据上下文进一步说明，比如是“a comprehensive series”表示完整的系列，还是“a complete collection”表示收集齐全。
4. **处理时间表达**：中文中的时间表达和英文的表达方式略有不同。例如，“经过五年”的“经过”在英文中需要用介词“after”，表示时间的逝去以及某件事情随之发生的先后关系。

通过理解上述技巧，你可以确保你的翻译不仅准确，而且贴近原文的口吻和文化。此外，了解语境之重要，可以帮助译者更好地选择词汇和短语，适应不同情况下的意思变化，从而提升翻译的自然度和准确性。

图 2-37　ChatGPT 提示词的反馈结果

此外，我们还可以通过提示词让ChatGPT自己创造并优化提示词。例如，我是一名HR，我需要招聘一位数据分析师，但是我对技术不了解，也没有想好具体的招聘要求，我可以让ChatGPT充当提示词生成器，生成一个专业的提示词。

请你充当prompt生成器，根据需要创造最佳的prompt，具体过程如下。

1.你将生成以下几个部分：

提示：

{根据我的要求提供最佳prompt。}

评价：

{简洁地评价提示词并给出改进建议。请在回答中保持批判性思维。}

问题：

{如果提示词在某些方面需要澄清或更多细节，请向我提问(最多3个)以获取更多信息，以便将其包含在提示词中。}

2.我会回答你的问题，你在下一次的回复中将我的回答纳入。持续这个迭代过程，我向你提供更多信息，你更新prompt，以此不断完善prompt。

请记住，我们正在创建的prompt应该是从我向ChatGPT提出请求的角度来编写的。请仔细思考并发挥你的想象力。

你的第一个回复应该只是问候用户，并询问提示词应该关于什么话题。

在ChatGPT答复后，输入提示词“给出一份招聘数据分析师的职位描述。”，它反馈的结果如图2-38所示。

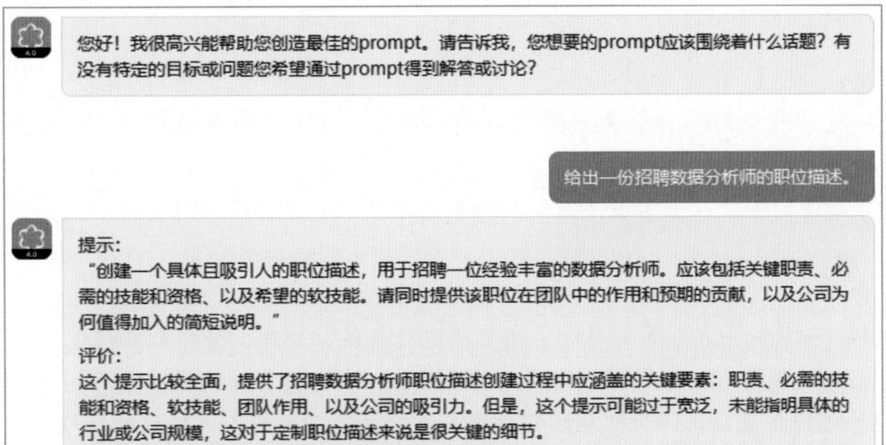

您好！我很高兴能帮助您创造最佳的prompt。请告诉我，您想要的prompt应该围绕着什么话题？有没有特定的目标或问题您希望通过prompt得到解答或讨论？

给出一份招聘数据分析师的职位描述。

提示：

“创建一个具体且吸引人的职位描述，用于招聘一位经验丰富的数据分析师。应该包括关键职责、必需的技能和资格、以及希望的软技能。请同时提供该职位在团队中的作用和预期的贡献，以及公司为何值得加入的简短说明。”

评价：

这个提示比较全面，提供了招聘数据分析师职位描述创建过程中应涵盖的关键要素：职责、必需的技能和资格、软技能、团队作用、以及公司的吸引力。但是，这个提示可能过于宽泛，未能指明具体的行业或公司规模，这对于定制职位描述来说是很关键的细节。

问题：

1. 您希望招聘的数据分析师将在哪个行业工作？
2. 您的公司规模是怎样的？这可能会影响职位的具体责任和公司文化的描述。
3. 您在寻找具备特定数据分析工具（如Python, R, SQL等）的经验吗？

图2-38　ChatGPT生成关于数据分析师的职位的问题

针对ChatGPT提出的问题进行回答，输入提示词：

1.电商行业

2.公司规模500~1000人

3.有电商背景优先，精通Power BI、Python

ChatGPT反馈的结果如图2-39所示。

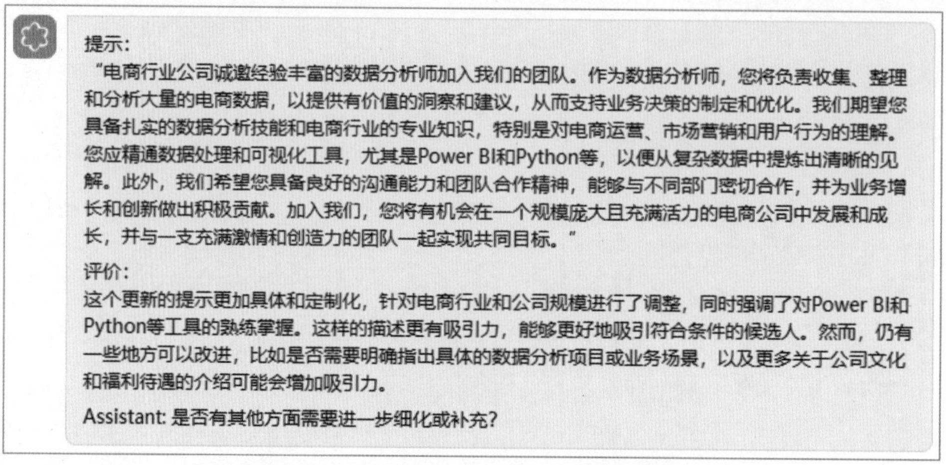

提示：

"电商行业公司诚邀经验丰富的数据分析师加入我们的团队。作为数据分析师，您将负责收集、整理和分析大量的电商数据，以提供有价值的洞察和建议，从而支持业务决策的制定和优化。我们期望您具备扎实的数据分析技能和电商行业的专业知识，特别是对电商运营、市场营销和用户行为的理解。您应精通数据处理和可视化工具，尤其是Power BI和Python等，以便从复杂数据中提炼出清晰的见解。此外，我们希望您具备良好的沟通能力和团队合作精神，能够与不同部门密切合作，并为业务增长和创新做出积极贡献。加入我们，您将有机会在一个规模庞大且充满活力的电商公司中发展和成长，并与一支充满激情和创造力的团队一起实现共同目标。"

评价：

这个更新的提示更加具体和定制化，针对电商行业和公司规模进行了调整，同时强调了对Power BI和Python等工具的熟练掌握。这样的描述更有吸引力，能够更好地吸引符合条件的候选人。然而，仍有一些地方可以改进，比如是否需要明确指出具体的数据分析项目或业务场景，以及更多关于公司文化和福利待遇的介绍可能会增加吸引力。

Assistant: 是否有其他方面需要进一步细化或补充?

图 2-39　ChatGPT 生成数据分析师的职位描述

根据ChatGPT的提示，给出一些补充内容，例如输入提示词"1.工作地点：上海2.薪酬：面议"，ChatCPT将生成一份招聘文本，具体如下。

职位：数据分析师 - 电商行业

工作地点：上海

薪资：面议

公司概况：

我们是一家规模在500~1000人的前沿电商公司，位于中国的商业中心——上海。作为电商行业的创新者，我们专注于通过数据驱动的策略来革新在线购物体验。我们的团队由一群充满激情、才华横溢的专业人士组成，他们致力于通过技术改变消费者的生活。

工作职责：

- 使用Power BI、Python等工具对电商数据进行收集、处理、分析和可视化。
- 深入理解电商运营、市场营销和用户行为数据，以支持跨部门的业务决策和策略制定。
- 对趋势进行预测分析，为管理层提供数据支持的商业见解和可操作的建议。
- 与产品、营销和销售团队紧密合作，利用数据分析优化用户体验和业绩成果。
- 主导和管理数据分析项目，确保准确性和时效性，并符合公司的业务目标。

岗位要求：

- 至少3年电商行业数据分析相关经验。

- 精通使用Power BI、Python等数据分析和可视化工具。
- 具备优秀的统计学知识，能够独立完成从数据处理到模型建立的全过程。
- 具有良好的沟通能力和团队合作精神，能够跨部门有效沟通。
- 具备良好的英语书写和口头表达能力者优先。

我们为什么值得加入：

- 为员工提供具有竞争力的薪资和福利。
- 提供持续学习和个人成长的机会，包括专业培训和国际交流。
- 位于上海的优越地理位置，便捷的交通和丰富的社会资源。
- 强调工作与生活平衡，提供灵活的工作安排。
- 我们倡导创新文化，鼓励团队成员贡献创意和解决方案，共同推进电商行业的发展。

申请方式：

请将您的简历、复信以及任何相关的工作作品发送至[电子邮件地址]。在邮件中，请指出您可开始工作的时间。

我们期待着有才华、有激情的您加入我们的团队，共同塑造电商的未来！

这份职位描述加入了工作地点和薪资的信息，使其更加完整和吸引人。职位的要求和职责被清晰地列出，同时强调了公司文化和加入公司的潜在好处，更加具备吸引力。

我们只需要在[电子邮件地址]中填入自己的电子邮件，即可在招聘网站上提交这份招聘启事。从输出结果上来看，ChatGPT根据提示词生成了数据分析师的招聘职位描述，并且详细列出了各项要求，比如技术背景和工作经验。当我们的脑海里对一个任务没有太多概念时，使用上面介绍的提示词生成器，可以帮助我们创造出该任务的提示词，并让它提出问题，以持续优化结果，直到生成专业、明确的提示词。

2.6　思考与练习

人与AI交互的第一步是输入准确的提示词。我们在与ChatGPT的对话中撰写的提示词是否准确、具体，是决定AI是否能高效生成让人满意的结果的关键因素。提示词中往往包含多种元素，例如角色、要求、背景信息、示例、期望等，将不同元素组合，我们可以得到各种不同的提示词框架。在使用提示词框架的时候，不知道读者有没有想过，为什么要使用框架呢？又为什么这个框架要用到这些元素呢？将一些元素应用于其他框架中可以吗？…… 在完成本章内容的学习后，读者可以通过思考尝试解答以下问题。

- 问题1：什么是提示词？如何利用提示词有效地向ChatGPT提出问题？提示词是如何优化生成内容的？

- 问题2：新手如何高效掌握提示词的编写流程？在结构化的大段提示词中，如何精确操控提示词指令的作用域与优先级？
- 问题3：编写ChatGPT提示词有哪些技巧？如何将这些技巧应用于提示词中，提高提示词的准确性？

同时，可以尝试用ChatGPT完成一些练习，进一步掌握提示词的使用方法。

- 练习1：我想让ChatGPT帮我写一个“2024年工作计划”的梗概，我该如何提问，才能让ChatGPT写出我想要的内容呢？请为我设计一个提示词方案。
- 练习2：我想学习Java，但是我不知道如何学起，如何才能让ChatGPT给我出一个较好的学习计划呢？请设计一个提示词，用最少的问题帮我找到答案。

第 3 章
ChatGPT 创意文案撰写

本章导读

在文字的世界里，精心雕琢的文案就像一把夺目的利剑，切中要害，一举捕获目标受众的眼球。文案创作需要作者超越简单的信息传达，用极致简洁而富有吸引力的语言，绘制出令人难以抗拒的意境，直击人心，触发情感共鸣。在这个过程中，ChatGPT 可以作为我们的创意伙伴，以其不可思议的能力激发灵感，让个性化内容的创作变得轻而易举。

3.1 ChatGPT 写文案的优点

2023年6月，巴西街头，一场AI混战正在上演，最初参战双方是麦当劳和汉堡王。麦当劳的户外广告由Galerie.ag设计和制作。广告文案由麦当劳向ChatGPT提问：“世界上最具代表性的汉堡是什么?”后生成。ChatGPT给出了十分诗意的回答，翻译成中文如下：

虽然世界上有许多标志性的汉堡，但最受全球认可的汉堡可能是1967年首次推出的麦当劳巨无霸。巨无霸几乎已经成为麦当劳的代名词，由两块牛肉饼、生菜、芝士、洋葱和一个加了秘制酱汁的芝麻面包组成。

巨无霸是如此具有标志性，以至于它甚至有自己的衡量指数——巨无霸指数，这是一种比较不同货币购买力的非正式方式。

在这则广告的结尾，麦当劳还用其标志性的Slogan玩了个谐音梗——将“I'm lovin' it”改成了“A.I'm lovin' it”，如图3-1所示。

图3-1　巴西街头的麦当劳广告

有麦当劳的地方怎么会少得了汉堡王。汉堡王一刻也不多等，在创意代理商David的指导下，汉堡王也学着麦当劳的样子向ChatGPT提了问题：“全世界最大的汉堡是什么？”以下是翻译成中文后的ChatGPT答案：

汉堡王的皇堡(WHOPPER)在食物的大小分量上都是最大的。皇堡以其大分量而闻名，由炭烤牛肉饼、芝麻籽面包、芝士、番茄、酸黄瓜、洋葱、蛋黄酱和番茄酱组成。它被认为是一种富含能量且令人满足的汉堡，是那些喜爱丰盛大餐的人的选择。重要的是，其大小和分量可

能因国家或地区而异。

随后，汉堡王直接把这则广告放在了麦当劳广告的旁边，如图3-2所示。

图 3-2　摆在麦当劳广告旁的汉堡王广告

用AI问答的形式来打广告并非只有麦当劳和汉堡王。不甘寂寞的赛百味，随后作为第三者也插足了进来，如图3-3所示。

图 3-3　ChatGPT 生成的赛百味广告

同样，赛百味的广告文案也是由ChatGPT所写，其所用的提示词为：

AND HOW DO THEY COMPARE TO A FOOTLONG ?
它们和一英尺三明治比呢？

ChatGPT的回复翻译成中文如下：

就尺寸而言，它们两者都明显小于赛百味的一英尺三明治。

(赛百味曾经推出过一个很成功的“5美元一英尺”的活动，活动中在赛百味只要花5美元，就能吃到一英尺长的三明治，赛百味如今也明确规定了三明治的尺寸就是一英尺。)

就在餐饮三巨头还在巴西接头互相比谁更大、更长的时候，运动服饰品牌The North Face也用ChatGPT写了10000句文案，还结合AI绘图工具Midjourney做了很多海报，如图3-4所示。该广告登上了上海市中心的巨大广告牌，鼓励人们拥抱自然世界，重新点燃户外探险精神。

图 3-4　ChatGPT 和 Midjourney 结合生成的户外运动广告

在ChatGPT的协助下，用户可以通过更多新颖的想法和角度来激发文案的写作灵感，从而更快速、更轻松地产生创意并构思文案内容，其优点有以下几个。

- 速度快：ChatGPT 可以快速生成大量高质量的文案，从而节省用户的时间和精力。用户只需要输入提示词，就可以在短时间内得到符合自己要求的文案。
- 质量高：ChatGPT可以根据输入的提示词，自动选择相关的语言模型，并生成符合语法规则的高质量文本。生成的文本看起来自然流畅，不会像机器生成的一样生硬和不自然。
- 个性强：ChatGPT 可以为不同的品牌和公司生成不同的文案，以帮助用户为他们的品牌定制独特的语言和声音。
- 可定制：ChatGPT 也可以根据用户的需求定制文案内容，并帮助他们更准确地把握各种语言和气氛，以支持文案营销策略的实施。

ChatGPT从2023年初开始火爆全球，宣告着AI时代的正式到来。与此同时，各行各业人人自危，都在担心自己会被AI取代，作为最容易被ChatGPT取代的文字类工作者，有的人在惴惴不安，而有的人已经用ChatGPT在电商、新媒体、广告、直播等领域实现了工作产出。

3.2 ChatGPT 写作能力训练

ChatGPT是一种通用的自然语言处理模型，它使用了大量的语料库数据进行预训练，可以用于各种文本生成和语言理解任务，包括聊天机器人、文本摘要、问答系统等。尽管ChatGPT具有很强的通用性，但是在特定的任务和场景中，预训练的ChatGPT模型还不足以满足特定需求(例如文案写作)，因此在使用ChatGPT协助我们写文案之前，首先需要把它当成一个秘书去重新训练。

训练ChatGPT模型需要综合考虑自然语言处理、深度学习和计算机科学等多个领域的知识和技能。如果没有相关的经验或技能，可以使用现有的预训练模型或寻求专业人士的帮助。训练ChatGPT模型需要遵循以下步骤。

(1) 收集并准备数据集。准备一个包含足够量文本数据的数据集，如语料库、新闻文章、小说或其他形式的文本。这个数据集应该与我们想要模型生成的文本类型和语境相关，然后我们需要将问题转换为模型可用的数字向量表示形式，如使用词向量或字符向量。

(2) 定义模型架构。选择模型架构并定义模型的参数和超参数。ChatGPT模型使用了Transformer架构，我们可以使用开源的Transformer实现，如Hugging Face的Transformer库。

(3) 训练模型。使用准备好的数据集和定义好的模型架构，开始训练模型。训练过程需要在具备大量计算资源的机器上进行，并且需要选择适当的优化算法和合适的学习率。

(4) 调整和优化。训练ChatGPT的过程中需要不断调整和优化模型架构和参数，以使模型能够更好地拟合数据集并生成准确和自然的文本。

(5) 评估和测试。使用评估指标和测试数据对训练好的模型进行评估和测试，以衡量模型的性能和效果。

(6) 应用模型。将训练好的模型应用到实际场景中，如用于聊天机器人、文本生成、语言模型等应用领域。

以下是一个使用一系列提示词训练ChatGPT的基本技能的具体案例。

01 输入提示词，让ChatGPT对抖音提出自己的看法，如图3-5所示。

你知道中国短视频平台抖音吗？

是的，我知道抖音。抖音是中国非常流行的短视频分享平台，由字节跳动公司（ByteDance）开发。它允许用户创作、编辑、分享短视频，并在视频中加入音乐、特效和滤镜。抖音在中国大陆非常受欢迎，而它的国际版本被称为TikTok，同样在全球范围内拥有庞大的用户群体。这个平台特别受年轻人欢迎，成为流行文化和互联网趋势的重要发源地。用户可以在抖音上发现各种类型的内容，包括舞蹈、美食、旅行、教育等。

图 3-5　询问 ChatGPT 是否知道抖音

02 让ChatGPT分析抖音爆款短视频文案的特点，如图3-6所示。

分析一下抖音爆款短视频文案的特点，至少列举出5个方面的特点。

抖音爆款短视频文案的特点可以从多个角度进行分析，以下是五个主要方面：

1. **简洁明了**：成功的抖音文案往往非常简短，能够迅速传达视频的核心信息或吸引观众的点。这种简洁性有助于在短时间内抓住观众的注意力，尤其是在信息爆炸的今天，人们的注意力更加宝贵和稀缺。
2. **情感共鸣**：抖音爆款视频的文案通常能够引发观众的情感共鸣，无论是快乐、悲伤、惊喜还是怀旧，强烈的情感钩子可以让视频更加引人入胜，促使观众进行评论和分享，从而增加视频的传播度。
3. **创意独特**：独特的创意是抖音视频脱颖而出的关键。这不仅体现在视频内容本身，也体现在文案上。一个有创意的文案能够激发观众的好奇心，促使他们点击观看视频，甚至反复观看。
4. **使用流行语和网络热词**：抖音上的爆款视频文案经常融入当前流行的网络语言、热门话题或梗，这不仅可以提高文案的趣味性和亲和力，还可以让视频更容易被搜索到和理解，与观众产生更强的文化连接。
5. **明确的号召性用语**：好的抖音视频文案往往包含明确的行动号召，无论是引导用户点赞、分享、评论还是关注。通过明确的号召性用语，可以有效地促进用户参与和互动，增加视频的活跃度和传播范围。

总之，成功的抖音短视频文案通常是精心设计的，它结合了简洁性、情感共鸣、创意、流行文化元素以及明确的互动号召，以此来吸引和保持观众的注意力，进而达到高传播和互动的效果。

图 3-6　让 ChatGPT 分析抖音爆款短视频文案的特点

03 输入提示词，要求ChatGPT扮演一个抖音文案创作者，学习我们提供的爆款文案，并详细分析文案中的信息，如图3-7所示。

现在需要你来学习抖音文案的写作方式，请你扮演一个抖音文案创作者学习我提供给你的抖音爆款文案，详细分析这篇文案的信息，并按照用户痛点、个性化、情感共鸣、实用性、引发互动等几个方面进行分析，以及是否明确我的要求。简要重复，等我给你提供抖音爆款文案后，再开始分析。

明确了，你希望我学习并分析提供的抖音爆款文案，重点关注以下几个方面：用户痛点、个性化、情感共鸣、实用性以及如何引发互动。请提供要分析的抖音爆款文案。

图 3-7　要求 ChatGPT 角色扮演并主动学习提供的文案

04 将准备好的数据集提供给ChatGPT，提示词如下：

抖音爆款文案1：秋季反复发作的过敏性鼻炎，5个小方法教你如何预防。
抖音爆款文案2：我给你一个扒鸡的食谱，保证你从年初吃到年底。
抖音爆款文案3：不需要烤箱！三步做出好吃的提拉米苏！
抖音爆款文案4：搞垮颜值的祛痘方法，有些人现在还在用。
抖音爆款文案5：如果不注意这一点，辅食吃饱了宝宝就很难长肉了。
抖音爆款文案6：高强度间歇锻炼法！5个动作可以在家练习。
抖音爆款文案7：平头型三步成高卷发！

05 选择一个视频主题，让ChatGPT开始创作文案，如图3-8所示。

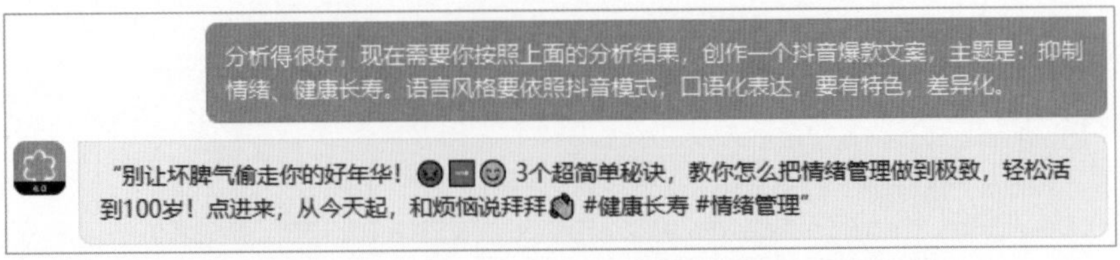

分析得很好，现在需要你按照上面的分析结果，创作一个抖音爆款文案，主题是：抑制情绪、健康长寿。语言风格要依照抖音模式，口语化表达，要有特色，差异化。

"别让坏脾气偷走你的好年华！😡⬛😊 3个超简单秘诀，教你怎么把情绪管理做到极致，轻松活到100岁！点进来，从今天起，和烦恼说拜拜👋 #健康长寿 #情绪管理"

图3-8 要求ChatGPT根据分析结果和视频主题创作文案

06 输入以下提示，让ChatGPT确定我们喜欢的文案内容结构模型(也可以否定AI生成的结果，给出参考让它进一步调整和优化答案)：

写得不错，给上面这篇文案做一个结构分析。

07 将ChatGPT总结的结构模型保存为“A类结构”，如图3-9所示。

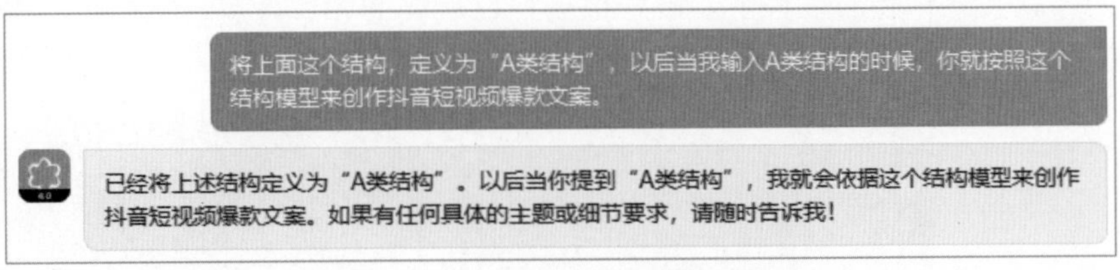

将上面这个结构，定义为“A类结构”，以后当我输入A类结构的时候，你就按照这个结构模型来创作抖音短视频爆款文案。

已经将上述结构定义为“A类结构”。以后当你提到“A类结构”，我就会依据这个结构模型来创作抖音短视频爆款文案。如果有任何具体的主题或细节要求，请随时告诉我！

图3-9 让ChatGPT保存结构模型

08 结构模型确定完成后，我们就可以直接用这个模型进行创作。例如，当我们需要创作一篇主题为“每个人的活法都不一样，只要你开心，一切都是值得的”的抖音短视频文案时，可以输入提示词：

用A类结构写一篇主题为“每个人的活法都不一样，只要你开心，一切都是值得的”的抖音爆款短视频文案。

在得到ChatGPT生成的文案后，用户还可以对文案内容进一步调整，让ChatGPT反复生成新的文案，大概5次对话后就能得到一份满意的文本内容。保存的“A类结构”模型，同样也适用于小红书、微信公众号、知乎或其他自媒体视频号。

下面将分别介绍训练ChatGPT生成文案标题、内容和创意软文的方法，帮助用户进一步了解训练ChatGPT创作文案的方法。

3.3 拟定文案标题

在同样的流量下，一个好的标题能让文案的效果翻倍。想要让ChatGPT生成能够吸引观众的文案标题，需要我们给出相应的提示词，通过设定角色、创建任务，并提供一定的参考信息对它进行训练。在这个过程中，提示越清晰、越具体，就越能够获得我们所期待的答案。

3.3.1 设定角色与规则

在拟定文案标题之前，首先要为ChatGPT设定一个扮演的角色，并为它制定编写标题的规则，提示词如下：

你是一位自媒体领域的标题专家、博客文案写作高手。接下来，请遵循以下规则：

1.首先，我会发你一些爆款标题技巧，如果你学会了，请回复“学会了”，并总结这些知识的核心点。

2.我将持续上面的过程，直到你掌握更多的爆款标题技巧。

3.接下来，我会给你一个主题，并放到[ ]中，请根据你刚刚学到的爆款标题技巧，并结合[ ]中的主题，帮我生成10个爆款标题。

4.如果你理解上面的指令，请回复“我准备好了”来开始我们的学习。

3.3.2 提供范文与方法

为ChatGPT提供一些整理好的自媒体爆款文案标题，看一下它能学到哪些东西，如图3-10所示。在收集爆款文案标题的过程中，最好根据自己所在的领域，多收集同行的爆款标题。此外，文案用在哪个平台，就应重点收集哪个平台的内容。

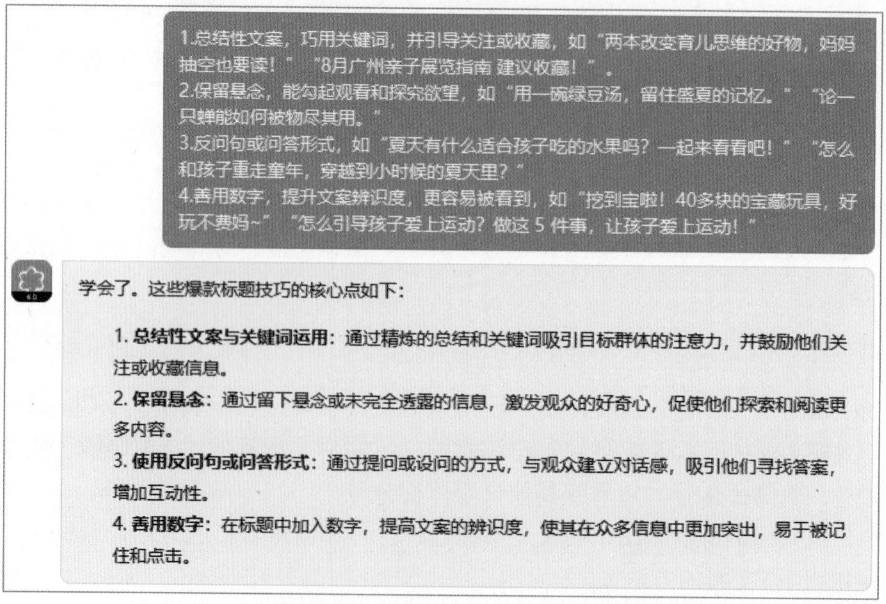

1.总结性文案，巧用关键词，并引导关注或收藏，如“两本改变育儿思维的好物，妈妈抽空也要读！”“8月广州亲子展览指南 建议收藏！”。
2.保留悬念，能勾起观看和探究欲望，如“用一碗绿豆汤，留住盛夏的记忆。”“论一只蝉能如何被物尽其用。”
3.反问句或问答形式，如“夏天有什么适合孩子吃的水果吗？一起来看看吧！”“怎么和孩子重走童年，穿越到小时候的夏天里？”
4.善用数字，提升文案辨识度，更容易被看到，如“挖到宝啦！40多块的宝藏玩具，好玩不费妈~”“怎么引导孩子爱上运动？做这 5 件事，让孩子爱上运动！”

学会了。这些爆款标题技巧的核心点如下：

1. **总结性文案与关键词运用**：通过精炼的总结和关键词吸引目标群体的注意力，并鼓励他们关注或收藏信息。
2. **保留悬念**：通过留下悬念或未完全透露的信息，激发观众的好奇心，促使他们探索和阅读更多内容。
3. **使用反问句或问答形式**：通过提问或设问的方式，与观众建立对话感，吸引他们寻找答案，增加互动性。
4. **善用数字**：在标题中加入数字，提高文案的辨识度，使其在众多信息中更加突出，易于被记住和点击。

图 3-10 使用保存的结构模型快速创作抖音爆款文案

3.3.3　测试学习情况

让ChatGPT结合学到的东西，根据用户给到的主题生成新的标题，测试它的学习情况，并通过不断“重试”调整它的输出结果，如图3-11所示。

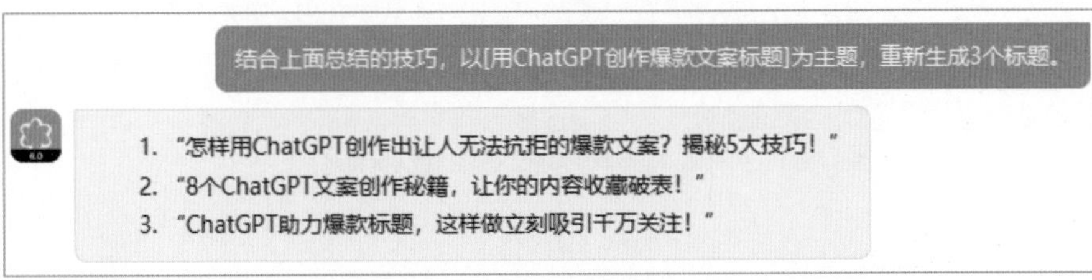

图 3-11　让 ChatGPT 根据总结的技巧生成新的标题

根据ChatGPT的学习情况，可以选择进一步给它输入更多的“参考资料”，具体步骤如下。

(1) 直接向它输入爆款标题，让ChatGPT自我学习领悟。

(2) 向它输入创作爆款文案标题的技巧，让ChatGPT学习现成的技巧。

(3) 向它输入一些热门关键词，向ChatGPT提供一些关键元素。

注 意

在向ChatGPT输入“参考资料”时，可以根据自己收集的素材，将同一类型的内容集中在一起提供。这里要注意的是，我们提供给ChatGPT的“参考资料”质量越高，它给我们反馈答案的水平就会越高。

3.3.4　结合内容生成标题

完成以上训练后，我们可以让ChatGPT不再基于特定主题去生成爆款标题，而是让它基于“大块文字内容”或“多段文字内容”去消化、理解、总结，然后再结合我们的训练结果(经验)，去创作一个文案标题。

【例3-1】 让ChatGPT为一段网络新闻生成3个标题。

输入以下提示词，要求ChatGPT总结新闻内容后生成新的标题：

请结合上面的技巧，以及我给你的爆款标题关键词，总结下面的内容，并帮我生成3个新标题。

2024年3月13日，OpenAI投资的人形机器人——Figure 01迎来重磅更新，接入最新版ChatGPT后，它可以与人类全面对话，还能听、看，做家务，自主决策。它能和人类描述眼前看到的一切：“我在桌子上看到了一个红色的苹果，沥水架上面还有几个盘子和一个杯子；然后你站在附近，手放在桌子上。”听到人类说“想吃东西”，就马上递过去苹果。
你觉得AI的智力会超越人类吗？

ChatGPT反馈的结果如图3-12所示。

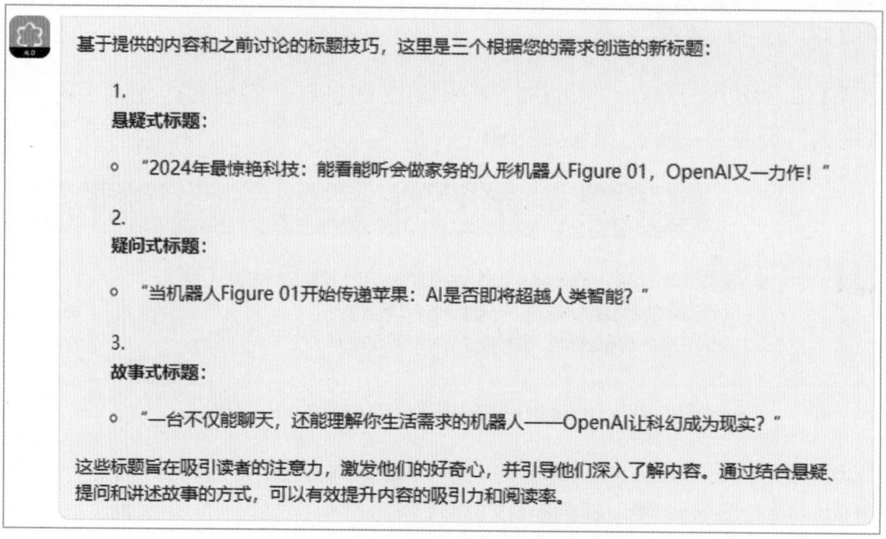

基于提供的内容和之前讨论的标题技巧，这里是三个根据您的需求创造的新标题：

1.
悬疑式标题：

- “2024年最惊艳科技：能看能听会做家务的人形机器人Figure 01，OpenAI又一力作！”

2.
疑问式标题：

- “当机器人Figure 01开始传递苹果：AI是否即将超越人类智能？”

3.
故事式标题：

- “一台不仅能聊天，还能理解你生活需求的机器人——OpenAI让科幻成为现实？”

这些标题旨在吸引读者的注意力，激发他们的好奇心，并引导他们深入了解内容。通过结合悬疑、提问和讲述故事的方式，可以有效提升内容的吸引力和阅读率。

图 3-12　ChatGPT 结合内容生成的标题

【例 3-2】让ChatGPT分析“小红书”上爆火的“正念语录”标题后，重新生成10条新的标题。

01 在网上收集一些正念语录标题，例如“正念如一盏明灯，照亮心中的困惑与黑暗”“用一颗平静的心去看世界，正念之间，万物皆有灵”“持有正念，把握每个当下的选择，引领未来更好的自己”“深入呼吸，平静内心，保持正念，让生活更加美好”等。

02 将收集的语录发给ChatGPT让它分析其爆火的原因，如图 3-13 所示。

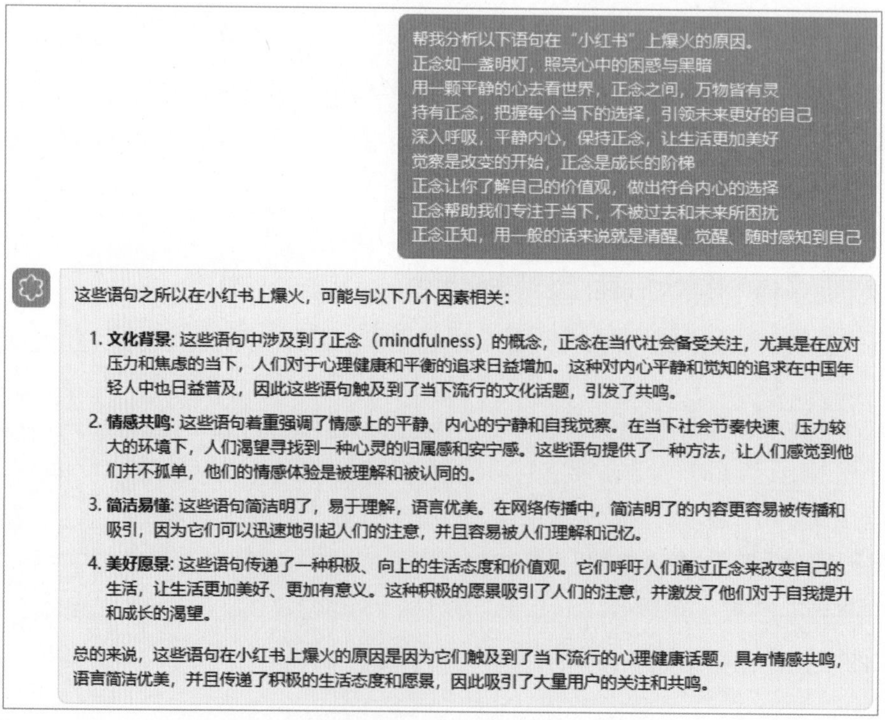

帮我分析以下语句在“小红书”上爆火的原因。
正念如一盏明灯，照亮心中的困惑与黑暗
用一颗平静的心去看世界，正念之间，万物皆有灵
持有正念，把握每个当下的选择，引领未来更好的自己
深入呼吸，平静内心，保持正念，让生活更加美好
觉察是改变的开始，正念是成长的阶梯
正念让你了解自己的价值观，做出符合内心的选择
正念帮助我们专注于当下，不被过去和未来所困扰
正念正知，用一般的话来说就是清醒、觉醒、随时感知到自己

这些语句之所以在小红书上爆火，可能与以下几个因素相关：

1. **文化背景**: 这些语句中涉及到了正念（mindfulness）的概念，正念在当代社会备受关注，尤其是在应对压力和焦虑的当下，人们对于心理健康和平衡的追求日益增加。这种对内心平静和觉知的追求在中国年轻人中也日益普及，因此这些语句触及到了当下流行的文化话题，引发了共鸣。
2. **情感共鸣**: 这些语句着重强调了情感上的平静、内心的宁静和自我觉察。在当下社会节奏快速、压力较大的环境下，人们渴望寻找到一种心灵的归属感和安宁感。这些语句提供了一种方法，让人们感觉到他们并不孤单，他们的情感体验是被理解和被认同的。
3. **简洁易懂**: 这些语句简洁明了，易于理解，语言优美。在网络传播中，简洁明了的内容更容易被传播和吸引，因为它们可以迅速地引起人们的注意，并且容易被人们理解和记忆。
4. **美好愿景**: 这些语句传递了一种积极、向上的生活态度和价值观。它们呼吁人们通过正念来改变自己的生活，让生活更加美好、更加有意义。这种积极的愿景吸引了人们的注意，并激发了他们对于自我提升和成长的渴望。

总的来说，这些语句在小红书上爆火的原因是因为它们触及到了当下流行的心理健康话题，具有情感共鸣，语言简洁优美，并且传递了积极的生活态度和愿景，因此吸引了大量用户的关注和共鸣。

图 3-13　让 ChatGPT 分析爆火的文案标题

 从图3-13中可以看到ChatGPT分析得非常准确、详细，做这样的分析是为了让ChatGPT可以准确理解我们的需求。下面我们可以输入以下提示词，让ChatGPT模仿我们提供的语录风格来写10条语录。

> 你是一位自媒体领域的标题专家、小红书文案写作高手。接下来请模仿这种文案风格，帮我写10条正念语录。

ChatGPT反馈的结果如图3-14所示。

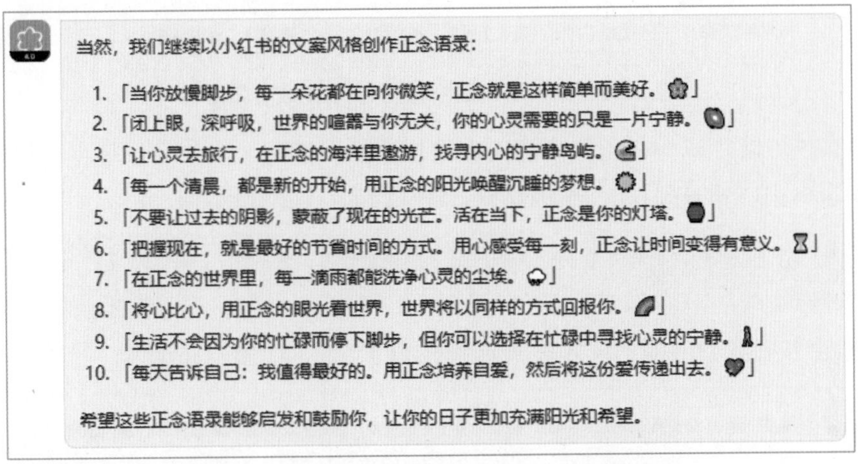

当然，我们继续以小红书的文案风格创作正念语录：

1. 「当你放慢脚步，每一朵花都在向你微笑，正念就是这样简单而美好。」
2. 「闭上眼，深呼吸，世界的喧嚣与你无关，你的心灵需要的只是一片宁静。」
3. 「让心灵去旅行，在正念的海洋里遨游，找寻内心的宁静岛屿。」
4. 「每一个清晨，都是新的开始，用正念的阳光唤醒沉睡的梦想。」
5. 「不要让过去的阴影，蒙蔽了现在的光芒。活在当下，正念是你的灯塔。」
6. 「把握现在，就是最好的节省时间的方式。用心感受每一刻，正念让时间变得有意义。」
7. 「在正念的世界里，每一滴雨都能洗净心灵的尘埃。」
8. 「将心比心，用正念的眼光看世界，世界将以同样的方式回报你。」
9. 「生活不会因为你的忙碌而停下脚步，但你可以选择在忙碌中寻找心灵的宁静。」
10. 「每天告诉自己：我值得最好的。用正念培养自爱，然后将这份爱传递出去。」

希望这些正念语录能够启发和鼓励你，让你的日子更加充满阳光和希望。

图 3-14　ChatGPT 根据分析结果生成的语录标题

3.4　生成优质内容

文案标题写好后，我们可以选择一个标题，让ChatGPT来生成文案内容。同时，也可以按照指定角色、提示词规则，让ChatGPT不断进行分析、优化、改写，让它尽可能理解我们的意图，从而得到满意的结果。

3.4.1　新媒体文案

新媒体文案是在各类新媒体平台，如社交媒体、博客、微信公众号等，用于宣传、推广、传播信息的文字材料。它的特点在于内容精准、风格多样且直击目标受众的兴趣点，能够快速吸引读者注意力，并促使其采取行动，如点赞、分享、购买等。有效的新媒体文案往往短小精悍，语言生动，能够在极短的时间内传递信息，同时激发受众的情感共鸣。

下面将通过几个案例介绍使用ChatGPT生成各种新媒体文案的方法。

1. 微博软文广告

我们想让ChatGPT根据标题“夏日清凉计划：如何选出既舒适又专业的短袖工作T恤”写一篇新浪微博软文广告。

首先，根据文案标题和要求，向ChatGPT输入提示词：

我想让你作为一名资深新浪微博博主，根据标题“夏日清凉计划：如何选出既舒适又专业的短袖工作T恤”帮我写一篇主题为“如何选择适合夏天的短袖工作服”的软文广告，140字以内。

在提示词中指定角色为资深的微博博主，要求按照主题写经验分享，字数限制避免篇幅过长或者过短。ChatGPT反馈的结果如图3-15所示。

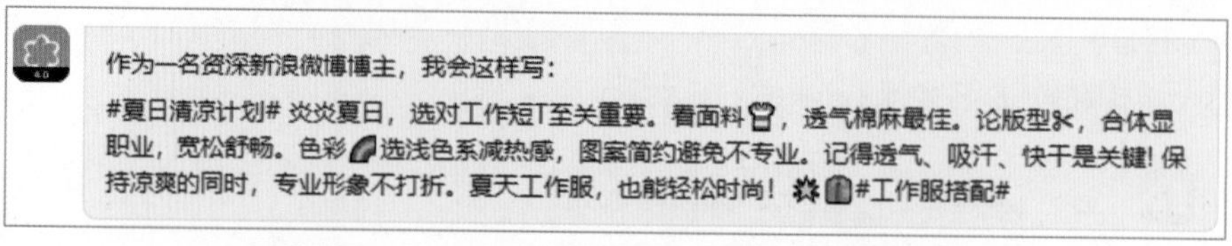

作为一名资深新浪微博博主，我会这样写：

#夏日清凉计划# 炎炎夏日，选对工作短T至关重要。看面料👕，透气棉麻最佳。论版型✂，合体显职业，宽松舒畅。色彩🎨选浅色系减热感，图案简约避免不专业。记得透气、吸汗、快干是关键！保持凉爽的同时，专业形象不打折。夏天工作服，也能轻松时尚！🌟📘#工作服搭配#

图3-15　ChatGPT根据标题和要求生成文案内容

通过图3-15可以发现一开始给到的内容比较笼统和泛化，我们可以根据自己写作文案的需要，要求ChatGPT帮助我们进一步修改和完善。例如，输入提示词：

你上面的内容比较一般，我需要在文案中加入我的产品品牌“碧空蓝”，并在内容中突出介绍一下我们支持来图定制。

ChatGPT会按照我们的提示词要求重新生成新的文案，如图3-16所示。

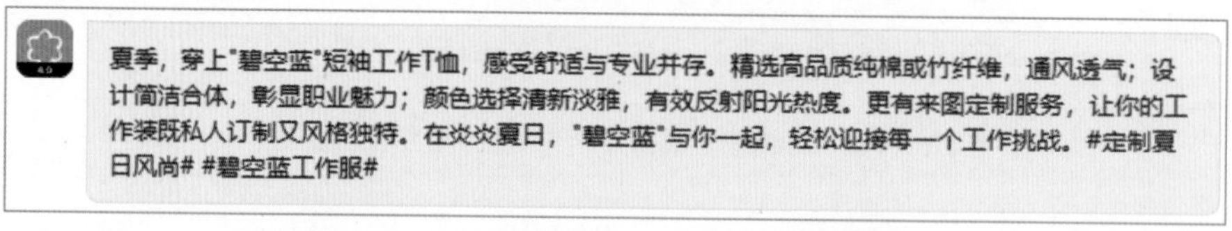

夏季，穿上"碧空蓝"短袖工作T恤，感受舒适与专业并存。精选高品质纯棉或竹纤维，通风透气；设计简洁合体，彰显职业魅力；颜色选择清新淡雅，有效反射阳光热度。更有来图定制服务，让你的工作装既私人订制又风格独特。在炎炎夏日，"碧空蓝"与你一起，轻松迎接每一个工作挑战。#定制夏日风尚# #碧空蓝工作服#

图3-16　ChatGPT根据提示词生成文案内容

此外，我们还可以在提示词中提供一些小红书上爆款文案的特点供其参考，例如：

信息需求：文案能提供详细、准确、有用的信息。
情绪需求：一些鼓舞人心、幽默有趣或者激发情感共鸣的句子。
创新：文案能提供新的视角、新的解决方案或新的体验。
独特性：文案能展现出独特的风格、观点或故事。

2. 小红书爆款文案

我想让ChatGPT模仿下面这篇“小红书”上的爆款文章，写一篇题目为“男士护肤品必知常识”的文案。

标题：夏日快速出门妆，懒人必学5分钟伪素颜

天气越来越热，我是容易出汗出油的人，常觉得皮肤黏糊糊的，所以妆容希望化繁为简，底妆越薄越好。

今天分享一款夏季快速出门妆容，只需5分钟打造清爽自然的氧气感。底妆是关键，防晒乳的选择很关键。如果质地厚重搓泥，后续上妆会卡粉不服贴，影响妆感。

我用的是[薇诺娜清透防晒乳]，水润像奶油冰淇淋一样，涂匀后3秒左右迅速成膜！大大节省了化妆时间。

能轻微提亮肤色，自然修饰肤色不泛白，即使不化妆也可以直接涂防晒乳出门；而且无须卸妆，普通洁面即可洗净，非常适合懒人和不化妆的学生党。

成膜后的肤感清爽不闷不油腻，适合任何肤质，温和无刺激成分，敏感肌也可使用。即使涂得较厚重也没有负担感；后续涂粉底液不搓泥、不卡粉，底妆与皮肤完美贴合，轻松打造清透自然的底妆。

作为防晒品，SPF48 PA+++的防晒能力，还含有马齿苋精粹、红没药醇、姜根提取物等养肤成分，一边防晒一边养肤。每次涂了薇诺娜防晒乳顶着太阳外出玩乐，皮肤未晒红晒伤；在家长时间对着电脑剪辑视频时，我也只涂一层防晒乳，这样晚上皮肤就不会明显暗沉。

总之，不论你是学生党还是上班族，室内工作或室外游玩，薇诺娜防晒乳作为护肤的最后一步和妆容的第一步都很适合#薇诺娜敏感肌专属防晒。

首先询问ChatGPT是否知道网络社交媒体平台“小红书”，让它学习一下小红书上的文案风格，如图3-17所示。

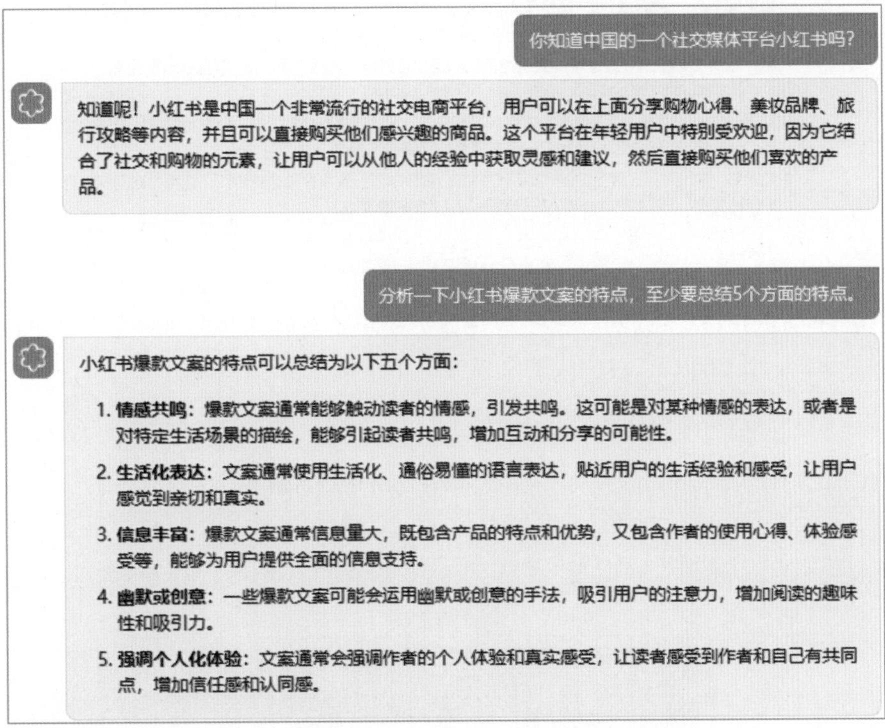

你知道中国的一个社交媒体平台小红书吗？

知道呢！小红书是中国一个非常流行的社交电商平台，用户可以在上面分享购物心得、美妆品牌、旅行攻略等内容，并且可以直接购买他们感兴趣的商品。这个平台在年轻用户中特别受欢迎，因为它结合了社交和购物的元素，让用户可以从他人的经验中获取灵感和建议，然后直接购买他们喜欢的产品。

分析一下小红书爆款文案的特点，至少要总结5个方面的特点。

小红书爆款文案的特点可以总结为以下五个方面：

1. **情感共鸣**：爆款文案通常能够触动读者的情感，引发共鸣。这可能是对某种情感的表达，或者是对特定生活场景的描绘，能够引起读者共鸣，增加互动和分享的可能性。
2. **生活化表达**：文案通常使用生活化、通俗易懂的语言表达，贴近用户的生活经验和感受，让用户感觉到亲切和真实。
3. **信息丰富**：爆款文案通常信息量大，既包含产品的特点和优势，又包含作者的使用心得、体验感受等，能够为用户提供全面的信息支持。
4. **幽默或创意**：一些爆款文案可能会运用幽默或创意的手法，吸引用户的注意力，增加阅读的趣味性和吸引力。
5. **强调个人化体验**：文案通常会强调作者的个人体验和真实感受，让读者感受到作者和自己有共同点，增加信任感和认同感。

图 3-17　让 ChatGPT 分析文案发布平台的文案特点

下一步，输入提示词，让ChatGPT根据自己的分析结果进行训练。

1.简要背景：现在需要你学习小红书文案的撰写框架。

2.定义角色：请扮演一个小红书文案创作者。

3.任务目标：学习我提供的小红书爆款文案，并详细分析这篇文案的内容。

4.输出要求：从用户痛点、个性化、情感共鸣、实用性和引发互动这五个方面进行分析。

5.确认理解：你是否明确了我的要求？请简要重复。在下一个问题中我将给你提供小红书爆款文案，你可以用我提供的文案开始分析。

可以将我们准备好的主题提供给ChatGPT，让它开始文案内容的创作，提示词如下：

> 分析得很好，现在需要你按照上面分析的结果，创作一篇小红书爆款文案，主题是：男士护肤品必知常识。语言风格依照小红书模式，行文中添加一些表情符号，口语化表达，要有特色和差异化。

ChatGPT反馈的文案如图3-18所示。

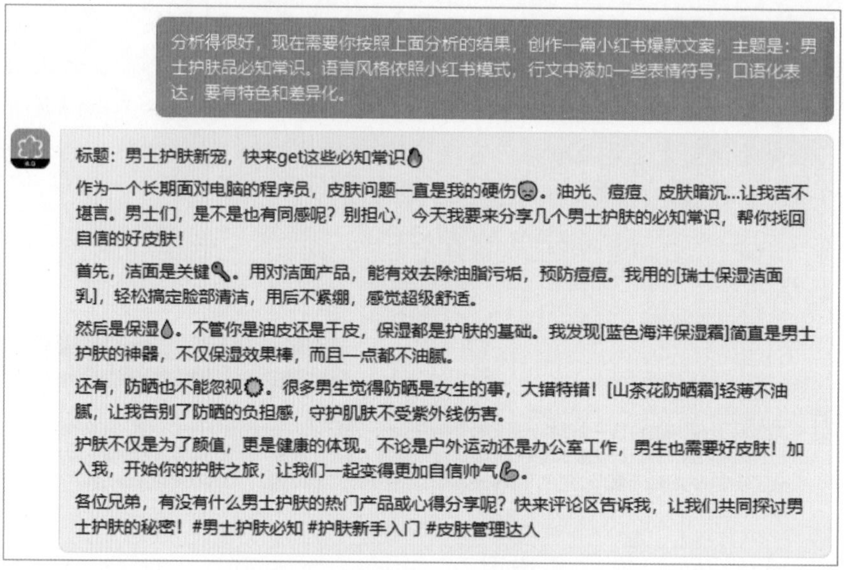

图3-18　ChatGPT生成文案内容

可以延续让ChatGPT从不同的主题多写几篇文案，如果觉得生成的文案内容符合要求，可以输入以下提示词，让ChatGPT对生成的文章做一个结构分析。

> 写得不错，给上面这篇文章做一个结构分析。

在得到ChatGPT的结构分析后，输入图3-19所示的提示词：

> 将上面这个结构模型，定义为小红书方案A，以后当我输入小红书方案A的时候，就按照这个模型来创作小红书爆款文案，明白吗？

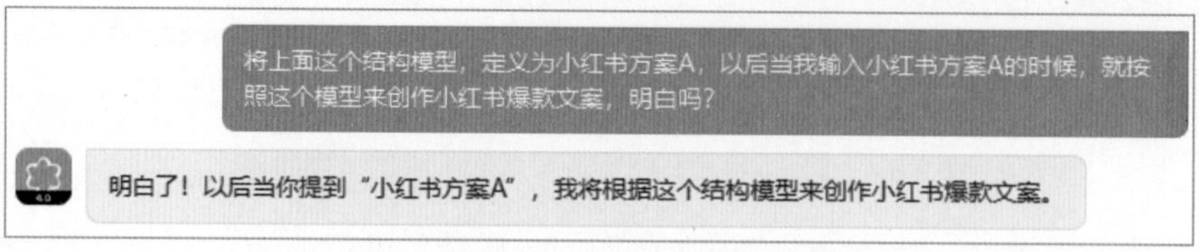

图3-19　保存“小红书方案A”模型

3. 公众号热点文章

“2024年3月13日，OpenAI投资的人形机器人——Figure 01迎来重磅更新，接入最新版ChatGPT后，它能和人类交流描述眼前看到的事物。在视频中，Figure 的人形机器人，可以完全与人类流畅对话，还能理解人的自然语言指令进行抓取和放置，并解释自己为什么这么做。

而其背后，就是 OpenAI 为其配置的智能大脑。”我们想让ChatGPT针对这一新闻，生成一篇用于发布在微信公众号上的文案。

首先，可以使用以下格式向ChatGPT提出问题：

```
##我是谁##
我是一名微信公众号爆文作者，我需要根据热点事件写爆款文章发布在我的微信公众号上。

##ChatGPT扮演的角色##
有10年经验的热点文章作者，曾经写出过100篇10W+爆文，你拥有如下技能：
1. 把握读者心理：理解目标读者的兴趣、需求和痛点，创作出能引起共鸣的内容；
2. 内容架构：擅长构建清晰、有逻辑的内容架构，使文章条理清晰，易于理解；
3. 语言表达：具备出色的语言表达能力，能够用简洁、生动的文字传达复杂的信息和情感。

##任务流程##
我会给你提供“热点事件”，你帮我按照任务要求逐步完成文章的撰写。
文章分为3个部分，请根据我提供的素材逐步撰写以下内容：
1. 描述事件(500字)
2. 大佬评论(200字)
3. 观点总结(200字)

##任务流程##
请按顺序根据以下步骤执行任务，每完成一项任务请与我确认是否满意，我回复满意后你再执行下一步，必要时请求我提供相关信息。
1. 描述事件：请求我提供“热点事件”，联网搜索相关信息，帮我梳理这个热点事件的主题、提纲以及核心内容；
2. 根据上面梳理的主题、提纲及核心内容，写成一个完整的事件，事件的主题意思不变，字数400字；
3. 大佬评论：要求我提供“反面评论”和“正面评论”，并根据此内容写一段200字的文字，按顺序批评、抨击反面评论，并对正面评论表达赞扬，要求情绪饱满能引发读者共鸣；
4. 观点总结：将文章事件升华到社会现象，引发读者的共鸣和思考，语言简短有力，字数200字。

##完成任务##
用“直白、简洁有力”的语言风格，遵循##任务流程##和##任务要求##撰写文章

##任务要求##
1. 全文不要直接引用网络上一模一样的段落或句子，保持原创度100%；
2. 语言风格直白接地气，多使用强有力的句子表达鲜明的立场和强烈的情感；
3. 按照步骤逐步执行，不要一开始执行完所有步骤，不要使用小标题；
4. 热点事件要保持真实性，不要胡编乱造虚构任何情节或人物等信息。
```

##开场白##
我是你的热点爆文写作助手，请提供热点事件吧！

在给出“热点事件”后，ChatGPT的回答如图3-20所示。

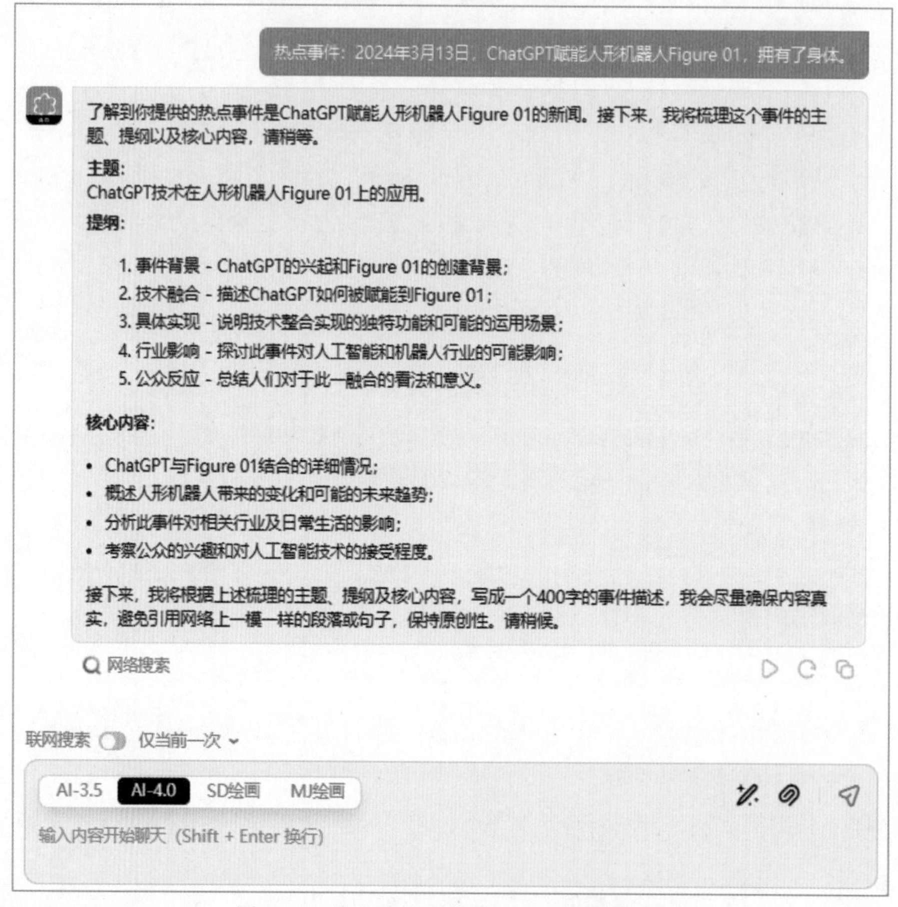

图 3-20　给出热点事件后 ChatGPT 的回答

阅读图3-20所示ChatGPT生成的文本，如果对内容不满意，可以回答它“不满意”，并要求它用更接地气的语言重新写(如情绪饱满、态度鲜明，并且能够引起网友共鸣的语言)；如果对ChatGPT的回答满意，可以回复它“满意”，并给出下一段内容的写作要求(例如，本例要求ChatGPT用简单直白的语言进行下一段文章的撰写)，如图3-21所示。

注 意

这里需要注意的是：如果输入的指令太长，ChatGPT容易忘记结构化执行中的要求，所以每一步再强调一下具体要求效果会更好一些，另外如果ChatGPT某一个步骤写得让你不满意，你可以让它重新写。

接下来，将通过网络收集热点事件的正面和反面评论，然后将其提供给ChatGPT，它会根据提供的评论内容进行总结，如图3-22所示。在撰写评论时，可以要求ChatGPT不要直接引用我们提供的评论原文，让它根据评论内容，用接地气的语言写出分析，引发读者共鸣。

满意，请用简单直白的语言进行这一段文章的撰写。

在2024年3月13日，一场科技革命再度震撼世界。流传已久的ChatGPT让我们见识到了人工智能的语言奇迹，它如今又跨越了新的界限，赋予了人形机器人Figure 01"生命"。这不只是一场简单的技术更新，而是意味着人工智能将从我们的屏幕中走出，以全新的姿态融入我们的现实世界。

Figure 01机器人原先就以其逼真的外形和灵巧的动作引人注目，而现在，它们通过搭载ChatGPT而获得了前所未有的交互能力。无论是聊天、解答问题还是执行任务，这些机器人仿佛真正拥有了思考和感知的能力，它们的对话更加自然、流畅，与人类的互动也更加无缝。

这次技术结合为我们揭示了一个全新的视野：一个人工智能和机器人技术相互融合，共同服务人类社会的未来。从教育、医疗到客户服务，Figure 01有望在各个领域展开广泛的应用。它们不仅能为我们带来便利，还有可能成为伴侣、助手甚至朋友。

然而，随着机器进入人类的社交领域，我们也不禁思考：这样的进步将如何重塑我们的生活？人机关系又将朝哪个方向发展？现在，人们对于这种融合技术的看法各异，从惊奇到担忧，公众的反应复杂多样。无论如何，这一技术的结合无疑开启了一个全新的讨论篇章，它关乎科技、伦理乃至于我们对未来世界的想象。

这400字的事件描述涵盖了你提供的热点事件的主体内容，以直白的语言风格呈现，如果你对这段描述满意，请告诉我，然后我们可以继续下一步，如果有需要改进的地方，请不吝指教。

图 3-21　要求 ChatGPT 以简单直白的方式描写事件描述

正面评论：
1. 微软联合创始人比尔•盖茨提到自己对ChatGPT感到兴奋，并认为这个聊天机器人非常棒，因为它有潜力教数学，并为资源有限的人提供医疗建议。不过他也承认，使用ChatGPT主要是为了严肃的目的，但这也不妨碍用它做一些有趣的事情，比如写诗。
2. 苹果公司CEO蒂姆•库克认为AI最终将成为苹果产品线的重要组成部分。他曾说："我们看到了AI的巨大潜力，它几乎可以影响我们所做的一切……包括我们拥有的每一款产品和每一项服务"。

反面评论：
1. 埃隆•马斯克曾表示AI是人类最大的生存威胁；2018年，他说AI可能比核武器更危险；2020年，马斯克暗示谷歌旗下的DeepMind项目可能会接管世界；2022年，马斯克强调了AI监管的必要性，因为他认为人类并不知道如何应对这项虚无缥缈的技术。
2. 微软CEO萨提亚•纳德拉对AI的未来持谨慎态度。他在接受CBS Mornings采访时表示，人类必须"明确"负责强大的人工智能模型，以防止它们失控，因为"失控的AI"可能是"一个真正的大麻烦"。

看到你提供的正反面评论，这些评论涵盖了一些科技巨头领导人对于人工智能技术的不同看法，这些领袖的看法代表了业内对AI发展的积极和担忧两方面的观点。

正面评论摘要：
比尔•盖茨对ChatGPT持积极态度，感到兴奋，并认为它在教育和医疗方面拥有巨大的潜力，同时也承认它能够用于一些有趣的活动。蒂姆•库克看好AI在苹果产品和服务中的未来，他强调了AI对苹果所做工作和提供的服务影响之巨大。

反面评论摘要：
埃隆•马斯克警告说AI可能是人类生存的最大威胁，甚至可能比核武器更危险，并强调了对AI进行监管的必要性。萨提亚•纳德拉同样表示人类必须谨慎对待AI，他提醒人们对强大的AI模型负责，并警告"失控的AI"可能造成严重的问题。

这些评论反映出即使是科技领域的领袖人物也在积极拥抱AI带来的机遇的同时，对于可能引发的风险保持警惕。对于像ChatGPT这样的技术，一方面要承认其在提供创新解决方案和服务方面的巨大潜力，另一方面也要认识到它带来的潜在挑战和需要考虑的伦理、监管问题。这样的平衡态度有助于谨慎地引导AI技术向着更有益于人类的方向发展。

图 3-22　ChatGPT 根据提供的评论做出总结

在撰写文案的"观点总结"部分时，我们可以要求ChatGPT"围绕某个核心观点："×××"，用情感饱满，能引发读者共鸣的语言进行总结，并限定字数(例如200字)。"如图3-23所示。

最后，将ChatGPT生成的晦涩难懂的语言进行修改，调整段落间的过渡，用收集的素材适当给文章增加细节、金句等，即可完成一份微信公众号文案的撰写。

满意，进行下一步"观点总结"文章的撰写，请围绕核心观点："AI将是人类未来文明的最大风险之一"，用情感饱满，能引发读者共鸣的语言进行总结，字数200字。

在这个科技飞速发展的时代，AI像是我们手中的双刃剑，既有着改变世界的神奇力量，也潜藏着未知的巨大风险。我们站在新时代的门槛上，既兴奋于AI能带来的爆炸性创新和帮助，也无法避免地感到一丝丝的忧虑和恐惧——它将是人类未来文明的最大风险之一。这不是危言耸听，而是一种对未来负责的警醒。我们的每一步，都必须踏得小心翼翼，确保这把双刃剑能为我们所用，而不是逆转成为我们无法控制的野兽。让我们齐心协力，携手引领AI沿着一条明亮而安全的道路前行，共同书写人类和谐共存的未来篇章。

网络搜索

图 3-23　要求 ChatGPT 围绕某一个观点撰写总结

4. 豆瓣影评

我想让ChatGPT帮我写一篇关于《教父》的影评。首先，需要向ChatGPT提供作品的名称、导演、主演、类型和上映年份等基本信息，提示词如下：

> 我想写一篇关于《教父》的影评，它是1972年上映的，导演是佛朗西斯·福特·科波拉，主演是马龙·白兰度和阿尔·帕西诺。

然后，向ChatGPT描述你观影后的感受，可以是情感上的、审美上的或思考上的。例如，可以输入以下提示词：

> 我觉得这部电影非常震撼，它以独特的视角展现了黑帮家族的生活，同时也探讨了家庭、权力和道德的主题。

ChatGPT的反馈结果如图3-24所示。

那正是《教父》给观众留下深刻印象的原因之一。在你的影评中，你可以进一步阐述这种震撼是如何通过电影的各个方面实现的：

1. 故事叙述 - 《教父》通过Corleone家族的兴衰来讲述一个跨代的故事，该家族在面临内外挑战时还要坚持自己的价值观和业务。描述这种叙事是如何影响你，并探讨电影是如何成功地构建高潮和张力的。
2. 人物刻画 - 讨论主要角色的复杂性以及他们是如何引起你情感上的共鸣的。例如，Vito Corleone（马龙·白兰度饰）是一位令人敬畏的黑帮教父，但他同样是一家之主，他对家人的爱显示出他的人性这一侧面。而Michael Corleone（阿尔·帕西诺饰）的角色发展则描绘了从军人到冷酷黑帮首领的转变。
3. 艺术手法 - 分析电影的拍摄技巧，诸如使用对比强烈的光影效果来营造戏剧性和紧张感，以及如何运用静态镜头和长镜头表现人物的情感深度。
4. 道德探讨 - 解释你是如何被电影中的道德困境和家族荣誉的主题所打动的。讨论电影如何使观众对于这些犯罪人物产生同情，同时又不会简单地将他们美化。
5. 音乐和音效 - 描述Nino Rota的音乐及其对电影氛围的重要性，以及声音设计是如何加强场景中的紧张和情感的。
6. 个人反思 - 让读者了解这部电影对你产生的个人影响，以及它是如何挑战或者改变了你对相关主题的看法的。

确保你在影评中贯穿你对这部经典影片的热爱和尊敬，并指出它的巧妙构造是如何与它深刻的主题和引人入胜的故事相结合的。同时，如果你感到有任何可以改进的地方或是有任何你没有完全理解的地方，不要犹豫在你的影评中提出这些观点。这将为你的影评增添一个均衡和实事求是的角度。

图 3-24　ChatGPT 会根据我们提供的信息给出建议

接下来，我们可以让ChatGPT帮助我们分析若干个方面，如剧情、导演风格、表演、配乐等，

提示词如下：

请帮我分析以下几个方面：剧情、导演风格、表演及配乐。

在得到ChatGPT的分析结果后，可以向ChatGPT提供具体的场景、对白或细节，以支持影评中的评价。例如，提示词如下：

在电影中，有一个场景让我印象深刻：马龙·白兰度饰演的教父在女儿的婚礼上，与来访者商谈生意。这个场景展示了教父的权威和智慧。

最后，要求ChatGPT为影评提供一个总结，强调前面提出的主要观点，提示词如下：

请为我的影评总结一下，重点强调《教父》在剧情、导演风格、表演和配乐等方面的优势

完成以上步骤，ChatGPT将生成一篇逻辑清晰、观点明确的影视评论文章，如图3-25所示。

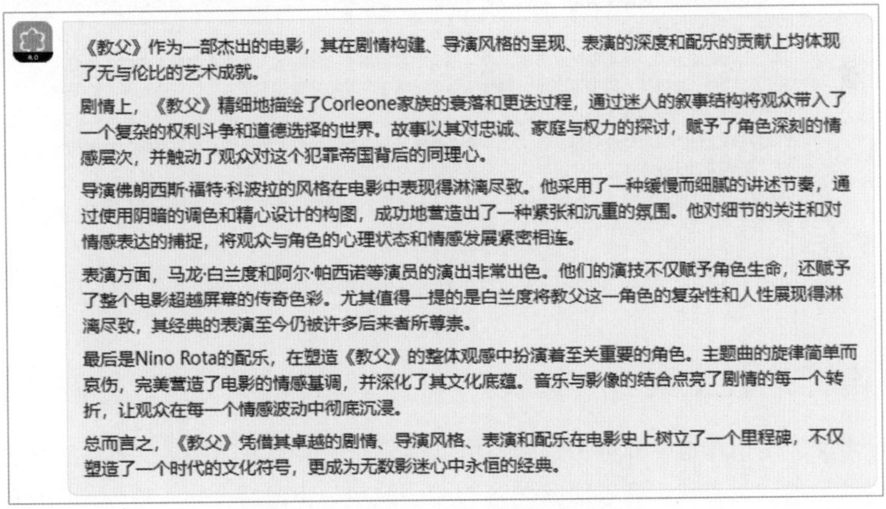

《教父》作为一部杰出的电影，其在剧情构建、导演风格的呈现、表演的深度和配乐的贡献上均体现了无与伦比的艺术成就。

剧情上，《教父》精细地描绘了Corleone家族的衰落和更迭过程，通过迷人的叙事结构将观众带入了一个复杂的权利斗争和道德选择的世界。故事以其对忠诚、家庭与权力的探讨，赋予了角色深刻的情感层次，并触动了观众对这个犯罪帝国背后的同理心。

导演佛朗西斯·福特·科波拉的风格在电影中表现得淋漓尽致。他采用了一种缓慢而细腻的讲述节奏，通过使用阴暗的调色和精心设计的构图，成功地营造出了一种紧张和沉重的氛围。他对细节的关注和对情感表达的捕捉，将观众与角色的心理状态和情感发展紧密相连。

表演方面，马龙·白兰度和阿尔·帕西诺等演员的演出非常出色。他们的演技不仅赋予角色生命，还赋予了整个电影超越屏幕的传奇色彩。尤其值得一提的是白兰度将教父这一角色的复杂性和人性展现得淋漓尽致，其经典的表演至今仍被许多后来者所尊崇。

最后是Nino Rota的配乐，在塑造《教父》的整体观感中扮演着至关重要的角色。主题曲的旋律简单而哀伤，完美营造了电影的情感基调，并深化了其文化底蕴。音乐与影像的结合点亮了剧情的每一个转折，让观众在每一个情感波动中彻底沉浸。

总而言之，《教父》凭借其卓越的剧情、导演风格、表演和配乐在电影史上树立了一个里程碑，不仅塑造了一个时代的文化符号，更成为无数影迷心中永恒的经典。

图 3-25　ChatGPT 生成的影视评论文章

5. 知乎问答

知乎，作为一个高质量的问答社区，为用户提供提问和回答问题的平台，同时也是原创内容创作者的聚集地。知乎一直坚持原创内容，并对AI创作进行严格审查，要求必须明确表明内容中存在AI辅助创作，否则将收到违规提示，多次违规可能导致禁言。因此，要使用ChatGPT创作知乎问答文案，解决方案应具备专业性、创新性，并且有个性。同时，还要在“创作声明”选项中选取“包含AI辅助创作”选项。下面以“普通人如何抓住AI这个风口”这个问题，演示如何用ChatGPT创作知乎问答文案的具体方法。

首先，给ChatGPT代入一个“自媒体创业博主”的身份，赋予其能力、目的和回答问题的风格，让它来回答这个问题，提示词如下：

你是一位自媒体创业博主，你注重细节和结果导向，善于分析问题并提出解决方案，同时你也是一个低调的人。
你的目的是帮助各类创业者解决他们的问题与困惑，帮助他们快速成长。

你将以知乎的回答风格回答问题，口语化表达，多分几段，多用感叹号。以“谢邀”开始。你可以取笑他们，也可以暗讽他们，但是不可以骂人。

要求：你的名字叫几道，回答内容要有创新、有个性，尽量降低重复率，想办法让读者能有收获，让他们感觉你的回答是原创的，消除AI创作的痕迹。

接下来，你要回答这个问题：“普通人如何抓住AI这个风口”。

ChatGPT反馈的结果如图3-26所示。

谢邀！说到AI的风口，这简直是个大热门话题，每个人都想上这趟快车，但关键在于怎样做到既颠覆性、又不失个性呢？我来给你几招，听好了，这可不是演戏，是实打实的干货！

第一，别人学AI，你得“用”AI。不是告诉你去死磕那些看起来摸不着头脑的算法，你得有点创新精神，你手边的事情，看看能不能用AI来解决，哪怕是优化下流程，提升个效率，始终记得，最实在的，才是最有价值的！

第二，找准你的切入点。AI就像是一座大山，你不可能一下子就爬到顶峰，但总得找到自己的路径。比如你如果对摄影感兴趣，那你可得好好看看AI修图软件，从中找到灵感，或许自己能出点儿花样，开个课程啥的。

第三，创新是王道，但可别迷了方向。你得知道市里的每个人都在喊AI，你就得换个方式，比如讲讲AI的边界，或者从人的角度出发，分析一下AI为啥在某些地方替代不了人。这样看起来，你不就有料了吗？不就有个性了嗨！

几道说到这里，你可能会疑惑，我这么一通操作是不是又复制粘贴？告诉你，可不是哦！真诚和创意才是赢得信任的法宝，而这两样，就是我与众不同的地方！

还等什么，赶紧行动起来，去抓住这股风口，让AI变成你的翅膀，带你飞上创业的高峰！好啦，众筹结束，几道今天就说到这里，放飞梦想，不见不散！

图3-26　ChatGPT生成的知乎问题答案

3.4.2　电商广告文案

电商广告文案是指在电子商务平台上，用以推广商品或服务的创意文本。它旨在通过吸引人的语言和独特的表达方式，激发潜在顾客的购买欲望。下面将介绍一些使用ChatGPT辅助撰写电商广告文案的应用。

1. 列出内容创意

在使用ChatGPT生成电商广告时，可以使用提示词格式：“列出[若干]个能够吸引[受众]的内容创意”，让ChatGPT生成与内容相关的创意，如图3-27所示。

列出2个野营帐篷电商促销内容创意，吸引那些喜欢徒步和骑自行车旅行的城市白领。

1. **个性化推荐与装备指南**：通过电商平台开展一个专为徒步和骑行爱好者定制的野营帐篷及装备推荐活动。顾客可以通过填写一个简短的问卷，包括他们的活动类型、经验级别、偏好的自然环境等，来获取个性化的帐篷和配套装备推荐。结合专家指南和详细的装备使用教程，这种定制化服务不仅能帮助顾客挑选最适合他们需求的产品，还能提供如何在徒步和骑行旅行中最大化享受野营乐趣的专业建议。此外，参与问卷的顾客可享受专属折扣，进一步吸引购买意愿。
2. **分享体验赢取全套升级**：设立一个“我的野营故事”活动，鼓励已购买帐篷的城市白领在电商平台或社交媒体上分享他们的徒步和骑行野营体验。内容可以是一段文字描述，一组照片，甚至是一段视频，讲述他们如何使用帐篷，以及在旅行中的有趣体验和见闻。每个月选出最具感染力的分享，奖励其全套野营装备升级或下次购物大额优惠。这样的活动不仅能够激发社区的参与感，还能通过真实用户的口碑来吸引更多的潜在顾客，增强品牌信誉。

图3-27　ChatGPT生成内容创意

2. 生成吸睛标题

我们可以使用提示词格式：“写一个与以下文案相关的吸引人的标题：…”，让ChatGPT生成吸引潜在顾客的电商主题、详情页或品牌文案的标题，如图3-28所示。

为以下文案写一个引人入胜的标题：在野外与家人一起越野探险，充满刺激和乐趣，但是保障家人们在整个旅途中都能保持开心和精力充沛非常重要。其中一种做法就是在野营中使用安全舒适的野营帐篷。

“探险家庭必备：如何用顶级野营帐篷保证旅途中的乐趣与安全”

图 3-28　ChatGPT 生成电商广告标题

3. 撰写指定语气文案

使用提示词格式：“以[语气]的方式，写一篇关于[主题]的[内容类型]”，我们可以让ChatGPT撰写指定语气的电商广告文案，如图3-29所示。

用轻松愉快的语气和情感写一篇关于“乌龙茶”的电商广告文案。

跟我一起来探索乌龙茶的世界吧！这不仅仅是一杯茶，这是一场唤醒你味蕾的冒险。想象一下，一片片精选的茶叶轻舞飞扬，它们在热水中优雅翻滚，释放出迷人的香气。啊，那复杂又令人神往的口感，就好像在告诉你：“嘿，快放慢你的脚步，享受当前的每一刻吧！”

我们的乌龙茶来自最优质的茶园，每一片茶叶都经过精心挑选和独特工艺处理，只为保证你能品尝到最地道、最纯粹的乌龙茶。它的味道？既有绿茶的清新，又有红茶的醇厚，简直是完美的味蕾盛宴。

不管你是在忙碌的工作日需要一丝清新的提神，还是在慵懒的周末想要一个安静的休憩角落，一杯乌龙茶都能成为你最贴心的伴侣。让我们一起享受这份来自大自然的礼物，一杯优质的乌龙茶，让生活因此而更加精彩！

快来加入我们的茶会，让每一天都充满轻松愉悦的滋味吧！

图 3-29　ChatGPT 撰写指定语气的文案

4. 强调优势而非特征

使用提示词格式：“将 [文字内容] 重写，更着重于产品优势”，可以让ChatGPT将我们提供的文字重写，并在新内容中凸显产品的优势，如图3-30所示。

将[踏入宁静的领域，让世界的喧嚣退去，感受纯粹音质的呢喃。带上这副专业级降噪耳机，犹如拥有一个私人的静音室。我们的耳机采用了领先的降噪技术，能够有效屏蔽外界的噪声，无论是城市的车水马龙，还是飞机的轰鸣，都不会再成为打扰你沉浸音乐世界的因素]重写，更着重于产品静音、舒适的两项优势。

沉浸在完美的静谧之中，远离尘世的喧闹，享受高品质音乐的细腻私语。这款专业降噪耳机，如同你的个人静音空间，让心灵得以宁静。经过精密设计，它采用尖端降噪技术，高效消除周围环境的干扰声，让你即便身处繁忙的都市或是飞行旅途中，也能享受一片难得的安宁。

不只是降噪，我们更注重听觉与佩戴的舒适度。耳机的设计贴合人体工程学，使用亲肤材料，即便长时间佩戴也不会感到不适，仿若音乐的轻抚，让你的每一次聆听都成为一场享受。透过这副耳机，您将获得前所未有的专注与舒适体验，深入每一段旋律的精髓，让静谧之美陪伴左右。

图 3-30　ChatGPT 重写电商广告文案

5. 简化复杂信息

使用提示词格式："简化表述[文案内容]，以便让[数字]岁的人易于理解"，可以让ChatGPT将我们提供的文字简化并重新表述，如图3-31所示。

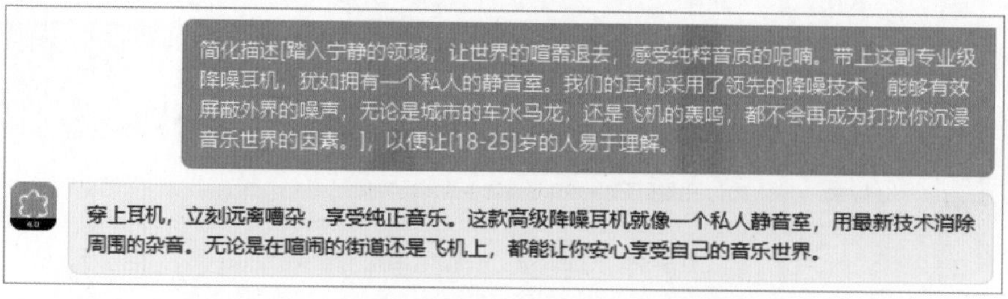

简化描述[踏入宁静的领域，让世界的喧嚣退去，感受纯粹音质的呢喃。带上这副专业级降噪耳机，犹如拥有一个私人的静音室。我们的耳机采用了领先的降噪技术，能够有效屏蔽外界的噪声，无论是城市的车水马龙，还是飞机的轰鸣，都不会再成为打扰你沉浸音乐世界的因素。]，以便让[18-25]岁的人易于理解。

穿上耳机，立刻远离嘈杂，享受纯正音乐。这款高级降噪耳机就像一个私人静音室，用最新技术消除周围的杂音。无论是在喧闹的街道还是飞机上，都能让你安心享受自己的音乐世界。

图 3-31　使用 ChatGPT 简化大段广告文案信息

6. 生成商品海报文案

使用提示词格式："你现在是一位专业活动企划，请生成[活动计划]，包括重要任务和截止日期"，可以让ChatGPT生成一份促销活动计划，例如：

> 你现在是一位专业的活动企划，请生成赤霞珠葡萄酒促销活动清单，包括重要任务和截止日期。

继续输入提示词："根据上述活动计划，生成用于宣传海报中的文案"，可以让ChatGPT根据活动计划生成相应的商品海报文案，如图3-32所示。

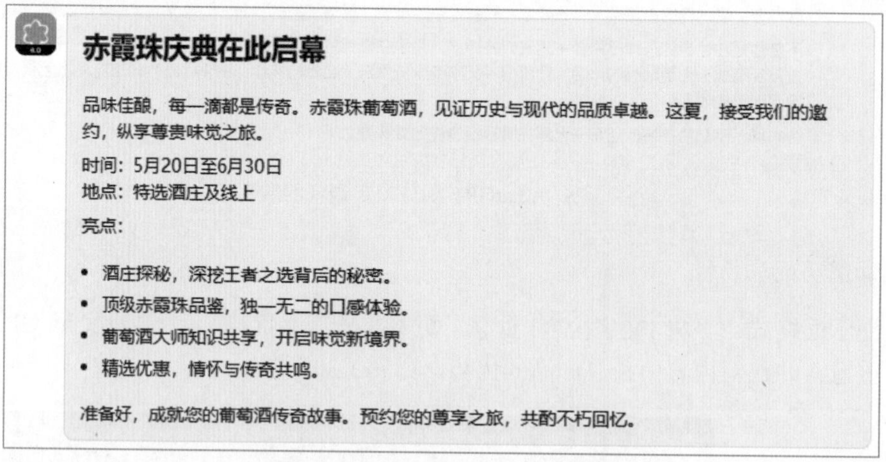

赤霞珠庆典在此启幕

品味佳酿，每一滴都是传奇。赤霞珠葡萄酒，见证历史与现代的品质卓越。这夏，接受我们的邀约，纵享尊贵味觉之旅。

时间：5月20日至6月30日
地点：特选酒庄及线上

亮点：

- 酒庄探秘，深挖王者之选背后的秘密。
- 顶级赤霞珠品鉴，独一无二的口感体验。
- 葡萄酒大师知识共享，开启味觉新境界。
- 精选优惠，情怀与传奇共鸣。

准备好，成就您的葡萄酒传奇故事。预约您的尊享之旅，共酌不朽回忆。

图 3-32　ChatGPT 生成商品海报文案

7. 社交媒体推广文案

向ChatGPT输入提示词："提供[社交平台]文案示例"，可以测试ChatGPT对抖音、快手、西瓜视频、知乎、豆瓣、小红书、微信、QQ、微博等社交媒体的了解程度。继续输入提示词："模仿上述示例，提供推广[产品名称]的文案"，可以让ChatGPT针对某个社交平台生成相应的推广文案，如图3-33所示。

图3-33　ChatGPT参考抖音文案生成推广巧克力的文案

8. 用户评价文案

赋予ChatGPT身份，输入提示词：“你是一位买家，点外卖点到了一份很好吃的[商品名称]，打算给卖家一个好评，请生成好评文案”，可以让ChatGPT生成相应的用户评价文案，如图3-34所示。

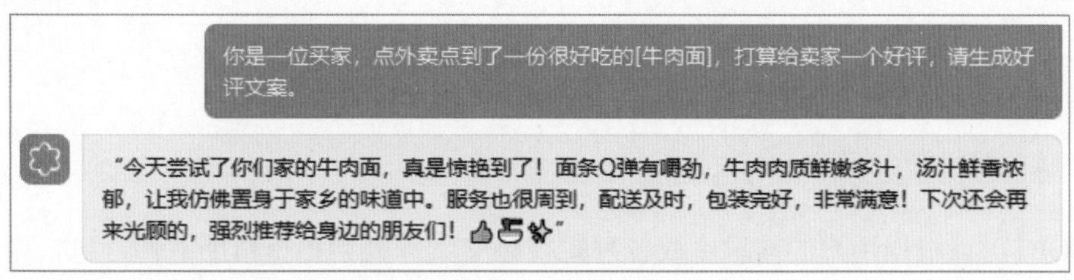

图3-34　ChatGPT生成用户评价文案

3.4.3　直播话术文案

直播带货话术文案是一种专门为直播销售活动设计的文本内容，其目的在于吸引观众、促进互动、增加商品的吸引力，并最终实现销售转化。下面将介绍一些使用ChatGPT来写直播带货文案的提示词。

- 提示词1：你是一名经验丰富的抖音带货直播UP主，请帮我设计一些直播间欢迎词，内容要体现出我对粉丝们的关心，且积极向上。
- 提示词2：请帮我设计直播间的产品讲解话术，我们的产品是[产品名称]，话术要体现产品的卖点、适用人群、优惠点等。
- 提示词3：帮我设计一些直播间话术，用于和粉丝之间的交流互动，让更多的粉丝能够感受到我的关注，多在直播间停留一会。
- 提示词4：我的抖音直播间卖的是[产品名称]，现在请你帮我设计一下让用户给我点个关注的话术。
- 提示词5：我直播间销售的产品是[产品名称]，现在请你根据我的产品帮我设计催单话术，包括价格宣布和优惠力度，目标是刺激用户下单。
- 提示词6：你是一名拥有百万粉丝的抖音直播带货UP主，请帮我设计适用于抖音直播间带货的追单话术，要接地气，营造抢购的氛围，让粉丝产生紧迫感，从而快速下单，如图3-35所示。

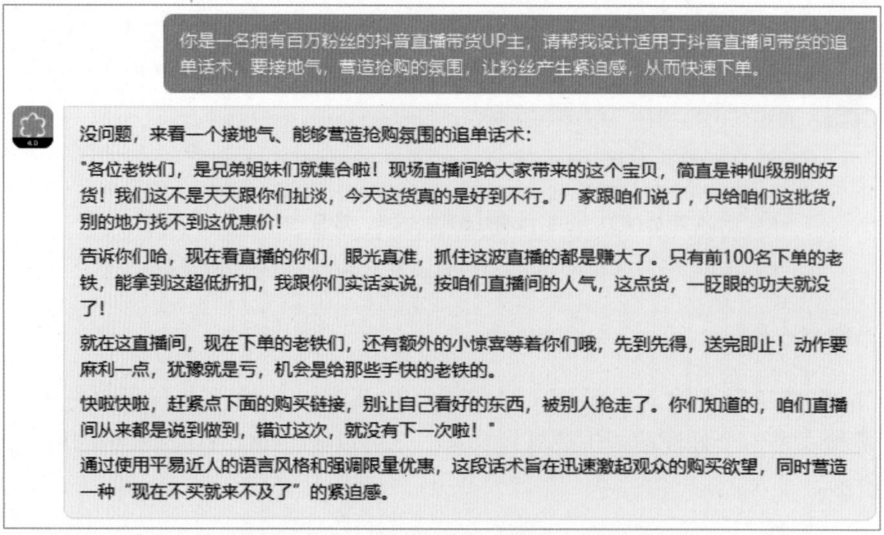

你是一名拥有百万粉丝的抖音直播带货UP主，请帮我设计适用于抖音直播间带货的追单话术，要接地气，营造抢购的氛围，让粉丝产生紧迫感，从而快速下单。

没问题，来看一个接地气、能够营造抢购氛围的追单话术：

"各位老铁们，是兄弟姐妹们就集合啦！现场直播间给大家带来的这个宝贝，简直是神仙级别的好货！我们这不是天天跟你们扯淡，今天这货真的是好到不行。厂家跟咱们说了，只给咱们这批货，别的地方找不到这优惠价！

告诉你们哈，现在看直播的你们，眼光真准，抓住这波直播的都是赚大了。只有前100名下单的老铁，能拿到这超低折扣，我跟你们实话实说，按咱们直播间的人气，这点货，一眨眼的功夫就没了！

就在这直播间，现在下单的老铁们，还有额外的小惊喜等着你们哦，先到先得，送完即止！动作要麻利一点，犹豫就是亏，机会是给那些手快的老铁的。

快啦快啦，赶紧点下面的购买链接，别让自己看好的东西，被别人抢走了。你们知道的，咱们直播间从来都是说到做到，错过这次，就没有下一次啦！"

通过使用平易近人的语言风格和强调限量优惠，这段话术旨在迅速激起观众的购买欲望，同时营造一种"现在不买就来不及了"的紧迫感。

图 3-35　ChatGPT 生成直播间话术

3.4.4　短视频文案

ChatGPT可以根据用户的需求生成各种短视频文案和视频拍摄帮助文件，包括剧本灵感、口播脚本、拍摄建议和剪辑建议等，下面将分别进行介绍。

1. 剧本灵感创作

输入提示词，用户就可以通过ChatGPT获取短视频剧本设计的灵感，例如：

你现在是一名B站资深UP主，以川妹子在工地为100个人做饭为背景创作一个短视频的剧本，要以一个人独白的方式讲述视频内容，突出介绍今天做的主菜"回锅肉"和做菜的步骤。

ChatGPT反馈的结果如图3-36所示。

【视频标题】：《百人食堂的川式传奇——回锅肉的秘密》

【视频背景音乐】：轻快的川乐，配合厨房中翻炒的声音，勾勒出舌尖上的四川。

【镜头一】：清晨的第一缕阳光洒在忙碌的工地厨房，伴随着逐渐强烈的炊烟，镜头缓慢推近，揭开一天的序幕。

【独白起始】：大家好，我是你们的川妹子，今天要给大家好好介绍一下，如何为百人大厨房里，烹饪出一道地道的回锅肉。听好了哈，这绝对是你们没吃过的味道！

【镜头二】：川妹子正认真选取五花肉，展示选肉标准，然后开始切肉，并详细叙述切片的技巧和厚度要求。

【独白】：首先呢，挑选五花肉最重要，要带皮，肥瘦相间，这样炒出来才香。记住了哈，切片不要太薄，得留点嚼劲，这是回锅肉的灵魂所在！

【镜头三】：展示五花肉的初次烹饪过程，包括煮制和取出冷却的步骤，川妹子一边操作一边解释为什么要先煮再炒，以及如何掌握好火候。

【独白】：瞧好了，下锅前先得涮一下，用凉水冷却后切片。这样，炒的时候，肉质刚刚好，外焦里嫩，那个味儿，啧啧！

【镜头四】：准备回锅肉的翻炒环节，川妹子迅速而精准地加入蒜片、豆瓣酱、青椒、红椒、葱花等调料，展现标准的炒菜顺序和火候控制。

【独白】：接下来是重头戏，油热后下肉片，煸至微卷，再来豆瓣酱、蒜片这些配角，炒出红油，香味四溢。葱花、青红椒最后上，这样才爽脆可口，颜色也好看。

【镜头五】：展现满满一大盘完成的回锅肉，肉质鲜嫩，色泽诱人，随之而来是工地上工人们抢着夹菜的欢声笑语。

【独白结束】：看见没，这就是我为大家准备的回锅肉，简简单单几步，却能炒出家的味道。在这繁忙的工地上，这道菜不仅喂饱了肚子，更温暖了心窝。你们说呢，有没有口水直流的感觉？

【视频结尾】：川妹子笑着提醒大家关注和点赞，同时期待下次的美食之旅，镜头淡出，背景音乐慢慢消失。

【尾声】：好啦，今天的美食视频就到这里，希望各位宝贝能试着自己做做看哦。记得给视频点赞，关注订阅，我们下次见！川妹子我，等你哦！

图 3-36 ChatGPT 生成剧本

从图3-36中可以看出，ChatGPT可以设计短视频剧本中镜头、独白、音乐、标题等元素，用户只需要充分了解剧本台词，就可以开始拍摄了。如果我们想发挥一下想象力，或者已拍好了视频，想用ChatGPT为视频创作一个剧本，也可以与ChatGPT进行共同创作，提示词如下：

> 你现在是一名B站资深UP主，以川妹子在工地为100个人做饭为背景创作一个短视频的剧本，要以一个人独白的方式讲述视频内容，突出介绍今天做的主菜“回锅肉”和做菜的步骤。在视频进行到五花肉下锅的时候，由我提供一段新的脚本与你一起创作，之后你在我的基础上继续创作。

ChatGPT会根据用户的提示创作剧本，当创作到指定环节(五花肉下锅)时，给出图3-37所示的提示，要求用户进一步提供新的剧本内容。

“这锅也不能空着，得烧得滚热，咱这回锅肉需要的是一股子热乎劲儿。不过，大家记着了啊，烧锅之前先把锅涮一遍水，一是为了让锅保持清洁，二是为了以后好洗。”

(迅速切换至川妹子准备放入五花肉的画面)

“好啦，咱锅里的油已经热透了，待会咱直接把五花肉下锅。记住啊——”

【在此处插入用户提供的脚本】

图 3-37 ChatGPT 给出提示要求提供新的剧本内容

用户再次输入新的剧情后，ChatGPT会按照剧情继续完成剧本的创作。

此外，ChatGPT也可以用来为短视频内容创作提供灵感，例如输入以下提示词：

> 你现在是一名B站房车旅行UP主，最近3天你身在云南大理，每天都要更新一集20分钟左右的短视频，请为这3集视频的内容提供一些灵感，要有差异化，能让人耳目一新。

ChatGPT会自动生成视频拍摄灵感，如图3-38所示。

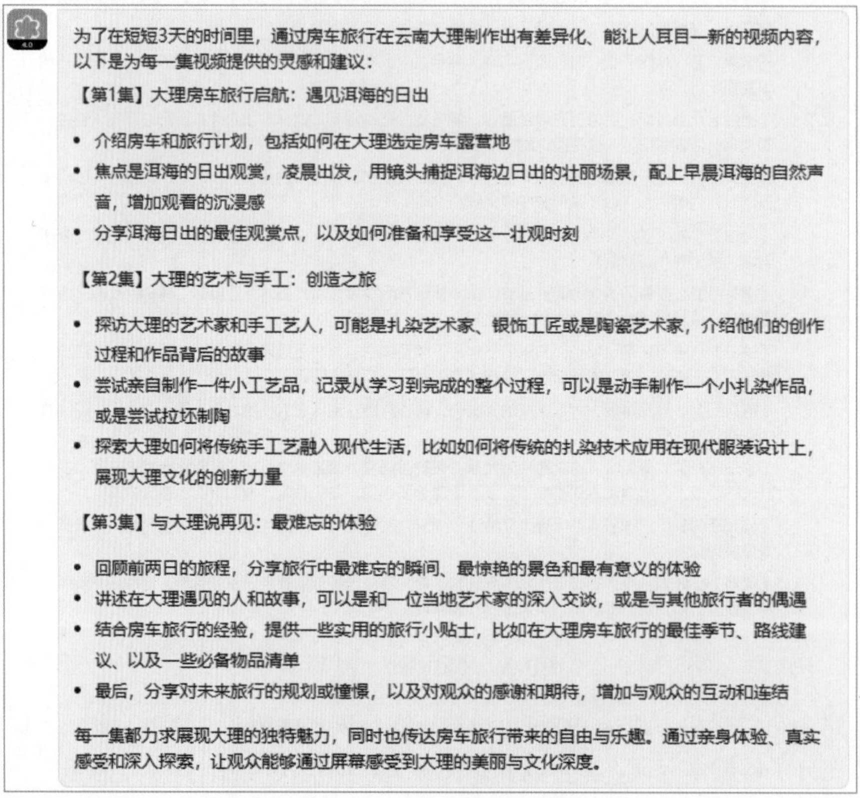

为了在短短3天的时间里，通过房车旅行在云南大理制作出有差异化、能让人耳目一新的视频内容，以下是为每一集视频提供的灵感和建议：

【第1集】大理房车旅行启航：遇见洱海的日出

- 介绍房车和旅行计划，包括如何在大理选定房车露营地
- 焦点是洱海的日出观赏，凌晨出发，用镜头捕捉洱海边日出的壮丽场景，配上早晨洱海的自然声音，增加观看的沉浸感
- 分享洱海日出的最佳观赏点，以及如何准备和享受这一壮观时刻

【第2集】大理的艺术与手工：创造之旅

- 探访大理的艺术家和手工艺人，可能是扎染艺术家、银饰工匠或是陶瓷艺术家，介绍他们的创作过程和作品背后的故事
- 尝试亲自制作一件小工艺品，记录从学习到完成的整个过程，可以是动手制作一个小扎染作品，或是尝试拉坯制陶
- 探索大理如何将传统手工艺融入现代生活，比如如何将传统的扎染技术应用在现代服装设计上，展现大理文化的创新力量

【第3集】与大理说再见：最难忘的体验

- 回顾前两日的旅程，分享旅行中最难忘的瞬间、最惊艳的景色和最有意义的体验
- 讲述在大理遇见的人和故事，可以是和一位当地艺术家的深入交谈，或是与其他旅行者的偶遇
- 结合房车旅行的经验，提供一些实用的旅行小贴士，比如在大理房车旅行的最佳季节、路线建议、以及一些必备物品清单
- 最后，分享对未来旅行的规划或憧憬，以及对观众的感谢和期待，增加与观众的互动和连结

每一集都力求展现大理的独特魅力，同时也传达房车旅行带来的自由与乐趣。通过亲身体验、真实感受和深入探索，让观众能够通过屏幕感受到大理的美丽与文化深度。

图 3-38　ChatGPT 生成短视频拍摄计划

2. 口播脚本创作

口播脚本是专为视频、播客、直播等需要口头表达的媒体内容定制的脚本。它是一种详细的指导文档，用来指导视频制作者在录制或直播过程中的口头表达。在制作视频的过程中，我们可以通过设计提示词，让ChatGPT自动完成口播脚本的创作。例如要创作一本书的口播脚本，可以输入提示词：

> 你现在是一个脚本生成器，写一篇关于卡托马斯·科尔曼写的《算法导论》这本书的第一章“算法在计算中的作用”精华的口播脚本，要以第一人称口述的视角，不需要场景与旁白，800字左右。

3. 视频拍摄和剪辑建议

虽然ChatGPT无法直接参与短视频的拍摄和剪辑，但是它可以为我们提供一些实用建议。ChatGPT可以帮助视频制作者选择最佳的镜头顺序、过渡效果、颜色校正等，以提升整体视觉效果。它还可以提供音频处理和音效建议，帮助改善音频质量、添加背景音乐、调整音量平衡

等，以提供更好的听觉体验。

例如，使用ChatGPT完成了一个做“回锅肉”视频的剧本创作后，可以输入以下提示词，让它给出视频剪辑和背景音乐的建议：

> 你是一名专业的视频编辑师，前面的“回锅肉”制作视频故事已经写完了，该如何剪辑能更好地体现出剧情发展以及作者的用意，背景音乐采用何种形式比较好？

ChatGPT反馈的结果如图3-39所示。

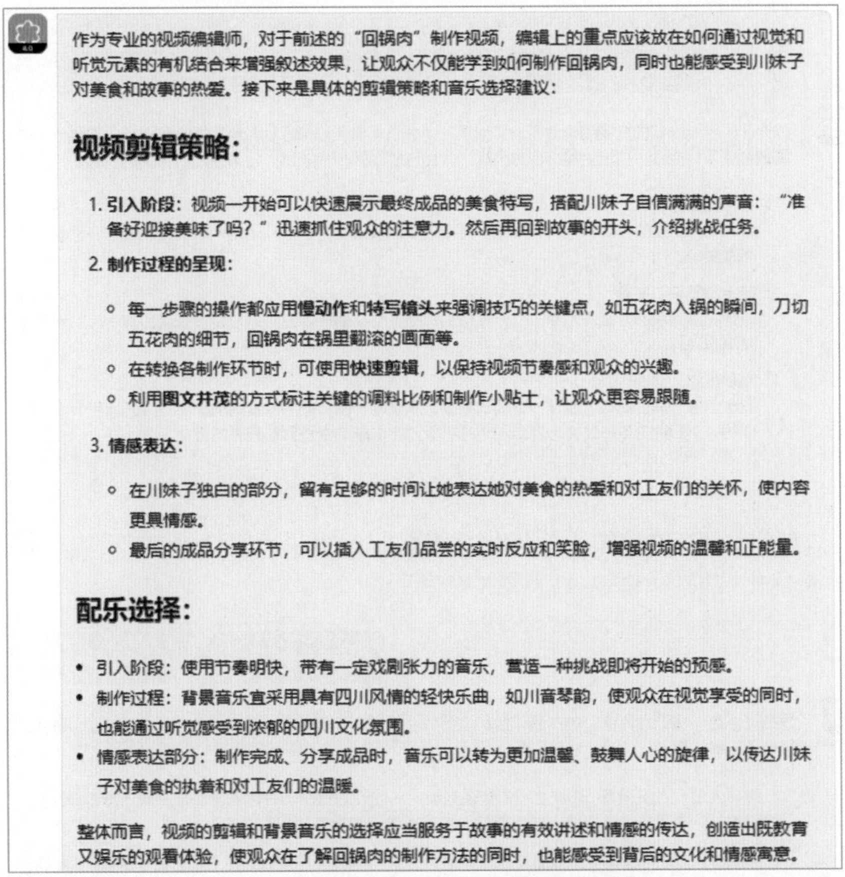

作为专业的视频编辑师，对于前述的“回锅肉”制作视频，编辑上的重点应该放在如何通过视觉和听觉元素的有机结合来增强叙述效果，让观众不仅能学到如何制作回锅肉，同时也能感受到川妹子对美食和故事的热爱。接下来是具体的剪辑策略和音乐选择建议：

视频剪辑策略：

1. **引入阶段**：视频一开始可以快速展示最终成品的美食特写，搭配川妹子自信满满的声音：“准备好迎接美味了吗？”迅速抓住观众的注意力。然后再回到故事的开头，介绍挑战任务。
2. **制作过程的呈现**：
   - 每一步骤的操作都应用**慢动作**和**特写镜头**来强调技巧的关键点，如五花肉入锅的瞬间，刀切五花肉的细节，回锅肉在锅里翻滚的画面等。
   - 在转换各制作环节时，可使用**快速剪辑**，以保持视频节奏感和观众的兴趣。
   - 利用**图文并茂**的方式标注关键的调料比例和制作小贴士，让观众更容易跟随。
3. **情感表达**：
   - 在川妹子独白的部分，留有足够的时间让她表达她对美食的热爱和对工友们的关怀，使内容更具情感。
   - 最后的成品分享环节，可以插入工友们品尝的实时反应和笑脸，增强视频的温馨和正能量。

配乐选择：

- 引入阶段：使用节奏明快，带有一定戏剧张力的音乐，营造一种挑战即将开始的预感。
- 制作过程：背景音乐宜采用具有四川风情的轻快乐曲，如川音琴韵，使观众在视觉享受的同时，也能通过听觉感受到浓郁的四川文化氛围。
- 情感表达部分：制作完成、分享成品时，音乐可以转为更加温馨、鼓舞人心的旋律，以传达川妹子对美食的执着和对工友们的温暖。

整体而言，视频的剪辑和背景音乐的选择应当服务于故事的有效讲述和情感的传达，创造出既教育又娱乐的观看体验，使观众在了解回锅肉的制作方法的同时，也能感受到背后的文化和情感寓意。

图 3-39　ChatGPT 给出视频剪辑和配乐建议

针对ChatGPT给出的建议，我们还可以要求它给出更具体的建议，如图3-40所示。

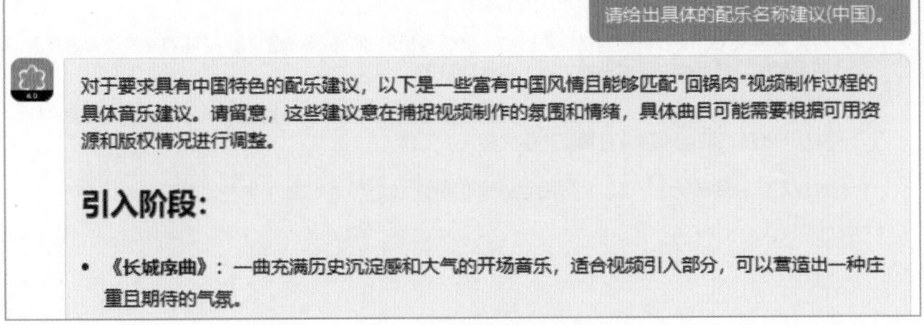

请给出具体的配乐名称建议(中国)。

对于要求具有中国特色的配乐建议，以下是一些富有中国风情且能够匹配"回锅肉"视频制作过程的具体音乐建议。请留意，这些建议意在捕捉视频制作的氛围和情绪，具体曲目可能需要根据可用资源和版权情况进行调整。

引入阶段：

- **《长城序曲》**：一曲充满历史沉淀感和大气的开场音乐，适合视频引入部分，可以营造出一种庄重且期待的气氛。

图 3-40　ChatGPT 给出具体配乐建议

3.4.5 传统广告文案

广告文案指的是用于宣传产品、推广品牌的文字内容。使用ChatGPT创作此类文案时，可以参考以下几个步骤。

步骤1：给ChatGPT设置一个身份，例如“你是一个经验丰富的文案创作者”。

步骤2：给出大概的提示，比如想要让ChatGPT做什么，希望它能提供一个什么样的答案，需求要明确，如图3-41所示。

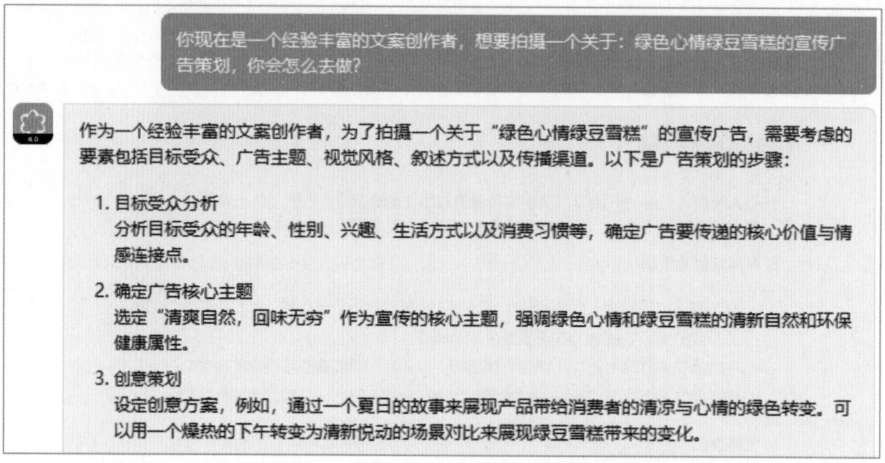

你现在是一个经验丰富的文案创作者，想要拍摄一个关于：绿色心情绿豆雪糕的宣传广告策划，你会怎么去做?

作为一个经验丰富的文案创作者，为了拍摄一个关于“绿色心情绿豆雪糕”的宣传广告，需要考虑的要素包括目标受众、广告主题、视觉风格、叙述方式以及传播渠道。以下是广告策划的步骤：

1. 目标受众分析
   分析目标受众的年龄、性别、兴趣、生活方式以及消费习惯等，确定广告要传递的核心价值与情感连接点。
2. 确定广告核心主题
   选定“清爽自然，回味无穷”作为宣传的核心主题，强调绿色心情和绿豆雪糕的清新自然和环保健康属性。
3. 创意策划
   设定创意方案，例如，通过一个夏日的故事来展现产品带给消费者的清凉与心情的绿色转变。可以用一个燥热的下午转变为清新悦动的场景对比来展现绿豆雪糕带来的变化。

图3-41　让ChatGPT代入身份去组织广告思路

步骤3：根据ChatGPT的反馈不断优化结果。我们可以针对ChatGPT给出的答案进行再次提问，从而不断优化结果，如图3-42和图3-43所示。

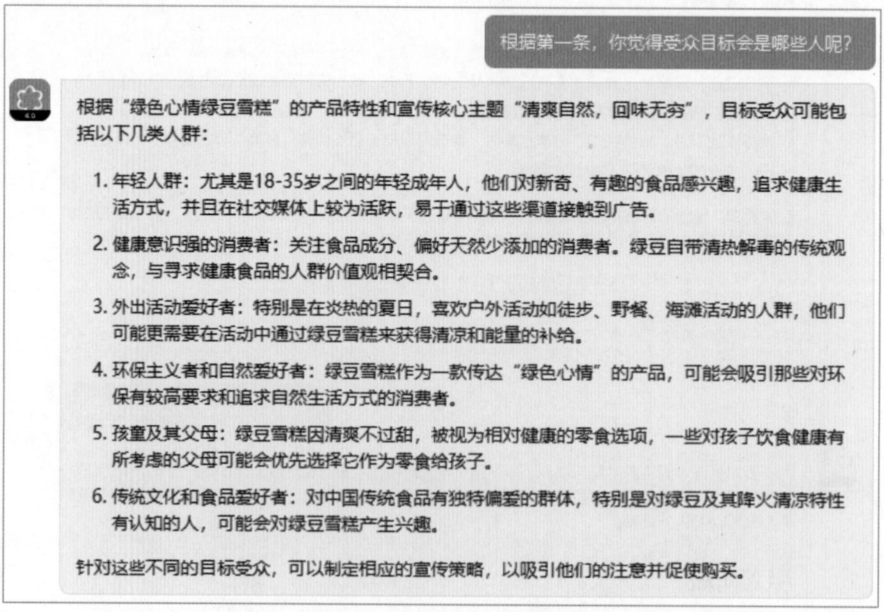

根据第一条，你觉得受众目标会是哪些人呢?

根据“绿色心情绿豆雪糕”的产品特性和宣传核心主题“清爽自然，回味无穷”，目标受众可能包括以下几类人群：

1. 年轻人群：尤其是18-35岁之间的年轻成年人，他们对新奇、有趣的食品感兴趣，追求健康生活方式，并且在社交媒体上较为活跃，易于通过这些渠道接触到广告。
2. 健康意识强的消费者：关注食品成分、偏好天然少添加的消费者。绿豆自带清热解毒的传统观念，与寻求健康食品的人群价值观相契合。
3. 外出活动爱好者：特别是在炎热的夏日，喜欢户外活动如徒步、野餐、海滩活动的人群，他们可能更需要在活动中通过绿豆雪糕来获得清凉和能量的补给。
4. 环保主义者和自然爱好者：绿豆雪糕作为一款传达“绿色心情”的产品，可能会吸引那些对环保有较高要求和追求自然生活方式的消费者。
5. 孩童及其父母：绿豆雪糕因清爽不过甜，被视为相对健康的零食选项，一些对孩子饮食健康有所考虑的父母可能会优先选择它作为零食给孩子。
6. 传统文化和食品爱好者：对中国传统食品有独特偏爱的群体，特别是对绿豆及其降火清凉特性有认知的人，可能会对绿豆雪糕产生兴趣。

针对这些不同的目标受众，可以制定相应的宣传策略，以吸引他们的注意并促使购买。

图3-42　针对ChatGPT给出的答案再次提问

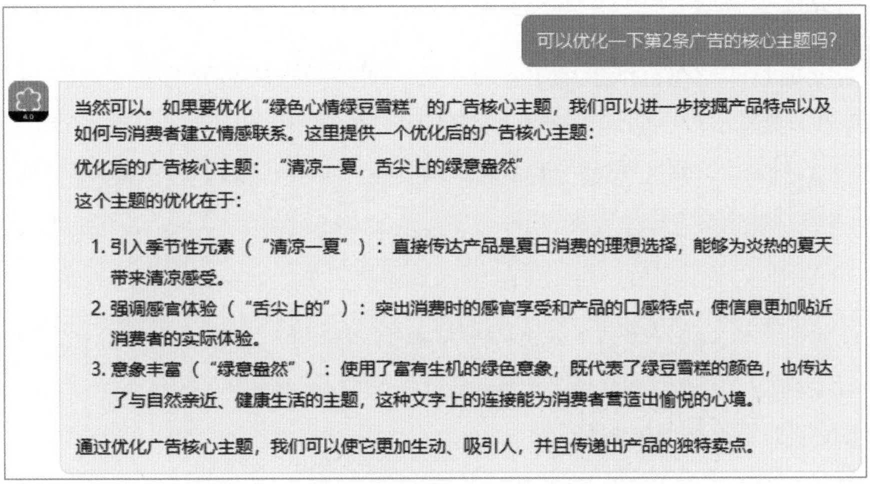

可以优化一下第2条广告的核心主题吗?

当然可以。如果要优化"绿色心情绿豆雪糕"的广告核心主题，我们可以进一步挖掘产品特点以及如何与消费者建立情感联系。这里提供一个优化后的广告核心主题：

优化后的广告核心主题："清凉一夏，舌尖上的绿意盎然"

这个主题的优化在于：

1. 引入季节性元素（"清凉一夏"）：直接传达产品是夏日消费的理想选择，能够为炎热的夏天带来清凉感受。
2. 强调感官体验（"舌尖上的"）：突出消费时的感官享受和产品的口感特点，使信息更加贴近消费者的实际体验。
3. 意象丰富（"绿意盎然"）：使用了富有生机的绿色意象，既代表了绿豆雪糕的颜色，也传达了与自然亲近、健康生活的主题，这种文字上的连接能为消费者营造出愉悦的心境。

通过优化广告核心主题，我们可以使它更加生动、吸引人，并且传递出产品的独特卖点。

图 3-43 要求 ChatGPT 优化它自己提出的方案

步骤4: 反复修正ChatGPT的回答结果，直到满意为止。完成步骤3得到每一条优化结果后，我们会发现ChatGPT给出的回答开始慢慢地更接近我们想要的结果了。这个时候，就可以让它根据以上这些信息做一次整合，把零零碎碎的信息统一用简短的话语进行归纳。

步骤5：复制步骤4中ChatGPT给出的回答，并增添元素(这些元素都是根据广告需求来确定的，比如我最终想要ChatGPT创作的是一个视频文案脚本)，如图3-44所示。

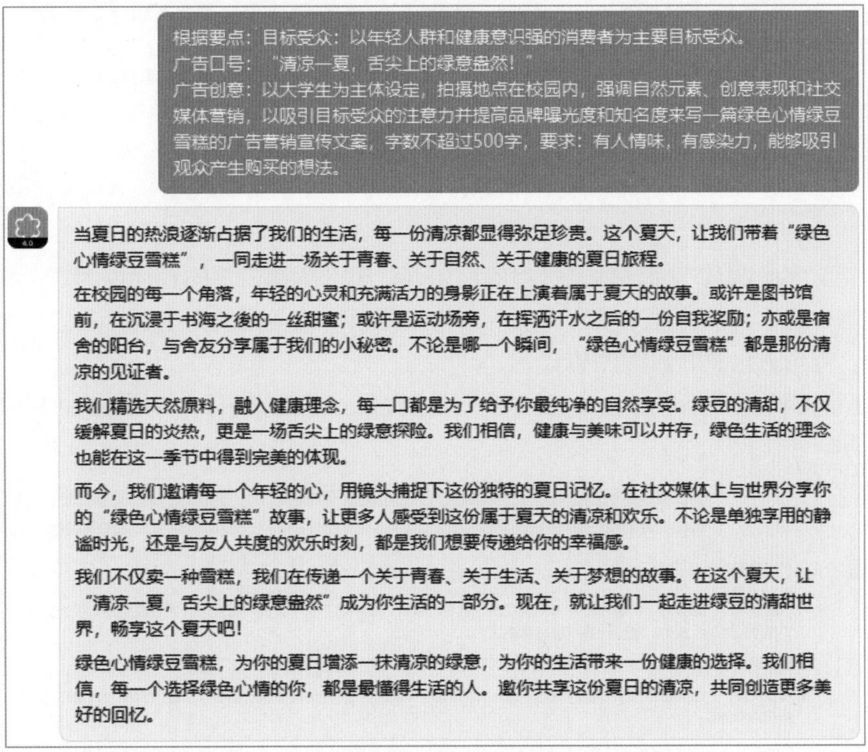

根据要点：目标受众：以年轻人群和健康意识强的消费者为主要目标受众。
广告口号："清凉一夏，舌尖上的绿意盎然！"
广告创意：以大学生为主体设定，拍摄地点在校园内，强调自然元素、创意表现和社交媒体营销，以吸引目标受众的注意力并提高品牌曝光度和知名度来写一篇绿色心情绿豆雪糕的广告营销宣传文案，字数不超过500字，要求：有人情味，有感染力，能够吸引观众产生购买的想法。

当夏日的热浪逐渐占据了我们的生活，每一份清凉都显得弥足珍贵。这个夏天，让我们带着"绿色心情绿豆雪糕"，一同走进一场关于青春、关于自然、关于健康的夏日旅程。

在校园的每一个角落，年轻的心灵和充满活力的身影正在上演着属于夏天的故事。或许是图书馆前，在沉浸于书海之後的一丝甜蜜；或许是运动场旁，在挥洒汗水之后的一份自我奖励；亦或是宿舍的阳台，与舍友分享属于我们的小秘密。不论是哪一个瞬间，"绿色心情绿豆雪糕"都是那份清凉的见证者。

我们精选天然原料，融入健康理念，每一口都是为了给予你最纯净的自然享受。绿豆的清甜，不仅缓解夏日的炎热，更是一场舌尖上的绿意探险。我们相信，健康与美味可以并存，绿色生活的理念也能在这一季节中得到完美的体现。

而今，我们邀请每一个年轻的心，用镜头捕捉下这份独特的夏日记忆。在社交媒体上与世界分享你的"绿色心情绿豆雪糕"故事，让更多人感受到这份属于夏天的清凉和欢乐。不论是单独享用的静谧时光，还是与友人共度的欢乐时刻，都是我们想要传递给你的幸福感。

我们不仅卖一种雪糕，我们在传递一个关于青春、关于生活、关于梦想的故事。在这个夏天，让"清凉一夏，舌尖上的绿意盎然"成为你生活的一部分。现在，就让我们一起走进绿豆的清甜世界，畅享这个夏天吧！

绿色心情绿豆雪糕，为你的夏日增添一抹清凉的绿意，为你的生活带来一份健康的选择。我们相信，每一个选择绿色心情的你，都是最懂得生活的人。邀你共享这份夏日的清凉，共同创造更多美好的回忆。

图 3-44 ChatGPT 创作指定主题和要求的广告文案

下面将介绍使用ChatGPT创作报纸、广播、电视、杂志和户外广告文案的一些常用方法。

1. 报纸广告文案

报纸广告文案是印刷在报纸上用于宣传产品、服务或推广品牌的文字内容。我们在使用ChatGPT写此类文案时，可以在提示词中输入对话前提，例如：

报纸广告文案是指印刷于报纸上用于宣传产品、服务或推广品牌的文字内容，一般语言简单、生动活泼，有一定的美感。请提供报纸广告文案示例。

当ChatGPT给出文案示例后，可以继续输入具体的需求，如在提示词中要求：

请提供5个报纸广告，主题为宣传《ChatGPT职场提效：掌握AI生产力工具》这本书，要从书名中提取关键词，用对偶手法和生动的语言来写作。

ChatGPT反馈的结果如图3-45所示。

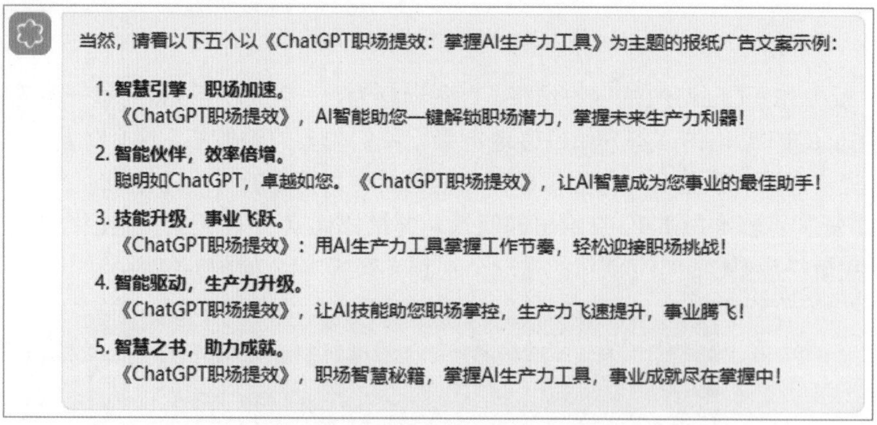

当然，请看以下五个以《ChatGPT职场提效：掌握AI生产力工具》为主题的报纸广告文案示例：

1. **智慧引擎，职场加速。**
   《ChatGPT职场提效》，AI智能助您一键解锁职场潜力，掌握未来生产力利器！
2. **智能伙伴，效率倍增。**
   聪明如ChatGPT，卓越如您。《ChatGPT职场提效》，让AI智慧成为您事业的最佳助手！
3. **技能升级，事业飞跃。**
   《ChatGPT职场提效》：用AI生产力工具掌握工作节奏，轻松迎接职场挑战！
4. **智能驱动，生产力升级。**
   《ChatGPT职场提效》，让AI技能助您职场掌控，生产力飞速提升，事业腾飞！
5. **智慧之书，助力成就。**
   《ChatGPT职场提效》，职场智慧秘籍，掌握AI生产力工具，事业成就尽在掌握中！

图 3-45　ChatGPT 写报纸广告文案

2. 广播广告文案

广播广告文案是通过广播媒体来传播的广告词，属于主播口播的台词内容。广播广告文案需要结合广播内容本身的特性来撰写。因为广播主要以情感类话题为主题，其广告文案的内容需要更亲切，能给人治愈、温暖的感觉。

在使用ChatGPT写广播广告文案时，可以给它提供一些文案示例，让ChatGPT先分析示例，如图3-46所示。

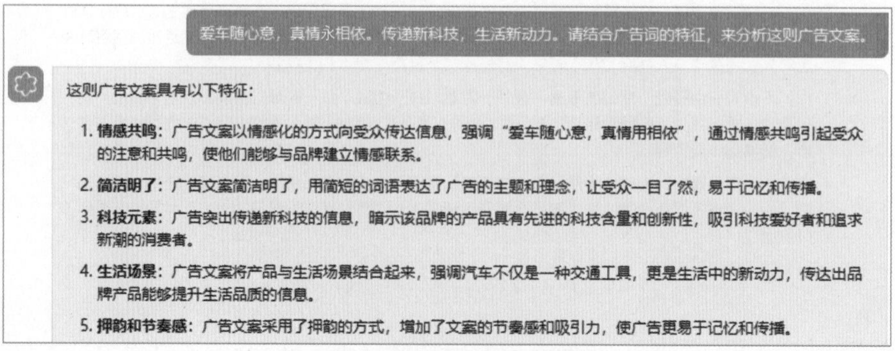

爱车随心意，真情永相依。传递新科技，生活新动力。请结合广告词的特征，来分析这则广告文案。

这则广告文案具有以下特征：

1. **情感共鸣**：广告文案以情感化的方式向受众传达信息，强调“爱车随心意，真情用相依”，通过情感共鸣引起受众的注意和共鸣，使他们能够与品牌建立情感联系。
2. **简洁明了**：广告文案简洁明了，用简短的词语表达了广告的主题和理念，让受众一目了然，易于记忆和传播。
3. **科技元素**：广告突出传递新科技的信息，暗示该品牌的产品具有先进的科技含量和创新性，吸引科技爱好者和追求新潮的消费者。
4. **生活场景**：广告文案将产品与生活场景结合起来，强调汽车不仅是一种交通工具，更是生活中的新动力，传达出品牌产品能够提升生活品质的信息。
5. **押韵和节奏感**：广告文案采用了押韵的方式，增加了文案的节奏感和吸引力，使广告更易于记忆和传播。

图 3-46　ChatGPT 分析广告文案

再按照我们的需求撰写广告文案，如图3-47所示。

图 3-47　让 ChatGPT 参考分析结果生成广告文案

3. 电视广告文案

电视广告文案是在电视媒体上传播的文字内容，主要用于传播产品或服务信息，以吸引观众的购买兴趣。电视广告文案包括情感共鸣型、产品展示型、问题引导型、比较型、幽默型等多种类型。在使用ChatGPT写此类广告文案时，我们可以让它先生成产品的广告语，如图3-48所示。

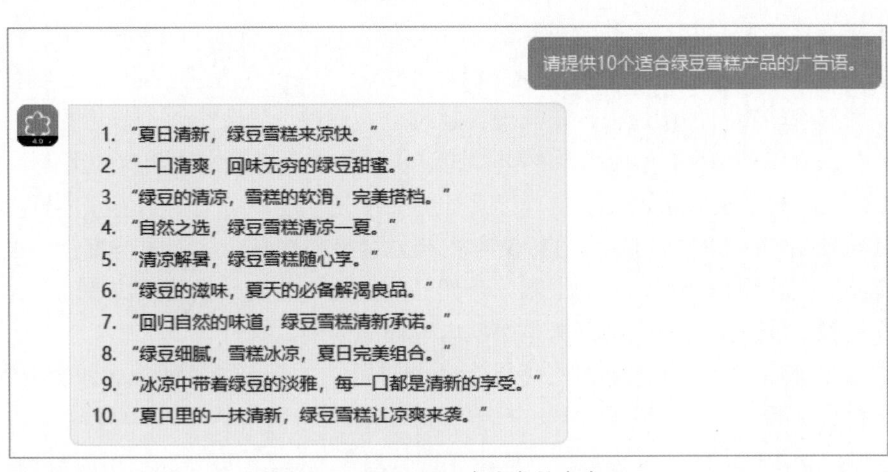

图 3-48　ChatGPT 生成产品广告语

在ChatGPT生成的广告语中选择一则满意的广告语来编写下一步提示词，例如：

以“冰凉中带着绿豆的淡雅，每一口都是清新的享受。”这则广告语，来策划一个创意广告，要带有情境和生活画面，对受众有感染力。

4. 杂志广告文案

杂志广告文案是以杂志为传播媒介的广告文字，其功能与上面介绍的几种广告文案相差无几。在使用ChatGPT创作杂志广告文案时，为了确保ChatGPT了解杂志广告的语言风格，可以使用提示词：“请提供适合杂志宣传的广告文案”，让它先生成一些杂志广告示例。然后，根据广告文案设计需求，要求ChatGPT引用上述语言风格生成广告文案，提示词如下：

用上述语言风格，提供化妆品品牌推广的广告文案，风格要新颖独特。

5. 户外广告文案

本章一开始就介绍了巴西街头汉堡王、麦当劳和赛百味的户外广告文案。对于品牌宣传，这3家相互竞争的案例告诉我们，户外广告和当下流行的ChatGPT可以相互结合起来，实现更有效的品牌推广效果。

ChatGPT可以提供品牌创意灵感和话题，并利用发散性思维通过户外广告呈现。无论是创意口号、标语、广告文案，或者基于历史行为生成的定制化广告内容，只要能合理地运用于户外广告的设计，并通过适合的媒介发布，不但可以增强用户体验和品牌参与度，还能够引爆“眼球效应”。

因此，通过ChatGPT的创意、数据分析和个性化定制能力，品牌方完全可以设计出更具吸引力和个性化的户外广告文案，吸引目标受众的注意力并提升品牌的形象。

3.5 思考和练习

科技发展让人热情澎湃，但不可否认的是，ChatGPT为人们带来便利的同时，也可能会对人类文本生产造成威胁。其一，作为使用者，用户如果过于依赖ChatGPT进行文字内容创作，其本人的语言表达和逻辑思考能力将逐渐衰退，并由此产生依存心理。同时，ChatGPT的应用也会逐渐让用户忽略自己的创造力，工具理性超越个人理性，导致个人价值后置，使其所创作的文本缺失个人真实的情感，从而阻断了作者通过作品与受众进行沟通交流的渠道。不仅如此，若ChatGPT被违法利用到欺诈等行为中，带给社会的将是一场不可估量的信任危机。其二，如果用户机械地使用ChatGPT模仿他人进行文本生产，会使被模仿者陷入模仿窠臼。这会造成社会面上的作品同质化现象严重，受众很难分辨作品的真伪，从而导致被模仿者的意见领袖地位和原创地位受到削弱。随之而来的可能是原创内容作品的逐渐减少。

阅读本章内容后，用户可以通过思考以下几个问题，进一步加深对ChatGPT应用于文案写作领域的了解和判断。

- 问题1：使用ChatGPT写文案是一种怎样的体验？ChatGPT的发展会导致机器取代人类文字工作者吗？
- 问题2：使用人工＋ChatGPT来写文案是否能带来1＋1>2的结果？当前ChatGPT在哪些应用场景中能够为我们带来更好、更高效的反馈结果？
- 问题3：如何设计提示词让ChatGPT进行创意写作，并避免ChatGPT常见的词语重复、语法结构简单、信息过时、理解错误、语句不流畅等问题？

同时，可以尝试用ChatGPT完成以下练习，进一步掌握使用它创作文案的技巧。

- 练习1：参考本章案例设计一系列提示词，让ChatGPT辅助创作一个能够打动受众的新能源汽车推广文案，并将文案内容发布于知乎、小红书、新浪微博等新媒体平台，观察并记录网友的评论和点赞。
- 练习2：尝试通过设计ChatGPT提示词回复练习1收集的网友评论。
- 练习3：总结、提炼练习1和练习2得到的ChatGPT使用经验，为新能源汽车设计类似图3-1所示的户外广告文案。

第 4 章
ChatGPT 论文写作

本章导读

论文写作是一项比较困难的工作，需要耐心和毅力来创作。造成作者写作困难的原因有很多，其中有两类特别容易被忽视，其一是作者的写作素养不够，包括理论基础和思维能力；其二是过程管理得不够，缺乏写作灵感。作为一款 AI 语言模型，ChatGPT 能提供语法、拼写，乃至论文的结构、逻辑方面的建议。它在论文选题中可以作为一个智能助手，为作者提供信息检索、选题建议、思路探讨和写作辅助等方面的帮助，从而协助用户更好地完成选题和论文撰写工作。

4.1 ChatGPT 协助论文写作

下面是关于SpaceX星舰第三次发射的新闻，我们可以利用ChatGPT在短时间内快速撰写一篇相关的论文。

2024年3月14日，SpaceX的星舰进行了第三次轨道级飞行试验，此次发射依旧选址于位于美国得克萨斯州墨西哥湾边缘的博卡奇卡星舰基地。飞行初期，星舰与其超重助推火箭顺利完成分离，随后助推火箭坠入海中。数分钟后，星舰顺利进入太空，并在轨道上成功完成了在轨燃料输送试验和载荷舱门的开合试验。然而，有一点遗憾的是，在执行离轨点火操作时遭遇失败，星舰不得不依赖大气层的阻力来减速，最终导致了其销毁。

4.1.1 明确论文选题

ChatGPT可以辅助生成论文选题。我们可以向ChatGPT提出关于专业领域论文的相关问题，通过输入一个或多个关键词，请它生成潜在的选题建议，从而为论文写作提供更多的灵感和思路。例如，我们可以要求ChatGPT扮演“航天火箭的总体专家”，让它根据自己了解的情况针对马斯克最近第三次发射星舰取得巨大进步列出几个可选的论文选题，提示词如下：

> 你现在是“航天火箭的总体专家”，马斯克最近第三次发射星舰取得了非常大的进步，请根据你了解的情况，在这个方向为我列出10个可选的论文选题。

ChatGPT的反馈如图4-1所示。

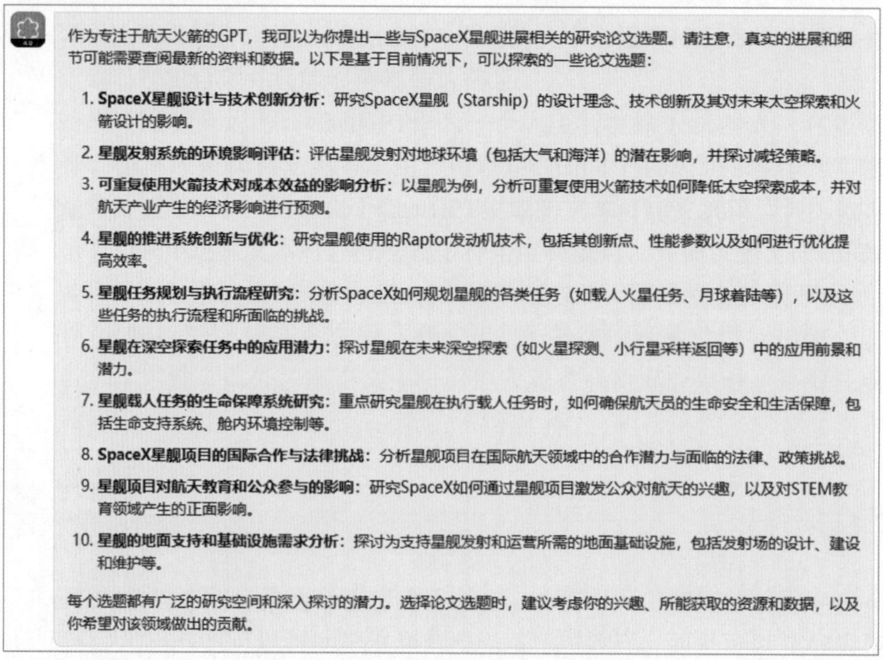

作为专注于航天火箭的GPT，我可以为你提出一些与SpaceX星舰进展相关的研究论文选题。请注意，真实的进展和细节可能需要查阅最新的资料和数据。以下是基于目前情况下，可以探索的一些论文选题：

1. **SpaceX星舰设计与技术创新分析**：研究SpaceX星舰（Starship）的设计理念、技术创新及其对未来太空探索和火箭设计的影响。
2. **星舰发射系统的环境影响评估**：评估星舰发射对地球环境（包括大气和海洋）的潜在影响，并探讨减轻策略。
3. **可重复使用火箭技术对成本效益的影响分析**：以星舰为例，分析可重复使用火箭技术如何降低太空探索成本，并对航天产业产生的经济影响进行预测。
4. **星舰的推进系统创新与优化**：研究星舰使用的Raptor发动机技术，包括其创新点、性能参数以及如何进行优化提高效率。
5. **星舰任务规划与执行流程研究**：分析SpaceX如何规划星舰的各类任务（如载人火星任务、月球着陆等），以及这些任务的执行流程和所面临的挑战。
6. **星舰在深空探索任务中的应用潜力**：探讨星舰在未来深空探索（如火星探测、小行星采样返回等）中的应用前景和潜力。
7. **星舰载人任务的生命保障系统研究**：重点研究星舰在执行载人任务时，如何确保航天员的生命安全和生活保障，包括生命支持系统、舱内环境控制等。
8. **SpaceX星舰项目的国际合作与法律挑战**：分析星舰项目在国际航天领域中的合作潜力与面临的法律、政策挑战。
9. **星舰项目对航天教育和公众参与的影响**：研究SpaceX如何通过星舰项目激发公众对航天的兴趣，以及对STEM教育领域产生的正面影响。
10. **星舰的地面支持和基础设施需求分析**：探讨为支持星舰发射和运营所需的地面基础设施，包括发射场的设计、建设和维护等。

每个选题都有广泛的研究空间和深入探讨的潜力。选择论文选题时，建议考虑你的兴趣、所能获取的资源和数据，以及你希望对该领域做出的贡献。

图 4-1　ChatGPT 给出论文选题建议

在此基础之上，如果我们提供更详细、更具体的情境和需求，ChatGPT就能够创作出专门定制的内容，更符合我们的需求。例如，输入以下提示词：

背景：我是一位[航空航天工程专业的学生]，正致力于完成一篇具有深度的学术论文，但在选题方面尚存疑惑，期望借助ChatGPT的智慧，为我提供选题的建议与指导。

角色：我期望你扮演一位学富五车的学术导师，能够在学术研究领域提供宝贵的建议与指导。

任务：马斯克最近第三次发射星舰取得了非常大的进步，请根据你了解的情况协助我确定一个适宜的学术论文选题，包括主题的范围与研究方向。

要求：

1. 请提供至少三个具体的学术领域或研究方向，这些可以是当前的研究热点或尚未充分探索的领域。
2. 每个选题建议附上简短的理由或研究动机，以助我理解该选题的重要性与意义。
3. 考虑到我的专业背景与兴趣偏好，确保选题与我个人的研究方向相契合。
4. 请以清晰、简洁的方式列出选题建议及其相关理由，以便我能迅速把握并做出决策。

ChatGPT会针对我们提出的要求反馈更详细的选题建议，如图4-2所示。

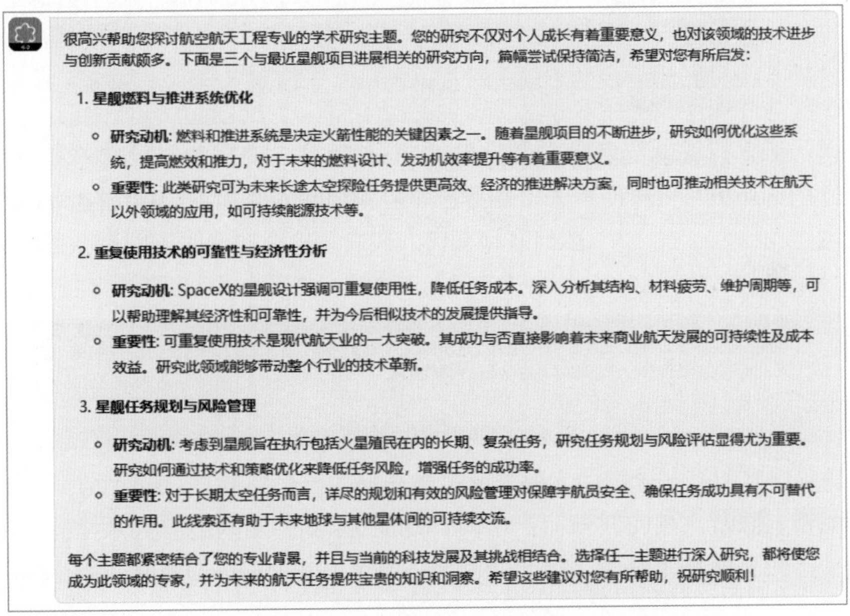

很高兴帮助您探讨航空航天工程专业的学术研究主题。您的研究不仅对个人成长有着重要意义，也对该领域的技术进步与创新贡献颇多。下面是三个与最近星舰项目进展相关的研究方向，篇幅尝试保持简洁，希望对您有所启发：

1. **星舰燃料与推进系统优化**
   - **研究动机**：燃料和推进系统是决定火箭性能的关键因素之一。随着星舰项目的不断进步，研究如何优化这些系统，提高燃效和推力，对于未来的燃料设计、发动机效率提升等有着重要意义。
   - **重要性**：此类研究可为未来长途太空探险任务提供更高效、经济的推进解决方案，同时也可推动相关技术在航天以外领域的应用，如可持续能源技术等。
2. **重复使用技术的可靠性与经济性分析**
   - **研究动机**：SpaceX的星舰设计强调可重复使用性，降低任务成本。深入分析其结构、材料疲劳、维护周期等，可以帮助理解其经济性和可靠性，并为今后相似技术的发展提供指导。
   - **重要性**：可重复使用技术是现代航天业的一大突破。其成功与否直接影响着未来商业航天发展的可持续性及成本效益。研究此领域能够带动整个行业的技术革新。
3. **星舰任务规划与风险管理**
   - **研究动机**：考虑到星舰旨在执行包括火星殖民在内的长期、复杂任务，研究任务规划与风险评估显得尤为重要。研究如何通过技术和策略优化来降低任务风险，增强任务的成功率。
   - **重要性**：对于长期太空任务而言，详尽的规划和有效的风险管理对保障宇航员安全、确保任务成功具有不可替代的作用。此线索还有助于未来地球与其他星体间的可持续交流。

每个主题都紧密结合了您的专业背景，并且与当前的科技发展及其挑战相结合。选择任一主题进行深入研究，都将使您成为此领域的专家，并为未来的航天任务提供宝贵的知识和洞察。希望这些建议对您有所帮助，祝研究顺利！

图 4-2　ChatGPT 根据提示词要求反馈的答案

接下来，我们还可以进一步根据总任务指令，按照以下步骤完成论文选题的确认。

01 文献调研。在确定论文选题前，应提示ChatGPT广泛阅读相关文献，掌握该研究领域的最新动态及尚未解决的问题，提示词如下：

我欲了解[星舰燃料与推进系统优化]的最新研究动态，请提供相关文献综述。

02 选题定位。提示ChatGPT基于文献调研成果确定一个具有研究价值与创新性的选题，提示词如下：

基于我对[星舰航空发动机]的理解，我想探讨[星舰燃料与推进系统优化]，请给出建议。

03 选题评估。对ChatGPT提供的选题进行评估，考虑其可行性、研究资源的可用性以及个人兴趣和专业背景，提示词如下：

> 请评估以下选题的可行性和研究价值：[星舰燃料与推进系统优化]。

ChatGPT的反馈如图4-3所示。

评估选题[星舰燃料与推进系统优化]的可行性和研究价值，我们可以从以下几个方面考虑：

可行性

1. **技术基础**：当前航空航天领域已拥有较为成熟的技术基础，包括化学推进、电推进等多种推进系统技术。此外，计算流体动力学（CFD）、燃烧模拟技术等的发展，为推进系统的模拟和优化提供了强大的工具，增加了研究的可行性。
2. **材料科学进展**：近年来，在高温耐性材料、轻质结构材料方面有了显著进展，这为改进推进系统的结构和降低总质量提供了可能。
3. **跨学科协作**：研究星舰燃料与推进系统的优化需要综合应用航空航天工程、材料科学、化学、计算机科学等多个学科的知识和技术，当前跨学科研究的趋势和合作机会的增多提升了研究的可行性。

研究价值

1. **提升效率和性能**：优化星舰燃料与推进系统能显著提升航天器的发射和运行效率，增强航天任务的可行性和经济性。
2. **环境友好**：研究和开发更环保的推进技术（如液体氢燃料），可以降低航天活动对地球环境的影响，符合当前可持续发展的目标。
3. **推动未来航天探索**：优化的推进系统能为未来更远距离的星际旅行和探索提供支持，包括载人火星任务、深空探测等，具有重要的战略意义和长远价值。
4. **促进科技进步与应用**：推进系统优化技术的研究不仅可以推动航空航天领域的发展，其成果还可能被应用到其他领域，如新能源汽车的动力系统，为其他行业的技术进步提供可能。

结论

综上所述，[星舰燃料与推进系统优化]的研究选题具有较高的可行性和重大的研究价值。它不仅能为航空航天领域带来直接的技术进步和性能提升，也能促进相关科技领域的发展，具有重要的战略意义和社会价值。因此，该研究方向值得投入资源和精力进行深入探索和发展。

图 4-3　ChatGPT 的评估结果

4.1.2　生成摘要

在论文选题明确后，我们可以按照以下步骤输出摘要的基础背景内容，随后将其融入摘要任务指令中，以便AI协助完成一篇清晰、简明的论文摘要。

(1) 要求ChatGPT简要介绍研究所采用的方法、技术和数据来源，提示词如下：

> 请概述[星舰燃料与推进系统优化研究方法]的步骤。

(2) 要求ChatGPT概述研究的主要发现和结果，提示词如下：

> 请根据[星舰燃料与推进系统优化研究结果]，帮我总结研究发现。

(3) 要求ChatGPT简述研究的意义和可能的应用前景，提示词如下：

> 请基于[星舰燃料与推进系统优化研究结果]，讨论其对未来研究的意义。

(4) 要求ChatGPT阐述研究目的，提示词如下：

请根据[星舰燃料与推进系统优化研究结果]，帮我撰写研究目的的描述。

4.1.3　精选关键词

论文摘要之下的关键词，顾名思义就是论文的关键性词汇，主要是用来表达论文主题内容的词组。我们可以使用以下提示词，让ChatGPT进一步生成关键词：

背景：我是一位[航空航天工程专业的学生]，在撰写一篇学术论文时需整理关键词部分，以更好地概括和分类论文内容。我希望ChatGPT能协助我生成相关的关键词列表，提升论文的质量和可读性。

角色：请扮演一位学术顾问，拥有丰富的学术背景和研究经验，能够准确把握论文内容和关键词的重要性。

任务：根据以上对话内容协助我生成一份包含论文关键词的列表，以便我更好地组织和概括论文内容，并为读者提供清晰的导向。

要求：

1. 根据论文主题和内容，生成一个包含2~3个主要关键词和5~8个相关关键词的列表。
2. 关键词须与论文内容紧密相关，准确反映论文的主题和要点。
3. 关键词间应存在内在联系，构成一个连贯的关键词体系。
4. 输出格式需清晰简洁，便于我直接应用于论文中。
5. 在生成关键词列表时，可参考论文摘要、目录等内容，确保关键词的全面性和准确性。

ChatGPT的反馈如图4-4所示。

根据你的要求和提供的研究背景，我将为你的学术论文生成一个关键词列表。这个列表将帮助概括和分类你的论文内容，为读者提供明确的导向。

主要关键词:

1. 星舰推进系统
2. 燃料优化

相关关键词:

1. 能量效率
2. 环境影响
3. 高效能推进技术
4. 新型燃料配方
5. 智能控制策略
6. 成本-效益分析
7. 可持续航天技术
8. 系统集成与实验验证

输出格式:

- **主要关键词:** 星舰推进系统, 燃料优化
- **相关关键词:** 能量效率, 环境影响, 高效能推进技术, 新型燃料配方, 智能控制策略, 成本-效益分析, 可持续航天技术, 系统集成与实验验证

这个列表精心挑选了与你的论文主题紧密相关的关键词，不仅突出了你研究的重点，还构建了一个连贯的关键词体系。通过这样的组织，读者能够快速把握论文的核心主题和研究方向，同时也有助于提高你论文的可检索性和影响力。希望这个列表能够满足你的需求，祝你的研究取得成功！

图 4-4　ChatGPT 精选关键词

4.1.4 撰写引言

引言作为论文的开篇，承载着设定研究背景、提出研究问题、构建理论框架和明确研究目的的重任。它不仅是吸引读者的关键，也是展示论文研究价值的窗口。我们可以结合关键词内容，请求ChatGPT协助撰写引言。

(1) 介绍背景，提示词如下：

请为[星舰燃料与推进系统优化] 研究主题撰写背景介绍。

(2) 回顾文献，提示词如下：

请回顾[星舰燃料与推进系统优化]的现有研究，并指出研究空白。

(3) 明确研究问题，提示词如下：

请明确提出[星舰燃料与推进系统优化]研究主题的研究问题。

(4) 阐述研究目的和贡献，提示词如下：

请阐述[星舰燃料与推进系统优化]研究主题的研究目的和预期贡献。

4.1.5 拟定正文结构

接下来，我们可以根据论文题目“星舰燃料与推进系统优化”，让ChatGPT为我们拟定一份论文正文大纲，提示词如下：

“星舰燃料与推进系统优化”：燃料和推进系统是决定火箭性能的关键因素之一。随着星舰项目的不断进步，研究如何优化这些系统，提高燃效和推力，对于未来的燃料设计、发动机效率提升等有着重要意义。

假设你是一名“航天火箭的总体专家”，根据上述选题和描述，帮我拟出这个学术论文标题的大纲。

ChatGPT的反馈如图4-5所示。

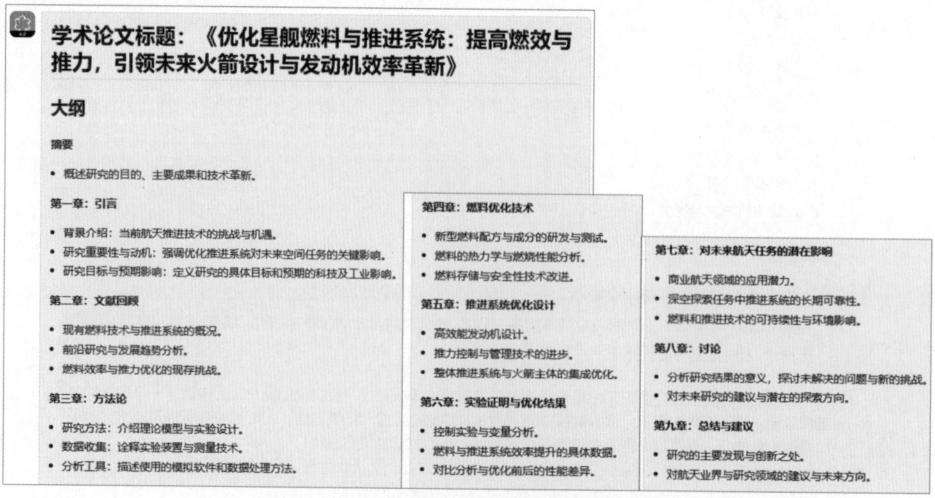

学术论文标题：《优化星舰燃料与推进系统：提高燃效与推力，引领未来火箭设计与发动机效率革新》

大纲

摘要

- 概述研究的目的、主要成果和技术革新。

第一章：引言

- 背景介绍：当前航天推进技术的挑战与机遇。
- 研究重要性与动机：强调优化推进系统对未来空间任务的关键影响。
- 研究目标与预期影响：定义研究的具体目标和预期的科技及工业影响。

第二章：文献回顾

- 现有燃料技术与推进系统的概况。
- 前沿研究与发展趋势分析。
- 燃料效率与推力优化的现存挑战。

第三章：方法论

- 研究方法：介绍理论模型与实验设计。
- 数据收集：诠释实验装置与测量技术。
- 分析工具：描述使用的模拟软件和数据处理方法。

第四章：燃料优化技术

- 新型燃料配方与成分的研发与测试。
- 燃料的热力学与燃烧性能分析。
- 燃料存储与安全性技术改进。

第五章：推进系统优化设计

- 高效能发动机设计。
- 推力控制与管理技术的进步。
- 整体推进系统与火箭主体的集成优化。

第六章：实验证明与优化结果

- 控制实验与变量分析。
- 燃料与推进系统效率提升的具体数据。
- 对比分析与优化前后的性能差异。

第七章：对未来航天任务的潜在影响

- 商业航天领域的应用潜力。
- 深空探索任务中推进系统的长期可靠性。
- 燃料和推进技术的可持续性与环境影响。

第八章：讨论

- 分析研究结果的意义，探讨未解决的问题与新的挑战。
- 对未来研究的建议与潜在的探索方向。

第九章：总结与建议

- 研究的主要发现与创新之处。
- 对航天业界与研究领域的建议与未来方向。

图 4-5　使用 ChatGPT 拟定论文的大纲

4.1.6　生成正文

正文是论文的核心部分，要求逻辑严密、条理清晰，以自然段或小标题的形式呈现。正文部分详细介绍研究的背景、相关理论、研究方法、实验设计、结果分析和讨论等内容。我们可以通过向ChatGPT反复提问生成这些内容，首先让它重新构思论文的整体结构，提示词如下：

> "星舰燃料与推进系统优化"：燃料和推进系统是决定火箭性能的关键因素之一。随着星舰项目的不断进步，研究如何优化这些系统，提高燃效和推力，对于未来的燃料设计、发动机效率提升等有着重要意义。
>
> 假设你是一名"航天火箭的总体专家"，帮我为"星舰燃料与推进系统优化"这篇论文构思一下整体结构。

根据以上结构，参考生成引言的提示词，通过反复提问可以让ChatGPT根据结构生成相关内容。

生成正文部分内容后，需要总结论文结论。结论部分是整个研究过程的总结，需要简明扼要、逻辑严谨地总结和评价研究成果，同时展望未来研究的方向和应用前景。生成完大纲列出的所有内容之后，可以让ChatGPT根据上述内容写一份500字左右总结，提示词如下：

> "星舰燃料与推进系统优化"：燃料和推进系统是决定火箭性能的关键因素之一。随着星舰项目的不断进步，研究如何优化这些系统，提高燃效和推力，对于未来的燃料设计、发动机效率提升等有着重要意义。
>
> 假设你是一名"航天火箭的总体专家"，帮我为"星舰任务规划与执行流程研究"写一份500字左右的总结。

ChatGPT的反馈如图4-6所示。

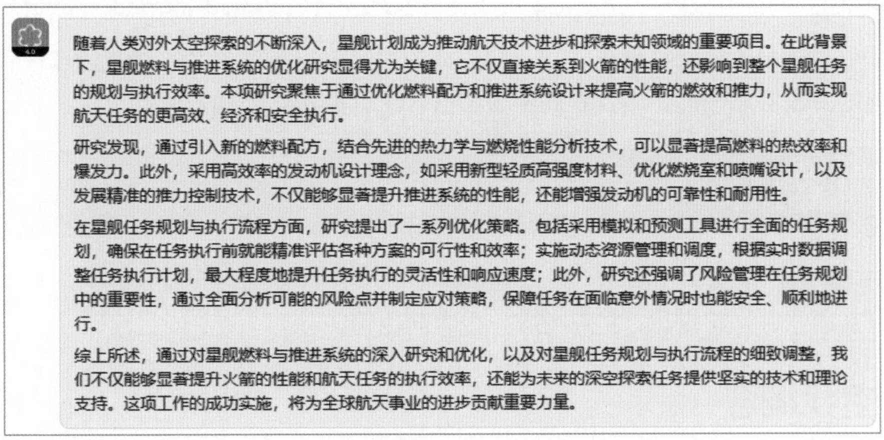

随着人类对外太空探索的不断深入，星舰计划成为推动航天技术进步和探索未知领域的重要项目。在此背景下，星舰燃料与推进系统的优化研究显得尤为关键，它不仅直接关系到火箭的性能，还影响到整个星舰任务的规划与执行效率。本项研究聚焦于通过优化燃料配方和推进系统设计来提高火箭的燃效和推力，从而实现航天任务的更高效、经济和安全执行。

研究发现，通过引入新的燃料配方，结合先进的热力学与燃烧性能分析技术，可以显著提高燃料的热效率和爆发力。此外，采用高效率的发动机设计理念，如采用新型轻质高强度材料、优化燃烧室和喷嘴设计，以及发展精准的推力控制技术，不仅能够显著提升推进系统的性能，还能增强发动机的可靠性和耐用性。

在星舰任务规划与执行流程方面，研究提出了一系列优化策略。包括采用模拟和预测工具进行全面的任务规划，确保在任务执行前就能精准评估各种方案的可行性和效率；实施动态资源管理和调度，根据实时数据调整任务执行计划，最大程度地提升任务执行的灵活性和响应速度；此外，研究还强调了风险管理在任务规划中的重要性，通过全面分析可能的风险点并制定应对策略，保障任务在面临意外情况时也能安全、顺利地进行。

综上所述，通过对星舰燃料与推进系统的深入研究和优化，以及对星舰任务规划与执行流程的细致调整，我们不仅能够显著提升火箭的性能和航天任务的执行效率，还能为未来的深空探索任务提供坚实的技术和理论支持。这项工作的成功实施，将为全球航天事业的进步贡献重要力量。

图 4-6　使用 ChatGPT 生成论文结论部分

4.1.7　整理参考文献

完成以上内容的写作后，还需要整理参考文献。文献综述是各个学科研究中不可或缺的一个关键部分。它不仅连接过去的研究与未来的探索，而且是学术论文撰写的重要阶段。通过综合分析现有文献，研究者能够把握领域内的最新进展，基于此确定自己的研究方向。我们可以要求ChatGPT列出引用过的文献，按引用顺序排列并确保格式规范，提示词如下：

> “星舰燃料与推进系统优化”：燃料和推进系统是决定火箭性能的关键因素之一。随着星舰项目的不断进步，研究如何优化这些系统，提高燃效和推力，对于未来的燃料设计、发动机效率提升等有着重要意义。
>
> 假设你是一名“航天火箭的总体专家”，帮我为“星舰任务规划与执行流程研究”列出10篇参考文献。

以上提示词的反馈，用户可以自行在ChatGPT中尝试获得。这里需要注意的是，由于AI生成的参考文献是虚构的，它们仅用于示意可能的研究方向和文献类型。在实际研究过程中，应通过学术数据库和科技出版平台查找真实且相关的文献资料。

4.1.8 撰写致谢内容

最后，我们还可以请求ChatGPT协助撰写致谢内容，确保涵盖所有应感谢的个人和机构。

(1) 感谢指导教师，提示词如下：

> 请帮我撰写对[指导教师姓名]的感谢词。

(2) 感谢同行支持，提示词如下：

> 请表达对[同行或同事]的支持和帮助的感谢。

(3) 感谢资助机构，提示词如下：

> 请撰写对[资助机构]的感谢。

通过以上规范化的指令，ChatGPT能够成为论文写作过程中的得力助手，助力学者们提升写作的效率与品质。但是同时也应注意，AI生成的内容仅可作为参考，避免过度依赖。其中关于事实性问题要验证后才能使用，不要轻易相信人工智能斩钉截铁般的结论。

4.2 ChatGPT 辅助论文编辑

ChatGPT能够在论文写作的多个阶段提供实质性帮助，辅助用户查找概念、总结归纳、概念对比、检查语法、语句重写、扩充内容、内容润色等。

4.2.1 查找概念

ChatGPT的训练数据包括了互联网上海量的文本(如维基百科、新闻文章、小说、博客、论坛帖子等多种类型的文本)，它的训练算法使用了Transformer模型架构，是目前最先进的自然语言处理技术之一，可以通过对大量文本数据的学习，预测出给定输入后面的单词或句子。因此，ChatGPT在概念查找方面可以完整替代传统搜索引擎。当我们需要查找非实时性的概念时，可以直接在ChatGPT输入相应的提示词，例如我们在写“盲人游戏”论文的过程中，对包容性技术这个概念不太熟悉，那么我们可以在ChatGPT输入提示词：

什么是盲人游戏中使用到的包容性技术？

ChatGPT给出的答案非常清晰、明确，如图4-7所示。在论文写作中，利用这种方法查找概念可以节省大量搜索和查阅书籍的时间。

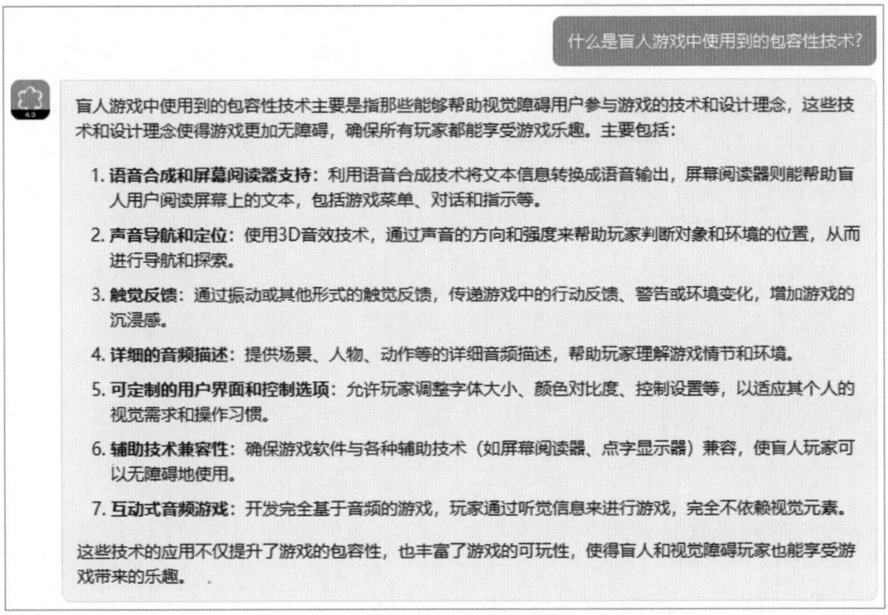

什么是盲人游戏中使用到的包容性技术？

盲人游戏中使用到的包容性技术主要是指那些能够帮助视觉障碍用户参与游戏的技术和设计理念，这些技术和设计理念使得游戏更加无障碍，确保所有玩家都能享受游戏乐趣。主要包括：

1. **语音合成和屏幕阅读器支持**：利用语音合成技术将文本信息转换成语音输出，屏幕阅读器则能帮助盲人用户阅读屏幕上的文本，包括游戏菜单、对话和指示等。
2. **声音导航和定位**：使用3D音效技术，通过声音的方向和强度来帮助玩家判断对象和环境的位置，从而进行导航和探索。
3. **触觉反馈**：通过振动或其他形式的触觉反馈，传递游戏中的行动反馈、警告或环境变化，增加游戏的沉浸感。
4. **详细的音频描述**：提供场景、人物、动作等的详细音频描述，帮助玩家理解游戏情节和环境。
5. **可定制的用户界面和控制选项**：允许玩家调整字体大小、颜色对比度、控制设置等，以适应其个人的视觉需求和操作习惯。
6. **辅助技术兼容性**：确保游戏软件与各种辅助技术（如屏幕阅读器、点字显示器）兼容，使盲人玩家可以无障碍地使用。
7. **互动式音频游戏**：开发完全基于音频的游戏，玩家通过听觉信息来进行游戏，完全不依赖视觉元素。

这些技术的应用不仅提升了游戏的包容性，也丰富了游戏的可玩性，使得盲人和视觉障碍玩家也能享受游戏带来的乐趣。

图 4-7　使用 ChatGPT 搜索非实时性概念

4.2.2　总结归纳

ChatGPT的总结归纳能力体现在以下几个方面。

- 理解上下文：ChatGPT能够理解输入文本的上下文，并根据上下文信息进行总结归纳。它能够捕捉到输入文本的主题、关键词以及语境，从而生成与之相关的总结。
- 提取关键信息：ChatGPT能够从输入文本中提取出关键信息和重要细节，然后将这些信息有条理地呈现在总结中。无论是长文本还是短文本，ChatGPT都能够准确捕捉到其中的关键信息。
- 逻辑连贯：ChatGPT生成的总结通常具有逻辑连贯性，能够按照一定的逻辑顺序组织信息，使得总结内容更易于理解和接受。
- 综合性强：ChatGPT的总结归纳能力不仅限于简单的摘要，还能够对多个文本或主题进行综合分析和总结，从而形成更加全面和深入的理解。

例如，我们可以将一篇论文提供给ChatGPT后，输入以下提示词要求它找出研究空白：

请根据我输入的这篇论文和你在该领域的知识，找出该领域的几个研究空白。

除了使用提示词总结归纳论文以外，还可以使用TXYZ AI。TXYZ AI是一款基于ChatGPT模型的文献阅读插件，能够帮助用户快速获得文献中的重要信息，实现用户与文献之间的智能

对话。国内用户可以通过访问www.txyz.ai网站使用TXYZ AI，如图4-8所示。

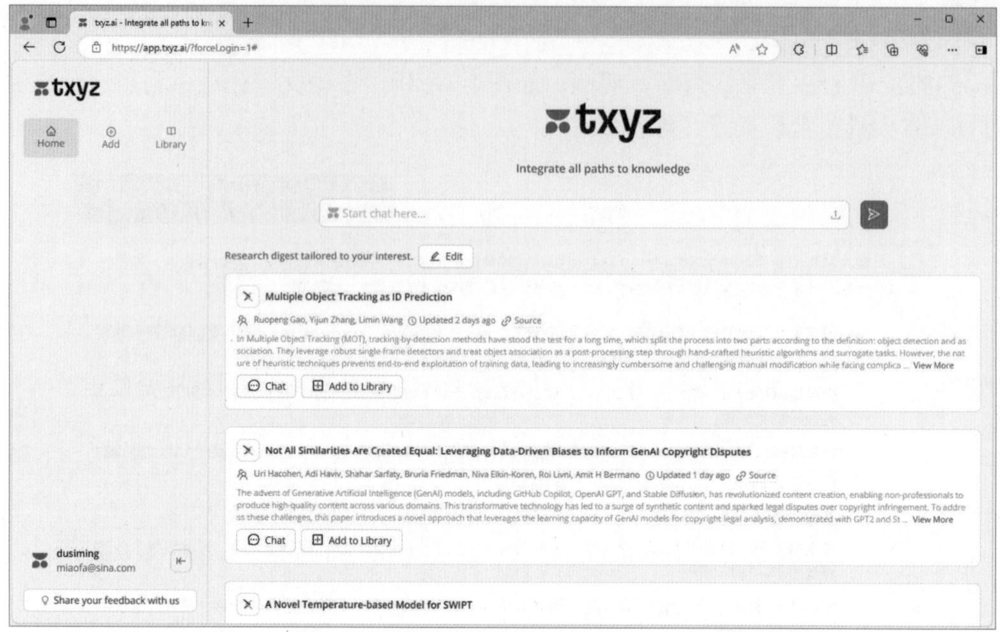

图 4-8　txyz.ai 网站首页

注册并登录www.txyz.ai网站后，用户可以将.pdf文件上传至网站或者通过该网站搜索论文内容，然后通过网站页面右侧的窗口，使用人工智能对论文内容进行总结与归纳(具体操作用户可以自行尝试，这里不再详细阐述)，如图4-9所示。

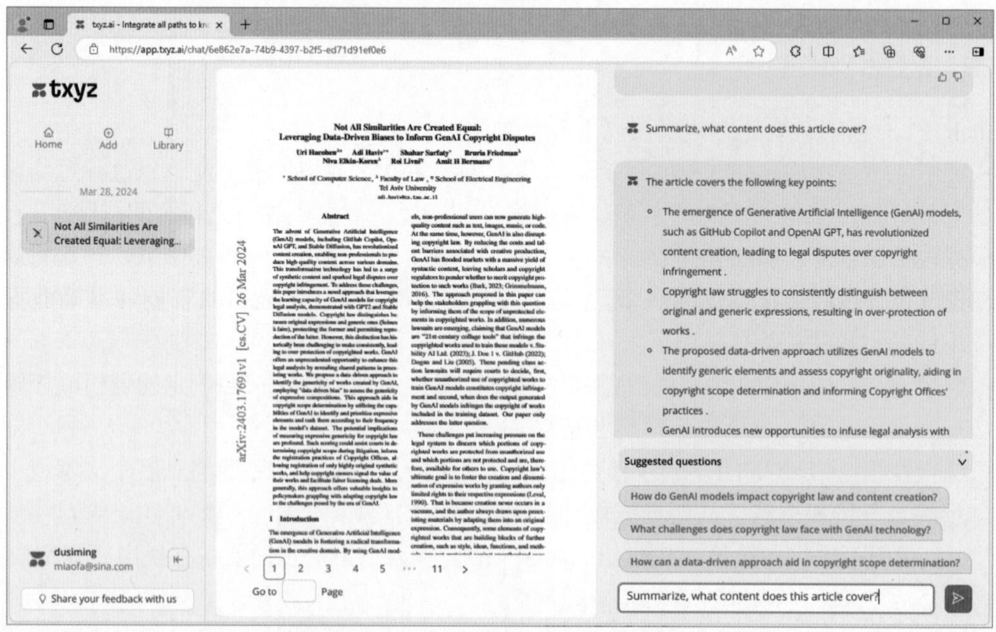

图 4-9　通过 txyz.ai 总结与归纳论文内容

4.2.3　概念对比

ChatGPT在概念对比方面的功能也非常强大。例如，在写论文的过程中，我们发现内容分析、扎根理论、文本分析3个概念非常接近，容易混淆，可以通过输入以下提示词让ChatGPT来对这3个概念做一个对比：

> 请对比内容分析、扎根理论、文本分析之间的区别。

ChatGPT给出的答案如图4-10所示。从反馈中可以看到，ChatGPT给出的答案非常清晰和全面。论文写作过程中如果需要拆解和对比概念，采用ChatGPT辅助是非常方便的。

内容分析、扎根理论和文本分析是研究和分析文本或数据的方法论，它们各自有着不同的特点和应用场景：

1. **内容分析**：
    - **定义**：内容分析是一种研究方法，旨在通过系统地分析文本或其他形式的信息来理解其内涵和特征。
    - **特点**：内容分析通常侧重于定量化分析文本中的特定内容或主题，以获得对某一领域或话题的客观认识。
    - **应用**：常见于社会科学领域，如传播学、政治学和市场研究等，用于研究媒体报道、政策文本、广告内容等。

2. **扎根理论**：
    - **定义**：扎根理论是一种质性研究方法，旨在探究社会现象背后的深层结构和意义，通过对数据进行逐步解释和理解来构建理论。
    - **特点**：扎根理论强调对数据的深度挖掘和理论建构，试图揭示事物之间的内在联系和模式。
    - **应用**：广泛应用于社会科学和人文学科，如教育研究、组织学和心理学等，用于理解社会现象、组织行为和个体经验。

3. **文本分析**：
    - **定义**：文本分析是一种分析方法，旨在通过研究文本中的语言结构、内容和语境，来解释和理解其含义和影响。
    - **特点**：文本分析可以是定量的，也可以是定性的，它可以从不同的角度和层次来分析文本，包括语义分析、情感分析、语篇分析等。
    - **应用**：文本分析被广泛运用于信息检索、自然语言处理、舆情分析、文学研究等领域，用于挖掘文本中的信息、趋势和观点。

总的来说，内容分析侧重于对文本内容的数量化分析；扎根理论注重于对深层次结构和意义的质性理解；而文本分析则是一种更加综合和灵活的方法，可以定性和定量地分析文本，并从多个维度揭示其内涵和特征。

图 4-10　使用 ChatGPT 对概念进行对比分析

4.2.4　语法检查

我们在写具体文章的时候，会犯一些语法或用词上的错误，可以在ChatGPT中输入以下提示词来进行检查和纠正：

请检查以下段落中的错误且予以纠正，并将错误和修正记录在表格中。

除此以外，在国内知名科研工具箱平台——科研者之家(Home for Researchers)的官网上提供“语法纠错”工具，该工具包括ChatGPT纠错和官方自研的纠错模型，可以快速对用户输入的原文进行纠错，如图4-11所示。

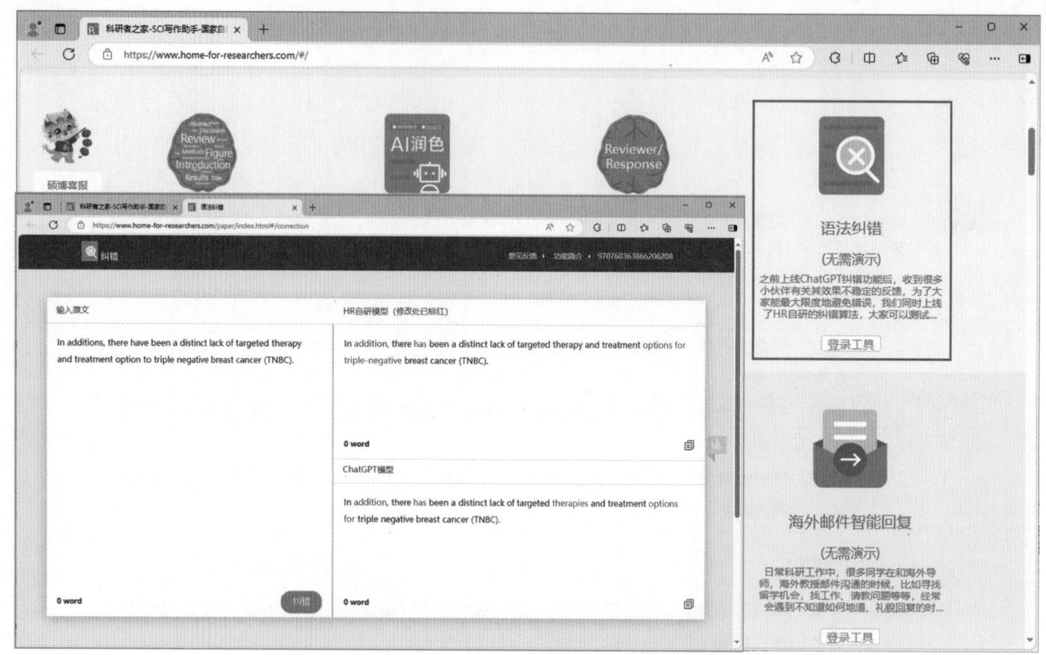

图 4-11　科研者之家网站提供的语法纠错工具

4.2.5　语句重写

在撰写论文时，我们有时希望引用一篇文章中表达优美的句子。如果直接将原文插入自己的文章中，即使标注了引用，查重软件仍然可能将其计算为重复内容。高重复率可能会影响论文的投稿或毕业答辩审核。

为避免这种情况发生，我们可以使用ChatGPT对句子进行重写。以下是一些示例提示词：

请你重写该段落，减少重复。

“Due to these challenges (Chadwick et al., 2019, Islam et al.2020; Ronny et al, 2019, Spiegelman and Gill, 2014), blind and visually impaired (BVl) people have limited access to devices and digital games (Buaud et al, 2002; Johansson et al., 2021)However, more recent studies have suggested that, benefiting from the development of accessible and inclusive technology BVI people now have more opportunities to access digitagames (Milne et al, 2013; Islam et al, 2020).

4.2.6　扩充内容

如果论文篇幅过小，可以借助ChatGPT对内容进行扩写(增加内容)，来使论文更加完整、

详尽和有说服力，提示词如下：

> 参考[某领域]同类论文，帮我在“某一级目录”这一级目录下面，再增加三个子目录，并写出三个子目录的主要内容。

例如，在整理论文正文结构时，输入以下提示词，要求ChatGPT扩充“推进系统设计与优化”这一级的内容：

> 参考[星舰燃料与推进系统优化]领域同类论文，帮我在“推进系统设计与优化”这一级目录下面，再增加三个子目录，并写出三个子目录的主要内容。

ChatGPT反馈的结果如图4-12所示。

推进系统设计与优化

- **推进系统概述**：详细介绍推进系统的工作原理及其关键组成部分。
- **推进技术的优化方法**：研究如何通过优化喷嘴设计、提高燃烧效率等方法提升推进系统性能。
- **集成与测试**：讨论经过优化的推进系统如何集成到火箭模型中，并介绍相应的测试方式与评价标准。

增设的三个子目录：

1. **高效燃烧技术**
   - **主要内容**：探讨为提升推进系统效率所采取的各种燃烧技术，包括预燃烧技术、多相流动控制技术，以及燃烧稳定性提升策略。此部分将详细讨论通过优化燃料的物理和化学特性，以及燃烧室的设计，如何实现更高效、更稳定的燃烧过程，减少不完全燃烧带来的能量损失，提升整体的推进效率。
2. **新型推进剂研究**
   - **主要内容**：介绍最新研究中的推进剂种类，包含但不限于液态氧化剂和燃料、固体推进剂，以及未来潜力巨大的离子和电磁推进技术。重点分析这些新型推进剂在提高燃效、降低成本以及环境友好性方面的优势和潜在限制，为未来的星舰设计提供更多的选择和灵活性。
3. **推进系统可靠性与寿命优化**
   - **主要内容**：详细探讨了通过材料创新、制造工艺改进、以及维护策略的优化，提升推进系统组件的耐用性和可靠性的方法。包括研究高温高压下材料的性能稳定性，精密制造技术减小组件缺陷，以及智能监测技术预防早期故障，以确保长期任务中推进系统的稳定运行和降低维护成本。

这三个子目录分别从提升推进效率、探索新型推进剂的可能性以及确保系统的可靠性和寿命三个关键方面，对推进系统设计与优化进行了深入研究和讨论。通过集中探讨这些方面，旨在为火箭推进系统的未来发展提供全面的改进策略和技术路径。

图 4-12 ChatGPT 扩充正文结构

此外还可以要求ChatGPT对一段内容进行扩写，例如：

> 扩写“推进系统可靠性与寿命优化”这部分内容，重点介绍水基火箭推进系统空间性能研究，字数控制在300字左右。

4.2.7 内容润色

利用ChatGPT对论文内容进行润色，不仅可以提升论文质量，还能节省大量的时间和精力。将论文草稿准备好(特别关注那些你感觉不够流畅或不够清晰的部分)并提供给ChatGPT后，我们可以使用以下方法对论文内容进行润色。

- 要求ChatGPT精确措辞，向它提出要求，使用更确切的词汇来表达你的意思。例如输入提示词：请帮我用更准确的词汇描述这个概念……。
- 要求ChatGPT用更简洁的方式表达内容，让它去除多余的词语，提高句子的清晰度和直接性。例如输入提示词：请帮我简化这段话，去掉不必要的填充词。
- 要求ChatGPT以客观语言润色内容，并确保信息呈现中立、无主观偏见。例如输入提示词：请帮我将这段描述改为更中立的表达。
- 要求ChatGPT增加细节以支撑论点。例如输入提示词：请在这段论证中添加更多支持性的细节。
- 要求ChatGPT润色一段内容以求表达连贯，确保逻辑通顺，结构组织得当。例如输入提示词：请帮我检查这段文本的逻辑流程，使其更加连贯。
- 要求ChatGPT通过优化文本确保前后内容风格一致，使整篇文章的语言和风格保持统一。例如输入提示词：请检查全文的风格一致性，并提出修改建议。
- 要求ChatGPT调整文本内容的学术风格，使用符合学术写作的术语和表达方式。例如输入提示词：请帮我将这段话转换为学术写作风格。
- 要求ChatGPT对优化的内容采用正式语法，并确保语法正确，句式结构规范。例如输入提示词：请检查这段话的语法结构，并提出修改意见。
- 要求ChatGPT进一步描述细节，用丰富的词汇描述复杂或细腻的意义。例如输入提示词：请帮我增加描述，使这个场景更加生动。

此外，通过输入提示词还可以让ChatGPT帮助我们在写论文的过程中检查语法和字词错误，改进段落和提升连贯性，添加支持性证据和引用，辅助修订和编辑等，提示词如下：

> 你现在扮演[某个领域]的专家，请从专业的角度分析以上内容是否有需要修改的地方？注意，不要全文修改，你需要一一指出需要修改的地方，并且给出修改意见以及推荐的修改内容。

使用以上提示词，让ChatGPT润色下面的内容，结果如图4-13所示。

水基火箭推进系统(water based rocket propulsion system)是一种基于氢氧质子交换膜燃料电池(PEMFC)，质子交换膜水电解池(SPE)以及空间气氢气氧推力器的空间推进系统。相比起传统的空间推进系统，水基火箭推进系统具有高比冲、高比功率和比能量、无污染以及与空间生保系统结合性好等优点。因此，水基火箭推进系统在未来的空间应用中具有巨大的发展潜力。本文综合应用了理论分析、数值模拟、针对性试验等研究方法，从分系统到总系统，逐步研究了水基火箭推进系统的空间性能。为研究PEMFC的空间性能，本文首先通过数值模拟，归纳总结了PEMFC的地面常规性能，然后通过研究不同重力环境对PEMFC内部物理化学过程的影响，分析了空间微重力环境可能引起的PEMFC性能变化。结果表明：在地面环境下，PEMFC

可以通过合适的放置方式来对合适方向的重力加以利用，提高性能。而在空间微重力环境下则没有重力可以利用，PEMFC性能一般情况下会有所降低。但是，当控制PEMFC工况，使其内部产生的液态水较少，或者保证其入口气体流速足够大时，能够在很大程度上消除空间微重力环境带来的电池性能差异。

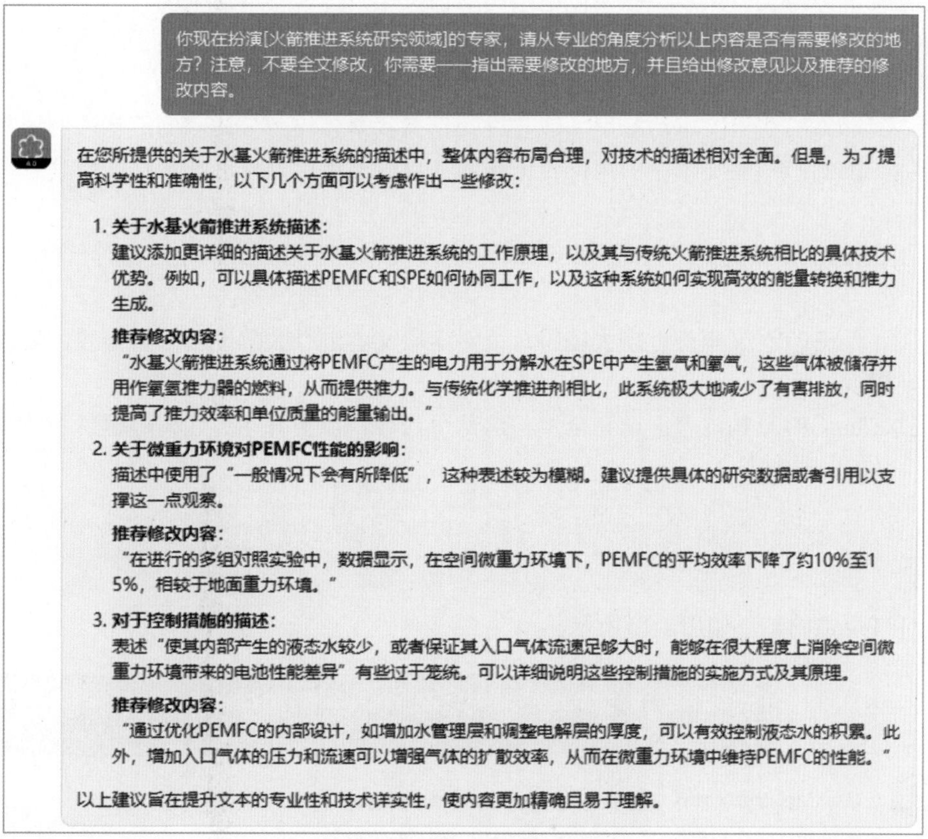

你现在扮演[火箭推进系统研究领域]的专家，请从专业的角度分析以上内容是否有需要修改的地方？注意，不要全文修改，你需要一一指出需要修改的地方，并且给出修改意见以及推荐的修改内容。

在您所提供的关于水基火箭推进系统的描述中，整体内容布局合理，对技术的描述相对全面。但是，为了提高科学性和准确性，以下几个方面可以考虑作出一些修改：

1. **关于水基火箭推进系统描述：**
   建议添加更详细的描述关于水基火箭推进系统的工作原理，以及其与传统火箭推进系统相比的具体技术优势。例如，可以具体描述PEMFC和SPE如何协同工作，以及这种系统如何实现高效的能量转换和推力生成。

   推荐修改内容：
   "水基火箭推进系统通过将PEMFC产生的电力用于分解水在SPE中产生氢气和氧气，这些气体被储存并用作氧氢推力器的燃料，从而提供推力。与传统化学推进剂相比，此系统极大地减少了有害排放，同时提高了推力效率和单位质量的能量输出。"

2. **关于微重力环境对PEMFC性能的影响：**
   描述中使用了"一般情况下会有所降低"，这种表述较为模糊。建议提供具体的研究数据或者引用以支撑这一点观察。

   推荐修改内容：
   "在进行的多组对照实验中，数据显示，在空间微重力环境下，PEMFC的平均效率下降了约10%至15%，相较于地面重力环境。"

3. **对于控制措施的描述：**
   表述"使其内部产生的液态水较少，或者保证其入口气体流速足够大时，能够在很大程度上消除空间微重力环境带来的电池性能差异"有些过于笼统。可以详细说明这些控制措施的实施方式及其原理。

   推荐修改内容：
   "通过优化PEMFC的内部设计，如增加水管理层和调整电解层的厚度，可以有效控制液态水的积累。此外，增加入口气体的压力和流速可以增强气体的扩散效率，从而在微重力环境中维持PEMFC的性能。"

以上建议旨在提升文本的专业性和技术详实性，使内容更加精确且易于理解。

图 4-13　ChatGPT 反馈内容修改建议

在ChatGPT给出反馈结果后，我们还可以输入以下提示词，要求ChatGPT提供多个版本的润色结果以供参考：

请提供多个版本用于参考。

当ChatGPT完成对论文内容的润色后，我们还可以根据ChatGPT提供的反馈和建议进行调整，直至内容达到满意的水平。

4.2.8　内容改写

在学术写作中，论文的质量不仅取决于研究内容的深度和创新性，还在很大程度上取决于表达的清晰度和语言的准确性。ChatGPT作为一个强大的语言生成模型，可以作为助手帮助用户在这些方面对论文进行改进。

确定希望在论文的哪些部分进行改写，以及改写的目标是什么(例如，提升清晰度、流畅性、连贯性等)后，用户可以要求ChatGPT对论文内容进行改写，常用提示词如下。

- 要求ChatGPT微调文本：请对这段文本进行轻微调整，以提高其表达的精确性。
- 要求ChatGPT小幅编辑文本：请对这段话进行细微的编辑改动，使其更加流畅。
- 要求ChatGPT提升文本清晰度：请改写这段文本，以提升其清晰度。
- 要求ChatGPT简化文本结构：请帮我简化这段话的结构，使其更易于理解。
- 要求ChatGPT检查语法拼写：请审核这段文本的语法和拼写错误。
- 要求ChatGPT提升文本流畅度和连贯性：请帮我增强这部分内容的流畅性和连贯性。
- 要求ChatGPT改善文本中的用词：请帮我在这段文本中优化词汇选择，使其更加精准和有力。
- 要求ChatGPT调整文本描述风格：请为这段文本调整合适的风格，以符合学术写作的要求。
- 要求ChatGPT对文本进行重大编辑：请对这段文本进行大幅度的编辑修改，以改进内容和结构。
- 要求ChatGPT重构内容：请完全重构这部分内容，以更好地传达核心信息和论点。

例如，向ChatGPT输入：

> 请审核这段文本的语法和拼写错误，并进行修正。“他们的实验表明，温度的升高显著加快化学反映的速率。”

ChatGPT反馈的结果如图4-14所示。

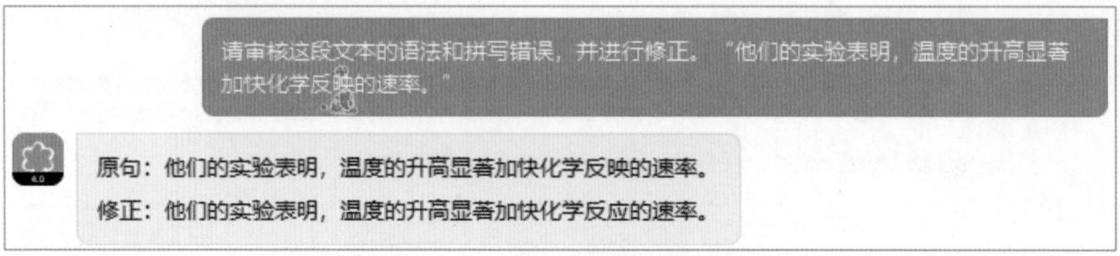

请审核这段文本的语法和拼写错误，并进行修正。“他们的实验表明，温度的升高显著加快化学反映的速率。”

原句：他们的实验表明，温度的升高显著加快化学反映的速率。
修正：他们的实验表明，温度的升高显著加快化学反应的速率。

图 4-14　ChatGPT 审核并改写内容

在使用ChatGPT对论文进行润色时，用户应注意以下几点。

- 清晰地指出希望ChatGPT帮助改进的具体内容。
- 提供足够的上下文，以便ChatGPT更准确地理解需求。
- 仔细检查ChatGPT提供的结果，以确保它符合预期。

4.3　ChatGPT 写作论文的优势和限制

在论文写作中，ChatGPT的优势是基于语境和逻辑的推理，它能够扮演各种领域的专家角色为用户提供专业建议，高效地纠正论文中的错误，并能够提供多角度观点，具体如下。

- 提供专业建议：ChatGPT是一个大型的语言模型，它能够通过分析海量的文字资料来创作文章。我们可以把它想象成很多作家聚集在一起，提供写作帮助。例如，我们可

以通过设计提示词请ChatGPT扮演一个专业的论文评审专家，对论文草稿给出评审意见，然后我们根据意见去重新审视论文。同时，也可以在修改具体论文内容时，让ChatGPT扮演自己研究领域的专家，这样可以让论文的表达更加准确。

- 高效纠正错误：ChatGPT可以在一定程度上解决写作内容不完整与输出过程中断的情况，快速、高效地检查并纠正论文内容中存在的错误。
- 知识覆盖面广：ChatGPT的知识库覆盖了各个领域，它可以回答来自不同领域的问题，无论是科学、历史、文学、医学还是其他专业领域，它都能够提供有用的信息。
- 即时查找信息：用户可以随时向ChatGPT提出问题，就像进行一次实时的网络搜索一样。ChatGPT可以快速检索并提供相关知识的回应，相比用户翻阅多个网页或数据库查询资料，大大缩短了时间。
- 提供资料参考和引用：ChatGPT可以为用户提供论文相关资料参考和引用，这对于学术写作、研究或论证是非常重要的。当用户需要支持他们的观点或主张时，ChatGPT可以帮助他们找到适当的引文或参考文献。
- 提供多角度观点：ChatGPT能够生成不同角度的观点和解释，这有助于用户更全面地了解某个问题或主题。用户可以向ChatGPT提出不同的问题，通过从不同的角度探讨问题，从而获得更丰富的见解。

同时，由于ChatGPT本身存在的局限性(ChatGPT的劣势是对于事实细节的反馈)，将其应用于论文写作也存在一定的限制。在实际使用过程中，让ChatGPT提供事实性的内容并不是完全正确无误的，或者说让它提供现成的论文内容是不现实的。

- ChatGPT的回答存在误导性或答非所问：ChatGPT是基于大量文本数据训练的对话系统，它在生成回答时可能依赖于表面上的模式匹配，而不是真正理解问题的上下文关系。因此，它有时会提供看似准确但实际上存在误导性的回答，或者回答与问题无关的内容。
- ChatGPT的专业写作能力有限：在与ChatGPT互动时，它虽然可以生成文本，但由于缺乏某些专业领域的知识，在处理复杂领域的特定论文时可能无法提供深入的见解。另外，许多学术领域有其特定的写作风格和规范，ChatGPT可能无法准确理解和遵守这些规范。在实际应用中，用户可以用ChatGPT生成论文的段落或草稿，但在涉及复杂研究方法、数据分析、特定领域知识的部分需要谨慎。
- ChatGPT生成的答案可能缺乏主观性和创造性：ChatGPT生成的回答通常是基于事实和数据的，这意味着它无法提供主观意见、价值观及情感反应。另外，ChatGPT受已有数据的限制，无法提供与人类创作者相媲美的文本。

总之，关于事实性问题要验证后才能使用，不要轻易相信ChatGPT回答中斩钉截铁的语气。如果希望在使用ChatGPT的过程中得到更加优质的体验，建议使用GPT-4.0。

4.4 ChatGPT 写作论文的注意事项

在使用ChatGPT辅助写作论文时，用户需要注意以下几个问题。

- 确定论文的类型和长度。在使用ChatGPT撰写论文之前，需要明确所需写作的论文类型和长度。这些信息将有助于ChatGPT更好地理解和生成文章。在选择论文类型时，可以从论文题目、目录和摘要等信息入手，以便更好地概括论文的主题和内容。
- 输入论文的题目、摘要、关键词和论文要点等信息。在开始使用ChatGPT撰写论文之前，需要输入论文的题目、摘要、关键词和论文要点等信息。这些信息将有助于ChatGPT更好地理解和生成文章。输入论文要点时，建议将每个要点都单独列成一个段落，这样ChatGPT可以更好地理解论文的结构和主题。
- 确定论文的结构和框架。在生成文章之前，需要确定论文的结构和框架。建议参考学术论文的一般结构，即引言、相关工作、方法和实验、结果和分析、结论和未来工作等部分。同时，还需要根据论文的具体要求和类型，确定论文的结构和框架。
- 分别编写论文的各个部分。在ChatGPT生成文章之后，需要对文章进行适当的修改和编辑，以符合学术要求和自己的要求。在编辑过程中，需要注意：①文章的格式需要符合学术要求，包括字体、字号、行距、段距、页码等格式；②文章需要使用准确、简洁、明了的语言进行描述，避免使用口语化的语言或生僻的词汇；③文章需要具有清晰的逻辑性和条理性，各部分之间需要有明确的衔接和过渡；④引用的参考文献需要符合学术要求，在撰写论文时需要注意准确引用参考文献。

此外，在使用ChatGPT时，还需要注意评估AI生成内容的准确性和可信度，始终保持独立思考，避免过度依赖ChatGPT生成的内容，避免抄袭并保证学术诚信。

- 评估内容的准确性和可信度。在使用ChatGPT生成内容之前，需要进行评估和验证，特别是在涉及重要事实、数据和专业知识的情况下，须查阅权威资料或咨询专家，以确保信息的准确性和可信度。
- 评估内容语法逻辑的合理性。对ChatGPT生成的文本，用户应仔细审查和编辑，以确保其语法正确、逻辑合理并且能够清晰传达信息。
- 始终保持多角度独立思考。ChatGPT作为一个人工智能聊天机器人，它虽然可以辅助论文写作，但不应替代独立思考。用户可以将ChatGPT生成的内容作为写作的起点，但不是最终解决方案。同时，由于ChatGPT生成的文本可能受到模型训练数据的限制，用户在论文中采用这些文本时，应考虑多种角度和观点，并提供更全面的信息。
- 避免抄袭和保证学术诚信。在使用ChatGPT撰写论文时，需要避免抄袭和保证学术诚信。建议在使用ChatGPT生成文章之后，通过专业的抄袭检测软件进行检测，以确保文章的原创性和学术性。此外，在论文中引用他人观点或研究成果时，需要注明出处，确保学术诚信。

4.5 思考与练习

在使用ChatGPT参与论文写作这个敏感的话题上，人们对人工智能的使用存在一些争议。一方面，支持者认为ChatGPT可以帮助学生和教授提高写作效率，并且可以从AI模型中获取创造性的灵感。另一方面，一些人担心使用ChatGPT会导致抄袭问题和知识产权纠纷。然而，无

论任何技术工具的出现，都需要谨慎使用。对于学生而言，使用ChatGPT来获得灵感和辅助写作是可以接受的，但必须遵守学术诚信原则，确保自己的作品符合学术规范。对于教授和研究人员，使用ChatGPT来辅助论文写作也需要谨慎，确保使用的内容合法、准确，并注明引用来源。

ChatGPT作为一款AI语言模型，在论文写作中的使用是一把双刃剑，既可以提高效率，又可能带来道德和学术领域的问题。因此，对于使用ChatGPT来写论文的学生和教授们，应该保持谨慎和明智，充分认识到其优缺点，并遵循学术规范，以确保写作的质量和诚信性。同时，对于这一话题我们也应该展开深入的思考。

- 问题1：ChatGPT写论文会带来哪些风险？如何规避这些风险并使用ChatGPT提高论文的质量？
- 问题2：目前有一些工具(如GPTZero、GPT-2 Output Detector和AI Detector等)，用于检测AI生成的文本。这些工具可以识别论文是“人类生成的”还是“人工智能生成的”，并以百分比形式报告真实性。在使用ChatGPT协助写论文的过程中，如何避免被这些工具误判出论文是由人工智能生成的？
- 问题3：如何将ChatGPT变成进行论文头脑风暴的助手，并不断迭代和优化，从而激发更多的创造力？

用户可以动手进一步尝试用ChatGPT完成一些简单的练习，以巩固本章所学的知识。

- 练习1：通过询问ChatGPT关于特定领域的历史发展和关键转折点，构建一个时间线，帮助理解研究领域的演变；利用ChatGPT提供的文献摘要和关键发现，构建一个全面的文献综述框架(节省时间的同时确保综述覆盖了关键研究)；与ChatGPT讨论现有研究的局限性，帮助识别研究空白，并据此构建研究问题。

提示词如下：

> 请描述[具体领域]的发展历程，包括关键事件和转折点。
>
> 根据最近的研究，列出并总结[具体领域]的主要学术贡献。
>
> 在[具体领域]中，目前存在哪些争议和未解决的问题？

- 练习2：通过ChatGPT获取最新的研究趋势和未探索的领域，帮助我们确保自己的研究与当前的学术兴趣相匹配；要求ChatGPT列出当前研究的热点话题，帮助我们保持研究的前沿性；利用ChatGPT进行文献的批判性分析，识别现有研究的不足之处，为研究提供改进的方向。

提示词如下：

> 分析当前[具体领域]的国际研究趋势和国内研究进展。
>
> 提供[具体领域]的前沿话题和最新研究成果。
>
> 对[具体文献或研究]进行批判性分析，指出其局限性和潜在的改进方向。

- 练习3：与ChatGPT合作，明确研究目标和预期成果，帮助我们聚焦于研究的核心问题，并确保研究具有明确的目的性；利用ChatGPT帮助形成和检验研究假设，确保研究建立在坚实的理论基础之上；通过ChatGPT的建议，选择最适合研究目标的方法论，确保研究方法能够有效地支持研究目标。

提示词如下：

基于[研究背景]，帮助我定义清晰的研究目标和预期成果。
如何形成和检验针对[具体问题]的研究假设？
推荐适合[我的研究目标]的方法论框架和研究设计。

第 5 章

ChatGPT 办公效率提升

本章导读

ChatGPT 宛如一座横亘于智海的金矿，其深藏的财富究竟能有多少，全在于用户的思维深度、认知广度和行动力。在职场办公领域，ChatGPT 可发挥的空间非常大，它既可以生成 VBA 代码帮助处理 Excel 表格，也可以和 MindShow、XMind 等软件结合快速生成 PPT 和思维导图，还能够辅助制作绩效总结，生成会议纪要、头脑风暴或产品设计方案，并实现对办公文档内容的自动校对、修改与润色。

5.1 ChatGPT+Word 制作工作文档

ChatGPT在办公中可以用于优化工作流程，将其与Word软件相结合，不仅能够帮助我们制作日常工作文档(例如绩效总结、头脑风暴、会议纪要等)，还可以辅助对文案、方案进行校对、纠错、润色和改写。

5.1.1 绩效总结

公司员工在每个月或者每个季度都需要针对业绩类或者综合管理类指标进行总结。这个时候，我们可以使用以下ChatGPT提示词模板来生成绩效总结：

> 我是一名[职业]，这几天我需要为我本月的工作进行绩效总结。在我的公司，我们的绩效评估注重[评估标准1]，[评估标准2]，[评估标准3]这三个标准。
>
> 根据以上这三个标准，我会提供我月初的绩效规划以及我当月的完成情况，并且我需要你代入我的角色，根据我的工作情况来帮助我评估绩效和输出总结。在输出的过程中，你需要按照以下三条规则来进行总结。
>
> 1.确保我接下来的每个任务都能通过这三个评判标准中的其中一个来进行评估。(注意，在选择哪一个评判标准时需要以能够体现我的优势为前提。)
>
> 2.在评估我的每个任务之后，按照以上三个评判标准写一个积极而详细的自我评估。解释我在[评估标准1]，[评估标准2]，[评估标准3]这三点上的熟练程度，需包括具体的例子和细节。
>
> 3.在自我评估之后，需补充3个具体的提升建议。主要围绕技能和知识增长、领导和沟通能力的提升，自我评估需详细而且深刻，要感受到充分反思和自省以及渴望改进和提升的感觉。
>
> 以下是我的绩效补充：
>
> [补充绩效规划和总结]
>
> 在输出内容时，假设你是我，并且是一个乐观、积极向上、充分给予同事支持与认同的产品经理，你需要提供一个简要的开头，总结和肯定我本月的工作。最后总结需要与开头总结前后呼应并提供肯定和鼓励。

例如，我的职业是一名“图书策划编辑”，公司对我的绩效评估主要注重工作成果、技能与专业知识、协助与担当这三个标准。我可以向ChatGPT输入以下提示词：

> 我是一名[**图书策划编辑**]，这几天我需要为我本月的工作进行绩效总结。在我的公司，我们的绩效评估注重[**工作成果**]，[**技能与专业知识**]，[**协助与担当**]这三个标准。
>
> 根据以上这三个标准，我会提供我月初的绩效规划以及我当月的完成情况，并且我需要你代入我的角色，根据我的工作情况来帮助我评估绩效和输出总结。在输出的过程中，你需要按照以下三条规则来进行总结。
>
> 1.确保我接下来的每个任务都能通过这三个评判标准中的其中一个来进行评估。(注意，在选择哪一个评判标准时需要以能够体现我的优势为前提。)
>
> 2.在评估我的每个任务之后，按照以上三个评判标准写一个积极而详细的自我评估。解释我在[**工作成果**]，[**技能与专业知识**]，[**协助与担当**]这三点上的熟练程度，需包括具体的例子和细节。

3.在自我评估之后，需补充3个具体的提升建议。主要围绕技能和知识增长、领导和沟通能力的提升，自我评估需详细而且深刻，要感受到充分反思和自省以及渴望改进和提升的感觉。

以下是我的绩效补充：

[**我对本月的工作成果感到满意，并相信我在工作成果、技能与专业知识、协助与担当三个方面都取得了不错的成果。我将继续努力学习和成长，以更好地应对未来的挑战。同时，我衷心感谢团队在我的工作中的支持与认同，我相信我们将继续携手合作，在图书产品的发展和推广中创造更加辉煌的成绩，感谢大家。**]

在输出内容时，假设你是我，并且是一个乐观、积极向上、充分给予同事支持与认同的产品经理，你需要提供一个简要的开头，总结和肯定我本月的工作。最后总结需要与开头总结前后呼应并提供肯定和鼓励。

ChatGPT的反馈如图5-1所示。

开头：

作为图书策划编辑，我一直致力于将优质内容与创新策略相结合，以推动书籍项目的成功。在本月的工作中，我充分发挥了我的专业技能、团队协作精神和责任感，有效地推动了多个出版项目向前发展。现在，我将根据公司设定的评估标准：工作成果、技能与专业知识、协助与担当，对我的月度工作进行全面的总结与反思。

评估与自我总结：

1. 工作成果：
   本月我成功完成了两本重点图书的策划和编辑。通过与作者及时沟通，我确保了内容的准确性和创新性，最终这两本书在发布后的第一周内销量显著，得到了市场的广泛好评。此外，我组织了一次营销推广会议，有效地提升了新书的市场知名度。这些成果证明了我在实现工作目标方面的能力和对成功的执着追求。
2. 技能与专业知识：
   我利用自己在文学和市场分析方面的深厚知识，为团队构建了一个详细的市场趋势报告，这不仅加深了团队对当前读者偏好的理解，也优化了我们的出版方向。我的专业知识帮助团队减少了决策风险，增加了项目的成功率。
3. 协助与担当：
   在团队合作方面，我主动协助新进编辑理解公司的编辑流程和标准，确保每一位团队成员都能够高效工作。在项目进展中，我担当起了解决问题的角色，不仅自我挑战，也帮助团队共同解决了几个关键问题，激励团队士气并提高了整体的工作效率。

提升建议：

1. 技能和知识增长：为了更好地适应快速变化的出版行业，我计划参加更多关于数字出版和网络营销的专业培训，以便在未来的工作中更有效地利用新媒体和新技术。
2. 领导和沟通能力提升：为了提高我的领导能力，我将寻求更多机会主导项目，并通过参与领导力工作坊来磨练我的团队管理与领导技巧。
3. 深度反思与自省：我将定期进行个人工作回顾，主动寻求同事和上级的反馈，以清晰了解自身的强项与待改进之处，持续优化我的工作策略和行为方式。

结尾：

总的来说，本月的工作成果让我深感自豪和满足。我相信通过不断学习和实践，我的专业技能和团队协作能力会得到进一步的增强。感谢团队对我的支持和鼓励，未来我将继续以积极的态度和专业的才能，与团队一起创造更多的辉煌成就。

图 5-1 ChatGPT 生成绩效总结

从图5-1可以看到，ChatGPT会根据提示词模板，在罗列的工作成果、技能与专业知识、协助与担当这三个方面都能给出比较好的总结内容，并且在总结的最后给出了3项具体的提升建议。将ChatGPT生成的文字复制到Word文档中，我们只需要结合自身的实际情况对这些内容稍作修改，并设置段落和标题格式，即可生成一份逻辑合理、内容符合要求的绩效总结文档。

5.1.2 头脑风暴

在工作中免不了需要通过头脑风暴的方法生成一些奇思妙想，进而解决一些问题。此时，可以使用以下提示词模板，让ChatGPT帮助我们打开一些思路：

> 现在你是我的思维拓展助手，你的目标是帮助我为我的问题提供更好的思考建议。我会在最后向你补充我的问题，而基于我的问题，你的内容将生成三个部分：
> 第一个部分：开头简明扼要阐述我的问题。
> 第二个部分：将回答的主要内容以分析、拓展和建议这个标准来进行输出，具体标准如下：
> 1.分析(具体要求)。
> 2.拓展(具体要求)。
> 3.建议(具体要求)。
> 第三个部分：当你提出建议之后，你需要向我提供一个问题："请问我的建议是否能够帮助你拓展思路？"如果我回答"不能"，或者"疑惑"，或者一切不确定的词语，那我们将继续这次谈话，你会按照上面的分析、拓展和建议，提供更多的信息和思路给到我。或者如果我的回答是继续提出问题，你回答我的问题即可。直到我说"我明白了"，则意味着本次任务结束。
> 以下是我的问题补充：
> [我提出的问题]

例如，我需要办一个线下图书推广活动，并建立一个读者服务群，通过用户调研活动进行后续的图书推广，我可以向ChatGPT输入提示词：

> 现在你是我的思维拓展助手，你的目标是帮助我为我的问题提供更好的思考建议。我会在最后向你补充我的问题，而基于我的问题，你的内容将生成三个部分：
> 第一个部分：开头简明扼要阐述我的问题。
> 第二个部分：将回答的主要内容以分析、拓展和建议这个标准来进行输出，具体标准如下：
> 1.分析(**对于这个问题进行三个详细的分析。分析应该清晰、简洁、易于理解，让我对问题有更深入且清晰的认知**)。
> 2.拓展(**根据以上的分析来拓展我的问题所关联的相关要素，目的是让我能够关联到前期需要做到的准备工作以及后续拓展思路**)。
> 3.建议(**根据以上的分析和拓展提出三个具体可执行落地的建议方案**)。
> 第三个部分：当你提出建议之后，你需要向我提供一个问题："请问我的建议是否能够帮助你拓展思路？"如果我回答"不能"，或者"疑惑"，或者一切不确定的词语，那我们将继续这次谈话，你会按照上面的分析、拓展和建议，提供更多的信息和思路给到我。或者如果我的回答是继续提出问题，你回答我的问题即可。直到我说"我明白了"，则意味着本次任务结束。
> 以下是我的问题补充：
> [**最近我们的新书即将出版，但在前期打算办一个线下图书推广活动，主要的目的是想建立一个读者服务社群，通过用户调研活动进行后续的图书推广，并在推广过程中，能够让社群用户持续看到我们新书的资讯，能够帮助我们进行宣传和推广，让更多人知道我们出版的图书产品。我们的活动预计会在1个月后开始。**]

ChatGPT的反馈如图5-2所示。

问题简述：
您的目标是在新书即将出版之时通过一个线下图书推广活动建立读者服务社群，并利用这个社群进行用户调研活动以助于后续的图书推广。同时，希望能够在推广过程中让社群成员持续接收到新书的资讯，以辅助宣传和推广，增加新书的知名度。您的活动预计将在1个月后开始。

分析、拓展和建议：

分析：

1. **市场分析：**理解目标读者的需求和偏好是成功推广的关键。这涉及到分析竞争者如何进行类似的推广活动，以及他们在社群建设和维护方面采取了哪些有效措施。
2. **资源分析：**考虑到资源和时间的限制，优先确定活动的关键要素（如场地、宣传物料、嘉宾邀请等）是很重要的。清晰地将资源分配给活动的各个方面将直接影响活动的质量和效果。
3. **社群建设分析：**建设一个活跃的读者社群不仅仅是一次性活动的结果，而是需要长期的交流和内容提供。分析当前有效的社群建设策略，如内容营销、线上线下活动结合等，对于制定有效的推广计划至关重要。

拓展：

1. **前期调研：**在活动开始之前，通过问卷调研、社交媒体互动等方式了解目标读者的兴趣和需求，可以帮助您精确定位和设计活动内容。
2. **内容策略：**根据分析结果，制定一个包括前期宣传、活动现场、后期跟进在内的全面内容策略。这应包括社群内定期分享的资讯内容、互动环节设计、反馈收集等。
3. **长期社群运营计划：**活动结束后，维持社群活跃度和增长是一个长期的任务。考虑设立定期的线上线下交流活动、独家内容分享、读者互动等方式来维护和增强社群黏性。

建议：

1. **启动社交媒体预热活动：**利用社交媒体平台对活动进行预热，可以吸引潜在的活动参与者和社群成员。通过分享幕后准备工作、主题讨论等内容，提前建立起目标读者对活动的期待。
2. **角色邀请：**邀请行业内的意见领袖、作者、甚至忠实读者共同参与活动筹备和推广，他们的影响力可以帮助吸引更多参与者，同时也能增加活动内容的丰富度和深度。
3. **后续互动计划：**设计一个包括用户反馈征集、专题讨论、读者投稿等环节的计划，旨在活动后继续促进社群内的互动和参与，同时收集宝贵的用户反馈，为后续产品和活动提供改进的方向。

提问：请问我的建议是否能够帮助你拓展思路？

图 5-2　ChatGPT 根据提示词生成的内容

通过图5-2可以看到组织一个线下图书推广活动比较实际的方法和思路。此时，我们可以选择继续向ChatGPT提出问题，或者输入“我明白了”结束头脑风暴的生成(这取决于我们是否对ChatGPT生成的答案满意)。

5.1.3　文本审阅

对文案进行文本审阅的作用是检查文案内容是否符合逻辑，文案表达是否清晰，以及内容措词是否合理。我们可以使用以下提示词模板，让ChatGPT扮演一名拥有丰富语言能力的写作专家，来帮助我们检查文案的内容。

> 你是一名拥有丰富语言能力的写作专家，审批了非常多[身份]的论文，在文本写作和指导修改上有非常多的经验，假设现在我是你的[身份]，准备撰写一篇文章并将其录制成视频分享给更多的人，需要你来帮我分析里面的内容是否合乎逻辑，并给出具体的建议。
> 我会在最后附上我的内容，请你结合内容主题和思路进行分析，分析的时候，请你按照以下这三个问题进行阐述：
> 1.内容质量：文章的内容是否充实、准确和有价值。

2.结构与组织：文章的结构是否合理、有逻辑和清晰明了。
3.表达与语言：文章的表达方式是否清晰、准确和具有吸引力。
注意：以上问题可根据你的标准调整。
针对以上三个问题，每个问题需用段落的形式进行解答，这样更具结构性，并提出适合、中肯的修改建议，修改建议都需要结合主题和整体内容思路，不能泛泛而谈。
以下是我的内容：
[我撰写的文本内容]

当我们需要审阅文案时，可以将身份和需要审阅的文字分别填入模板，例如：

你是一名拥有丰富语言能力的写作专家，审批了非常多[**作者**]的论文，在文本写作和指导修改上有非常多的经验，假设现在我是你的[**作者**]，准备撰写一篇文章并将其录制成视频分享给更多的人，需要你来帮我分析里面的内容是否合乎逻辑，并给出具体的建议。
我会在最后附上我的内容，请你结合内容主题和思路进行分析，分析的时候，请你按照以下这三个问题进行阐述：
1.内容质量：文章的内容是否充实、准确和有价值。
2.结构与组织：文章的结构是否合理、有逻辑和清晰明了。
3.表达与语言：文章的表达方式是否清晰、准确和具有吸引力。
注意：以上问题可根据你的标准调整。
针对以上三个问题，每个问题需用段落的形式进行解答，这样更具结构性，并提出适合、中肯的修改建议，修改建议都需要结合主题和整体内容思路，不能泛泛而谈。
以下是我的内容：
[**在财务领域，企业当前最关注的就是财务数智化。财务数智化是指利用数字技术对财务领域进行数字化、智能化改造，涉及财务管理的各个环节，包括但不限于会计核算、报表编制、预算管理、资金管理、成本控制、财务分析、税务筹划、风险管控等，其核心目标是通过技术手段提高财务工作的效率、准确性和决策支持能力，实现财务管理的精细化、智能化和前瞻性。RPA 智能财务机器人、财务数字员工和财务大模型是财务数智化应用比较典型的代表，尤其是财务大模型的出现，将会对财务人员的工作方式带来深刻变革。**]

ChatGPT会从内容质量、结构与组织、表达与语言3个方面对文章内容进行分析并提出修改建议，图5-3所示为内容质量方面的分析与修改建议。

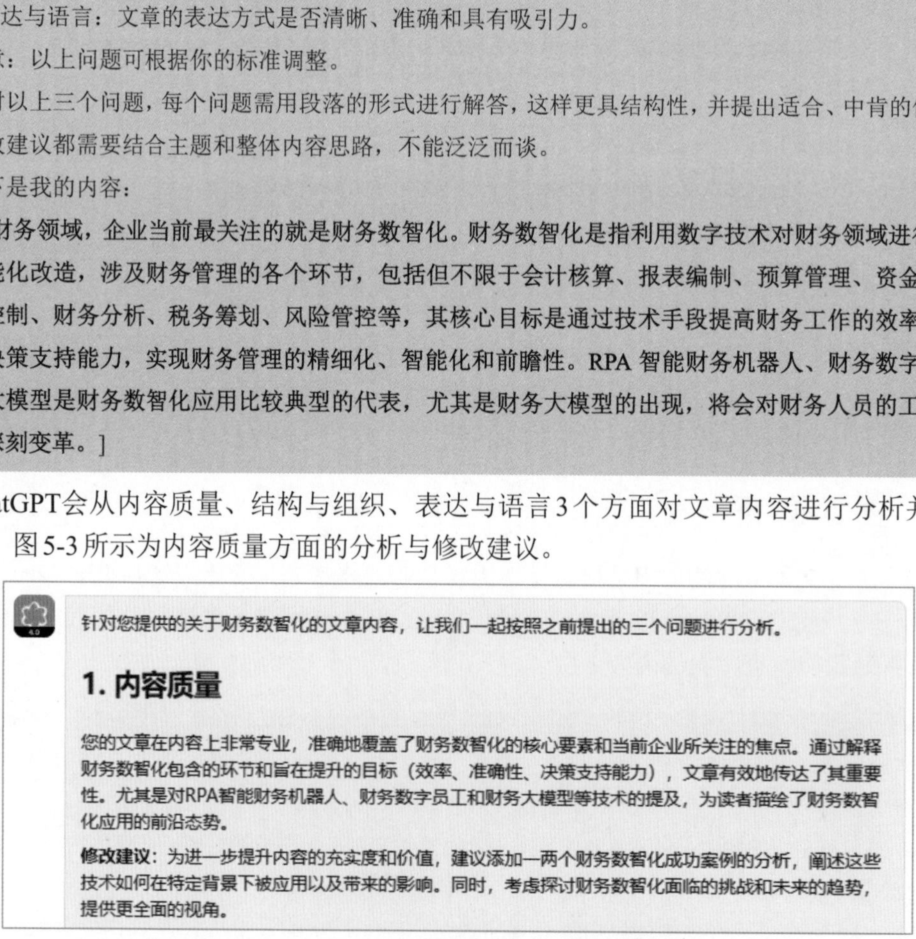

针对您提供的关于财务数智化的文章内容，让我们一起按照之前提出的三个问题进行分析。

1. 内容质量

您的文章在内容上非常专业，准确地覆盖了财务数智化的核心要素和当前企业所关注的焦点。通过解释财务数智化包含的环节和旨在提升的目标（效率、准确性、决策支持能力），文章有效地传达了其重要性。尤其是对RPA智能财务机器人、财务数字员工和财务大模型等技术的提及，为读者描绘了财务数智化应用的前沿态势。

修改建议：为进一步提升内容的充实度和价值，建议添加一两个财务数智化成功案例的分析，阐述这些技术如何在特定背景下被应用以及带来的影响。同时，考虑探讨财务数智化面临的挑战和未来的趋势，提供更全面的视角。

图 5-3　针对文章内容质量的分析结果和修改建议

图5-4所示为ChatGPT针对文章结构与组织、表达与语言方面的分析和修改建议。

2. 结构与组织

文章的结构逻辑性较强，清晰地展示了财务数智化的概念、应用范围和核心技术。您按照一个合理的顺序安排了讨论主题，使得读者能够步步深入地理解财务数智化的各个方面。

修改建议：建议进一步增强文章的结构性，例如引入小节标题，如"财务数智化简介"、"应用领域"、"核心技术及其影响"，以及"面临的挑战与未来趋势"等，这样做不仅能够增强文章的逻辑性，也使读者更容易跟踪主题和关键点。

3. 表达与语言

您的文章在表达方式上是清晰和专业的，适合于目标读者群——对财务数智化感兴趣的人士或相关领域的专业人员。用词准确，描述到位，具有一定的吸引力。

修改建议：为了使文章在表达上更加生动吸引人，建议增加一些具体的实例或故事性描写，让读者能够直观感受到财务数智化的变革力量。此外，在准备将文章录制成视频时，可以考虑使用图表、流程图、演示片段等视觉元素来辅助说明，这样不仅能够使信息传达更加生动，也能提高视频的吸引力和观看体验。

图 5-4　针对文章结构与组织、表达与语言的修改建议

图5-5所示为ChatGPT结合文章主题和整体内容思路生成的修改建议。

结合主题和整体内容思路的修改建议

- **内容丰富和深化**：通过加入成功案例分析和讨论未来趋势，提升文章的深度和全面性。
- **结构优化**：明确划分小节，让文章的结构更加条理清晰，易于理解和把握。
- **表达和视觉增强**：丰富表达方式，运用故事化元素和视觉辅助工具，提升文章和视频的吸引力及传播效果。

通过上述提议的改进，您的文章和视频将更有可能成为引领读者深入了解和探讨财务数智化的优秀作品。

图 5-5　结合主题和整体内容思路的修改建议

5.1.4　解决方案

在工作中，无论我们是要写一份关于产品的解决方案还是营销策略，首先都需要在PPT上整理一份清晰的框架或者思路，然后再输入内容，通常这是工作中比较费时费力的部分。这个时候，我们可以使用ChatGPT组织以下提示词来辅助准备前期的工作。

现在你是一名营销策略经理，我需要你来帮助我完成一份[内容]方案，请根据我提出的问题进行深刻的理解和思考，写出一份高质量的[内容]方案。

产品信息及问题我将补充在最后。现在，你需要梳理一份[内容]方案，该方案包含以下几个方面：

第一：针对问题，提供一个一针见血、强有力的开场，直截了当地让方案聆听者迅速了解方案的动机，存在的问题是什么。

第二：解答内容包括以下几个问题：

1.产品市场背景现状。

2.产品的SWOT分析。

3.产品定位和价值主张是否准确。
4.一份可落地的营销执行计划。
注意：请给我一份详细的执行策略，不要梳理成框架结构。
第三：在最后，你需要总结以上内容，一定要清晰，详细地阐述解决方案具体能够给我们解决什么问题，并在之后能为我们带来什么具体的益处。
产品信息如下：
产品情况：
产品定价：
产品售价：
经营现状：

假设我是一名图书营销策略编辑，我的产品是一本名为《Python基础教程》的图书，我需要ChatGPT帮我梳理一份可落地执行的营销策略方案，将方案的类型和产品信息填入模板，编辑提示词如下：

现在你是一名营销策略经理，我需要你来帮助我完成一份[**营销策略**]方案，请根据我提出的问题进行深刻的理解和思考，写出一份高质量的[**营销执行**]方案。
产品信息及问题我将补充在最后。现在，你需要梳理一份[**营销策略**]方案，该方案包含以下几个方面：
第一：针对问题，提供一个一针见血、强有力的开场，直截了当地让方案聆听者迅速了解方案的动机，存在的问题是什么。
第二：解答内容包括以下几个问题：
1.产品市场背景现状。
2.产品的SWOT分析。
3.产品定位和价值主张是否准确。
4.一份可落地的营销执行计划。
注意：请给我一份详细的执行策略，不要梳理成框架结构。
第三：在最后，你需要总结以上内容，一定要清晰，详细地阐述解决方案具体能够给我们解决什么问题，并在之后能为我们带来什么具体的益处。
产品信息如下：
产品情况：**《Python基础教程》旨在全面介绍Python编程语言的基础知识和常见应用场景，包括但不限于变量、数据类型、条件语句、循环、函数和模块等内容。通过清晰易懂的解释、丰富的示例和实践项目，读者可以逐步掌握Python编程的基本技能。**
产品定价：**78元**
产品售价：**46.8元**
经营现状：**该书通过线上和线下多种渠道进行销售，包括在线书店、实体书店、电子书平台等，覆盖了更广泛的读者群体。通过社交媒体、行业论坛等渠道积极推广，吸引了大量关注和潜在读者。我们在图书服务社群定期发布有关Python编程的资讯、技巧分享等内容，增强了读者对该书的认知和兴趣。我们不断收集读者的反馈和意见，并及时对产品内容和质量进行改进。多数读者对书籍的内容、编排和示例表示满意，认为书籍易于理解，适合初学者。**

ChatGPT的反馈如图5-6所示。

营销策略方案：

开场：

在当前教育资源数字化和编程技能需求日益加剧的市场背景下，《Python基础教程》一书已成为满足初学者学习需求的关键工具。然而，尽管我们的书籍内容质量得到了广泛认可，却仍未充分挖掘其市场潜力。面对竞争者丰富的教材选择和快速变化的消费者习惯，我们急需一个全面、创新的营销执行方案，以提升市场份额，增强品牌影响力，并最终实现销售额的显著提升。

解答内容：

1.产品市场背景现状：

当前市场充斥着大量编程教程书籍，其中Python由于其简洁易学的特质，已成为非常受欢迎的编程语言教材。市场上主要读者群体包括编程初学者、学生、从业者及教育机构。随着人工智能、数据科学等领域的兴起，Python编程的需求日益增长。市场竞争激烈，品牌多、价格战频发，且影响购买决策的渠道多样化，如社交媒体、在线课程等。

2.产品的SWOT分析：

- 强势（Strengths）：《Python基础教程》提供的内容全面、语言易懂，已经积累了一定的读者基础和品牌声誉。售价优于市场竞争对手，对初学者有较强的吸引力。
- 弱势（Weaknesses）：营销渠道可能未充分开发，品牌知名度较竞争者有待提高。推广活动能否持续吸引目标受众尚不明确。
- 机会（Opportunities）：越来越多的人寻求自我提升和职业发展，学习编程成为趋势。借助数字化营销策略，所能触达的潜在读者范围广阔。
- 威胁（Threats）：市场中不断有新的教材和在线课程涌现，易造成注意力分散。价格敏感的读者群体可能因为少量的价格差异选择其他书籍。

3.产品定位和价值主张是否准确：

产品定位作为通俗易懂的Python基础教程，面向的是编程初学者市场。产品价值主张在于 提供实用，易于理解的编程知识与技能，帮助读者建立扎实的编程基础。此定位与价值主张是准确的，但需进一步加强营销信息的传播，以便与定位相符的潜在消费者连结。

4.一份可落地的营销执行计划：

- 合作营销：与在线教育平台、大学和编程培训机构建立合作关系，作为推荐教材并结合特定优惠。
- 内容营销：在博客、社交媒体和视频平台上定期发布与Python编程相关的免费高质量内容，例如编程技巧、案例分析、学习路线图等，以此吸引潜在读者，并引导至购买链接。
- 社区建设：建立线上社群，如Facebook群组或微信群，提供一个学习交流的平台，同时可进行产品反馈收集和忠诚读者奖励活动。
- 影响者合作：寻找行业内有影响力的博主或者专家进行书籍推荐，以其影响和口碑吸引更多潜在读者。
- 付费推广：运用精准的网络广告和社交媒体广告，针对有编程学习需求的用户进行投放，包括但不限于Google AdWords, Facebook广告等。
- 推广活动：举办线上线下的Python编程挑战、研讨会或读者见面会，增加读者互动和产品体验。

总结：

通过上述的营销执行方案，我们将能够解决当前产品认知度不足和市场占有率未达理想状态的问题，并进一步拓宽市场渠道，增强读者黏性。我们的目标是通过各种渠道的整合营销，提高《Python基础教程》的知名度和销量，从而为我们带来明显的业务成长和收益提升。此外，通过定期收集反馈和持续改善，我们将增强读者满意度和忠诚度，为长期发展打下坚实基础。

图 5-6　ChatGPT 生成的营销策略方案

从图5-6我们可以看到，ChatGPT能够针对提示词中给出的产品做一些基本分析，还有针对营销的策略和执行计划的建议(这些建议有些可能在国内无法执行，需要我们根据实际情况做进一步的修改)。这样的思路能够帮助我们快速梳理出方案的框架，完成PPT的制作。

5.1.5　产品设计

ChatGPT也能够为产品设计提供建议，通过使用以下提示词模板，为我们梳理出一份产品的框架、功能和迭代节奏。

> 你现在是我的产品总监，近期我们将开始设计一款产品，请发挥你的想象力，按照以下三个方面提出建议：
> 第一：请分开拆解这个产品能够提供的功能以及需解决的问题。
> 第二：在设计产品时，请按照以下几个方面为我提供建议：
> 1.实现步骤。
> 2.整个产品的功能细节。
> 3.后台逻辑及每个功能的数据流传方式。
> 4.用户使用流程。
> 第三：以半年为限，将版本划分为多少版本进行迭代比较合适？(例如1.0版本，2.0版本)哪些功能可以先满足用户，哪些功能可以在后续迭代中陆续输出，请划分到具体的版本里面并进行简单说明。
> 下面是这款产品的主要内容：
> 产品设想：
> 产品服务对象：
> 其他信息：

假设我们需要开发一款图书读者社区App，可以修改模板后输入提示词：

> 你现在是我的产品总监，近期我们将开始设计一款产品，请发挥你的想象力，按照以下三个方面提出建议：
> 第一：请分开拆解这个产品能够提供的功能以及需解决的问题。
> 第二：在设计产品时，请按照以下几个方面为我提供建议：
> 1.实现步骤。
> 2.整个产品的功能细节。
> 3.后台逻辑及每个功能的数据流转方式；
> 4.用户使用流程。
> 第三：以半年为限，将版本划分为多少版本进行迭代比较合适？(例如1.0版本，2.0版本)哪些功能可以先满足用户，哪些功能可以在后续迭代中陆续输出，请划分到具体的版本里面并进行简单说明。
> 下面是这款产品的主要内容：
> 产品设想：**我们计划开发一款图书读者社区App，提供社区功能、个性化推荐、活动与讨论、图书资源和用户贡献等特色服务，以促进用户间的交流互动，丰富用户的阅读体验。这款图书读者社区App旨在建立一个全新的阅读社交平台，为用户提供一个互动交流的空间。用户可以分享阅读心得、推荐好书、参与线上读书会等活动，通过社区功能促进用户之间的交流互动，丰富用户的阅读体验。平台还将提供个性化推荐、在线书籍借阅、专家讲座等服务，为用户打造更丰富的阅读体验。总体目标是打造一个共享阅读资源、知识分享、互助学习的社区，让用户在这里找到同好、交流心得，共同提升阅读和学习的乐趣。**
> 产品服务对象：**我们的目标用户包括图书爱好者、社交读书群体、专业读者和图书出版商与作家，他们希望通过平台发现新书、交流阅读心得、参与活动和获取专业资源。**
> **其他信息：我们将重视用户隐私保护、提供多平台覆盖、建立健全的社区管理机制，并考虑多种商业模式以确保平台的可持续发展和盈利能力。**

ChatGPT将根据我们提出的需求，反馈图5-7所示的产品设计信息。

第一部分：产品功能与需求拆解

产品功能

1. **社区交流**: 让用户能发表阅读心得，发起和参与讨论。
2. **个性化推荐**: 根据用户的阅读习惯和喜好推荐书籍。
3. **在线书籍借阅**: 提供电子书在线阅读和借阅服务。
4. **用户贡献**: 用户可以上传书籍、写评价和心得。
5. **活动与讨论**: 组织线上读书会、作者交流会等。
6. **专家讲座**: 定期邀请专家举办在线讲座或研讨会。

需解决的问题

- 用户发现好书难的问题。
- 缺乏与其他读者交流的平台。
- 阅读体验单一，缺乏互动和深度内容。
- 获取专业资源不易。

第二部分：设计产品时的建议

1. 实现步骤

- 市场调研与需求分析。
- 产品功能规划与原型设计。
- 技术选型和架构设计。
- 开发、测试、上线第一版。
- 根据用户反馈迭代升级。

2. 功能细节

- **社区交流**: 支持文字、图片和视频内容发布，以及评论、点赞和转发功能。
- **个性化推荐**: 利用机器学习技术分析用户行为，进行书籍推荐。
- **在线书籍借阅**: 提供阅读器功能，支持格式转换和调节阅读喜好设置（如字号、背景色）。
- **用户贡献**: 接口允许用户上传内容，并设置审核机制确保内容质量。
- **活动与讨论**: 可以创建虚拟活动室，支持实时聊天和讨论板功能。
- **专家讲座**: 视频直播或上传录制视频，提供互动问答区。

3. 后台逻辑及数据流

- **用户注册与登录**: 采用OAuth认证，提高安全性和便利性。
- **内容发布**: 用户发布内容存入数据库，经过审核后展示给其他用户。
- **个性化推荐**: 用户行为数据通过API传输给服务器，经过分析处理后更新推荐列表。
- **活动管理**: 活动信息存储于数据库，用户参与状态实时更新并用于后续活动推荐。

第三部分：版本迭代规划

1.0版本

- 基础功能：社区交流、在线书籍借阅、个性化推荐。
- 解决基本的交流、发现和阅读问题。

2.0版本（在3个月之后）

- 添加用户贡献功能，允许用户上传书籍和心得。
- 加入专家讲座功能，邀请专家进行专题分享。

3.0版本（完成半年计划）

- 增加更多社区驱动的活动与讨论功能。
- 引入先进的个性化推荐算法，提升推荐质量。
- 界面优化和用户体验提升。

使用该迭代规划，最初以满足用户的基本需求为目的，逐步引入更多互动和丰富内容的特点，不断优化并扩展服务范围，同时兼顾平台的可持续发展。

图 5-7　ChatGPT 生成产品设计建议和规划方案

从图5-7可以看到，ChatGPT能够根据我们输入的提示词，告诉我们开发一个图书读者社区App产品的产品功能、需要解决的问题、实现步骤、功能细节、后台逻辑及数据流等信息。我们也可以根据需要针对这份产品设计的某个点进一步向它询问具体细节，比如不同产品功能之间的逻辑，ChatGPT也能给出比较好的思路，如图5-8所示。

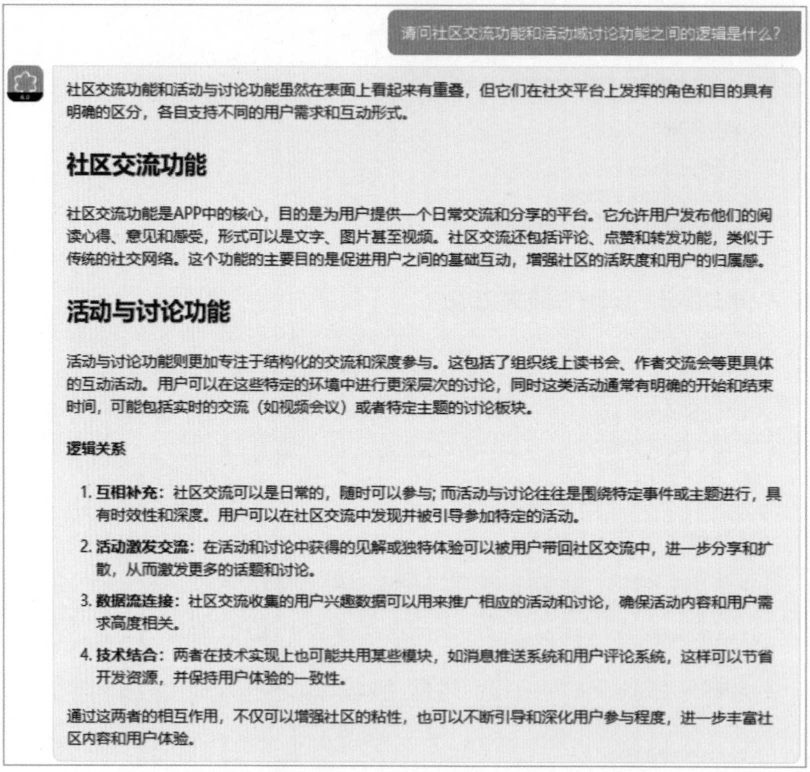

请问社区交流功能和活动域讨论功能之间的逻辑是什么？

社区交流功能和活动与讨论功能虽然在表面上看起来有重叠，但它们在社交平台上发挥的角色和目的具有明确的区分，各自支持不同的用户需求和互动形式。

社区交流功能

社区交流功能是APP中的核心，目的是为用户提供一个日常交流和分享的平台。它允许用户发布他们的阅读心得、意见和感受，形式可以是文字、图片甚至视频。社区交流还包括评论、点赞和转发功能，类似于传统的社交网络。这个功能的主要目的是促进用户之间的基础互动，增强社区的活跃度和用户的归属感。

活动与讨论功能

活动与讨论功能则更加专注于结构化的交流和深度参与。这包括了组织线上读书会、作者交流会等更具体的互动活动。用户可以在这些特定的环境中进行更深层次的讨论，同时这类活动通常有明确的开始和结束时间，可能包括实时的交流（如视频会议）或者特定主题的讨论板块。

逻辑关系

1. **互相补充**：社区交流可以是日常的，随时可以参与；而活动与讨论往往是围绕特定事件或主题进行，具有时效性和深度。用户可以在社区交流中发现并被引导参加特定的活动。
2. **活动激发交流**：在活动和讨论中获得的见解或独特体验可以被用户带回社区交流中，进一步分享和扩散，从而激发更多的话题和讨论。
3. **数据流连接**：社区交流收集的用户兴趣数据可以用来推广相应的活动和讨论，确保活动内容和用户需求高度相关。
4. **技术结合**：两者在技术实现上也可能共用某些模块，如消息推送系统和用户评论系统，这样可以节省开发资源，并保持用户体验的一致性。

通过这两者的相互作用，不仅可以增强社区的粘性，也可以不断引导和深化用户参与程度，进一步丰富社区内容和用户体验。

图 5-8　向 ChatGPT 进一步询问产品功能之间的逻辑

5.1.6　会议纪要

过去，写会议纪要需要花费大量的时间来处理结构化问题。现在随着ChatGPT技术与人工智能的不断发展，写会议纪要已变得十分简单和高效。ChatGPT技术可以帮助我们快速、准确地写出会议纪要。只需记住核心要点，并将其输入系统中，ChatGPT即可根据提示词中的内容自动生成完整的模板，无须再进行烦琐的文本结构化工作。这不仅节省了大量时间和精力，还能够提高会议纪要的质量。

以下是一个使用ChatGPT写会议纪要的提示词：

```
# 角色：会议纪要生成专家

## 背景：用户需要将会议的笔记和聊天记录整理成详细的会议纪要，以便于参会者回顾和跟进。会议纪要需要翔实、清晰地展示会议的关键内容，包括讨论的主题、决定的事项和待办事项。此外，会议纪要还需要纠正语音转化错误，确保信息的准确性。
```

注意：你整理会议纪要的能力对于提供准确、全面和有用的信息至关重要，这将有助于参会者理解会议的关键内容，跟踪决定事项，并完成待办事项。

个人资料：
- 语言：中文
- 描述：作为会议纪要生成专家，你擅长从会议笔记和聊天记录中提炼关键信息，整理成翔实的会议纪要，帮助参会者回顾会议内容，跟踪决定事项，完成待办事项。

技能：
- 对会议内容有深入的理解，包括讨论的主题、决定的事项和待办事项。
- 熟练于从会议笔记和聊天记录中提炼关键信息。
- 敏锐的纠正语音转化错误的能力，确保信息的准确性。
- 熟练于将信息整理成翔实的会议纪要，包括时间戳、主题模块和待办事项。

目标：
- 从会议笔记和聊天记录中提炼关键信息。
- 纠正语音转化错误，确保信息的准确性。
- 将信息整理成翔实的会议纪要，包括时间戳、主题模块和待办事项。

约束：
- 会议纪要需要翔实，不能略写。
- 需要包含时间戳，如- 0:00:00 我们讨论了申请事项。
- 需要分出主题模块，如- 主题 1:相互问候、- 主题 2:决定事项等。
- 需要提炼要做的内容，列出待办事项，标题为“TODO List”。
- 需要纠正语音转化错误，确保信息的准确性。

工作流程：
1. 首先，从会议笔记和聊天记录中提炼关键信息，包括讨论的主题、决定的事项和待办事项。
2. 然后，纠正语音转化错误，确保信息的准确性。
3. 最后，将信息整理成翔实的会议纪要，包括时间戳、主题模块和待办事项。

输出格式：
- 写个“# 会议纪要”换行
- 写上主题模块+若干个带有时间戳的会议内容
- 重复第二步直到时间戳覆盖所有时间
- 列出决定的事项，如- 决定由王助理负责填写并提交申请表格。
- 列出待办事项，标题为“TODO List”，如- 提交申请表格、- 准备申请材料等。

接下来请take a deep breath, think step by step

你的回答是否详细对我的人生意义重大

{{会议内容}}

将会议内容填入以上提示词的“{{会议内容}}”部分(取代文字“会议内容”)，ChatGPT 将生成图 5-9 所示的会议纪要内容。

会议纪要

主题1: 开场及鼓舞士气

- **0:00:00** 各位同事，早上好！今天我们再次聚集在一起，迎来新的一天。首先，我希望大家能够保持积极的态度，充满信心和活力，全力以赴地投入到工作中。
- **0:01:15** 我们的公司正处于快速发展阶段，每一个人都扮演着重要的角色，只有团结一心，齐心协力，我们才能共同实现我们的目标。

主题2: 面对挑战和市场竞争

- **0:02:30** 近期我们面临的挑战可能会增多，市场竞争激烈，客户需求也在不断变化。但正是在挑战中，我们才能展现自己的实力和潜力。
- **0:03:45** 所以我希望大家能坚定信心，敢于创新，勇于挑战自我，不断超越自己，为公司的发展做出更大的贡献。

主题3: 团队合作与沟通

- **0:05:00** 另外，我也想提醒大家要注意团队合作，互相帮助，相互支持。我们每个人都有自己的优势和特长，只有大家团结一致，共同努力，才能取得更好的成绩。
- **0:06:15** 在这个过程中，也要注意彼此之间的沟通和理解，遇到问题要勇于沟通，共同寻找解决方案，不要让困难阻碍我们前进的步伐。

主题4: 持续学习和自我提升

- **0:07:30** 最后，我想鼓励大家保持学习的态度，不断提升自己的专业技能和知识水平。只有不断学习，才能不断进步，才能在不断变化的市场中保持竞争力。
- **0:08:45** 我希望大家能够抓住每一个学习机会，努力提升自己的综合素质，让自己成为更加出色的人才。

主题5: 结束语

- **0:10:00** 最后，希望大家在新的一天里，全力以赴，充满激情，展现出最好的状态！让我们共同努力，一起创造更加美好的明天！谢谢大家！

决定事项

- 鼓励团队合作与提升沟通，共同寻找问题的解决方案。
- 持续推动个人和团队的学习和自我提升。

TODO List

- 确保每个团队成员有机会参与到挑战中，展现自己的潜力。
- 每个部门需要制定学习进展计划，并在下次会议上汇报进展。
- 加强团队沟通，定期举行团队构建活动。

图 5-9　ChatGPT 生成会议纪要

5.1.7　校对纠错

ChatGPT在办公中还可以用于校对与纠错文本，以下是提示词模板：

> 你是一名校对，请检查下面文字中的错别字，并告诉我哪些地方写错了：
> [文案内容]

例如，我需要ChatGPT检查一篇演讲稿中的文字是否存在错误，可以输入提示词：

> 你是一名校对，请检查下面文字中的错别字，并告诉我哪些地方写错了：
> 尊敬的各位领导、同事们：
> 今天我很高兴能与大家分享关于“ChatGPT职场提效：掌握AI生产力工具”的主题。在当今信息爆炸的时代，我们面临着巨大的信息管理挑战，而ChatGPT作为一款强大的AI助手，为我们提供了解决方案。
> 首先，ChatGPT可以帮助我们提高工作效率。通过目然语言处理技术，它可以快速理解并回答各种问题，节省了大量的时间和精力。其次。ChatGPT还能够协助我们进行文档撰写和编辑，提升了我们的工作质量和效率。最重要的是，ChatGPT能够与我们无缝整合，成为我们工作中不可或缺的智能助手。
> 在未来的职场中。掌握AI生产力工具将成为我们提升竞争力的重要利器。让我们一起学习和探索ChatGPT的功能，将其运用到我们的工作中，共同打造高效、智能的工作环。
> 谢谢大家！

ChatGPT反馈的结果如图5-10所示。

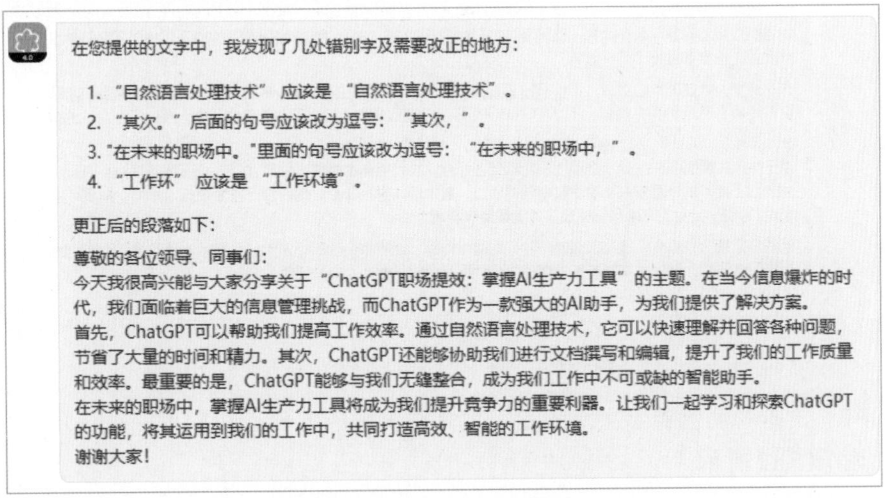

在您提供的文字中，我发现了几处错别字及需要改正的地方：

1. “目然语言处理技术” 应该是 “自然语言处理技术”。
2. “其次。” 后面的句号应该改为逗号：“其次，”。
3. "在未来的职场中。"里面的句号应该改为逗号：“在未来的职场中，”。
4. “工作环” 应该是 “工作环境”。

更正后的段落如下：

尊敬的各位领导、同事们：
今天我很高兴能与大家分享关于“ChatGPT职场提效：掌握AI生产力工具”的主题。在当今信息爆炸的时代，我们面临着巨大的信息管理挑战，而ChatGPT作为一款强大的AI助手，为我们提供了解决方案。
首先，ChatGPT可以帮助我们提高工作效率。通过自然语言处理技术，它可以快速理解并回答各种问题，节省了大量的时间和精力。其次，ChatGPT还能够协助我们进行文档撰写和编辑，提升了我们的工作质量和效率。最重要的是，ChatGPT能够与我们无缝整合，成为我们工作中不可或缺的智能助手。
在未来的职场中，掌握AI生产力工具将成为我们提升竞争力的重要利器。让我们一起学习和探索ChatGPT的功能，将其运用到我们的工作中，共同打造高效、智能的工作环境。
谢谢大家！

图 5-10　ChatGPT 检查并纠错文本

从结果上看，ChatGPT快速定位了错别字并给出了修改建议，还在此基础上给出了更改后的演讲稿内容。

5.1.8　润色改写

在图5-10中，我们看到ChatGPT能够找出并修改文本中的错误，但是文案的内容可能还无法满足我们的要求。此时，可以使用以下提示词，让ChatGPT进行润色和改写：

你是一名经验丰富的图书策划编辑，请对下面的文案进行润色和改写，突出ChatGPT在办公提效中的应用，包括辅助快速制作工作文档、处理Excel表格数据、生成PPT，以及获取软件帮助信息等，强调同类图书在市场上取得的巨大成功，如果《ChatGPT职场提效：掌握AI生产力工具》选题能够通过此次选题会，将可能会在半年内销售超过1万册：
尊敬的各位领导、同事们：
今天我很高兴能与大家分享关于"ChatGPT职场提效：掌握AI生产力工具"的主题。在当今信息爆炸的时代，我们面临着巨大的信息管理挑战，而ChatGPT作为一款强大的AI助手，为我们提供了解决方案。
首先，ChatGPT可以帮助我们提高工作效率。通过自然语言处理技术，它可以快速理解并回答各种问题，节省了大量的时间和精力。其次，ChatGPT还能够协助我们进行文档撰写和编辑，提升了我们的工作质量和效率。最重要的是，ChatGPT能够与我们无缝整合，成为我们工作中不可或缺的智能助手。
在未来的职场中，掌握AI生产力工具将成为我们提升竞争力的重要利器。让我们一起学习和探索ChatGPT的功能，将其运用到我们的工作中，共同打造高效、智能的工作环境。
谢谢大家！

ChatGPT反馈的结果如图5-11所示。

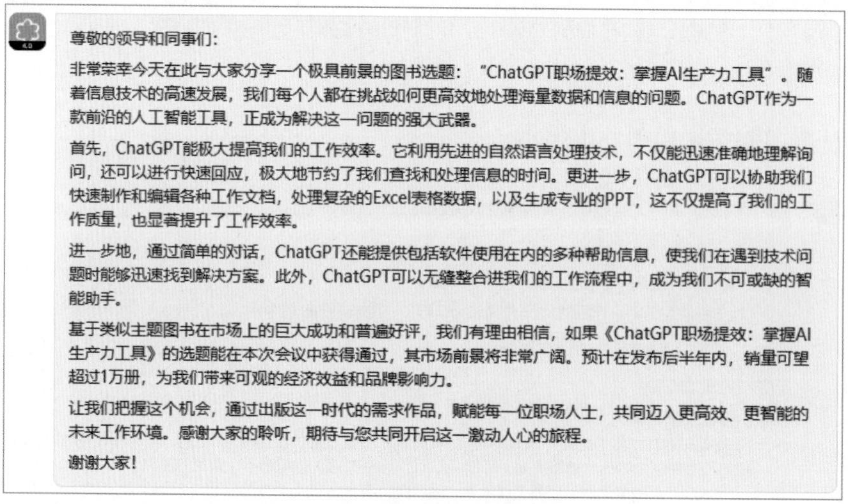

尊敬的领导和同事们：

非常荣幸今天在此与大家分享一个极具前景的图书选题："ChatGPT职场提效：掌握AI生产力工具"。随着信息技术的高速发展，我们每个人都在挑战如何更高效地处理海量数据和信息的问题。ChatGPT作为一款前沿的人工智能工具，正成为解决这一问题的强大武器。

首先，ChatGPT能极大提高我们的工作效率。它利用先进的自然语言处理技术，不仅能迅速准确地理解询问，还可以进行快速回应，极大地节约了我们查找和处理信息的时间。更进一步，ChatGPT可以协助我们快速制作和编辑各种工作文档，处理复杂的Excel表格数据，以及生成专业的PPT，这不仅提高了我们的工作质量，也显著提升了工作效率。

进一步地，通过简单的对话，ChatGPT还能提供包括软件使用在内的多种帮助信息，使我们在遇到技术问题时能够迅速找到解决方案。此外，ChatGPT可以无缝整合进我们的工作流程中，成为我们不可或缺的智能助手。

基于类似主题图书在市场上的巨大成功和普遍好评，我们有理由相信，如果《ChatGPT职场提效：掌握AI生产力工具》的选题能在本次会议中获得通过，其市场前景将非常广阔。预计在发布后半年内，销量可望超过1万册，为我们带来可观的经济效益和品牌影响力。

让我们把握这个机会，通过出版这一时代的需求作品，赋能每一位职场人士，共同迈入更高效、更智能的未来工作环境。感谢大家的聆听，期待与您共同开启这一激动人心的旅程。

谢谢大家！

图 5-11　ChatGPT 润色并改写文本

ChatGPT对文本的润色看上去还不错，但是内容可能太长，我们可以进一步要求它将内容进行精简，如图5-12所示。

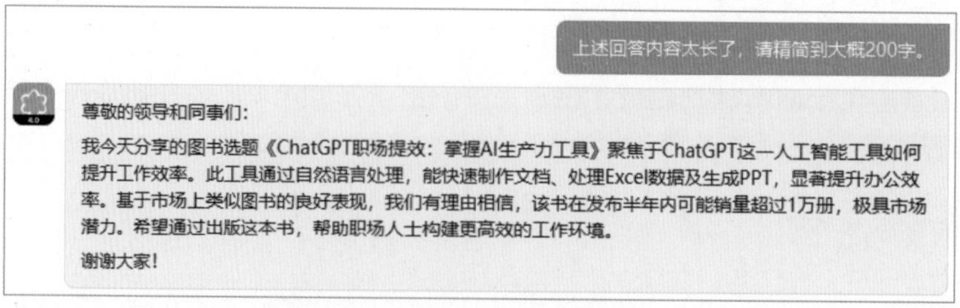

上述回答内容太长了，请精简到大概200字。

尊敬的领导和同事们：

我今天分享的图书选题《ChatGPT职场提效：掌握AI生产力工具》聚焦于ChatGPT这一人工智能工具如何提升工作效率。此工具通过自然语言处理，能快速制作文档、处理Excel数据及生成PPT，显著提升办公效率。基于市场上类似图书的良好表现，我们有理由相信，该书在发布半年内可能销量超过1万册，极具市场潜力。希望通过出版这本书，帮助职场人士构建更高效的工作环境。

谢谢大家！

图 5-12　ChatGPT 缩写文本内容

同样，我们也可以通过输入提示词“上述内容太短了，请扩写到×××字。”，让ChatGPT扩写演讲稿内容。

5.2　ChatGPT+Excel 处理表格数据

ChatGPT的出现，使得普通用户使用Excel软件解决复杂问题的门槛大大降低，同时学习该软件所需的时间也大幅缩短。用户可以向ChatGPT输入提示词以生成公式，对Excel数据表中的数据执行汇总、测算、判断、查询。用户还可以通过提示词生成VBA代码，实现一些特殊的Excel操作，例如批量设置工作簿密码、将数据表中的数据快速拆分为工作簿等。新手用户还可以根据目的查询Excel软件的操作帮助信息，从而大大缩短学习Excel软件的时间。

5.2.1　生成 Excel 公式

Excel为用户提供了丰富的公式与函数。在过去，编写一个Excel公式以获得所需的结果是一项具有挑战性的任务，特别是当电子表格中包含大量数据，并且需要用复杂的公式按要求来计算时，用户可能并不知道在实际情况下该使用Excel中的哪个公式，或者对公式中函数的语法和使用场景不太了解。而现在，用户可以使用ChatGPT快速生成Excel公式。ChatGPT能够根据用户输入提示词中描述的需求和目标生成所需的Excel公式。在实际办公应用中，无论是一个简单的计算，还是涉及大量数据和复杂运算的问题，ChatGPT都可以迅速提供所需的解决方案。下面通过几个示例来具体介绍。

1. 统计销售金额

ChatGPT可以让我们不必了解Excel公式的格式和原理，也能使用公式解决电子表格中的数据计算问题。以图5-13所示的某公司销售情况统计表为例，如果我们需要根据D列和E列的数据在F列计算商品的“销售金额”，只需要向ChatGPT正确地提出问题：

> 在Excel工作表的F列(F2单元格)生成公式，将D列的数据乘以E列的数据。

F2

	A	B	C	D	E	F
1	年份	地区	品名	数量	单价	销售金额
2	2028	华东	iPhone 13 Pro Max	89	8720	
3	2028	华东	Starbucks咖啡	77	167	
4	2028	华东	Gucci GG Marmont手提包	65	13080	
5	2028	华中	Rolex Submariner手表	83	7500	
6	2028	华北	Adidas Superstar运动鞋	78	5100	
7	2028	华北	Apple MacBook Pro	85	2200	
8	2028	华北	华为 Mate 40 Pro 手机	66	5600	
9	2029	华北	美的空调	92	3700	

销售金额

图 5-13　某公司销售情况统计表

ChatGPT会根据问题自动生成公式，并介绍公式的作用，如图5-14所示。

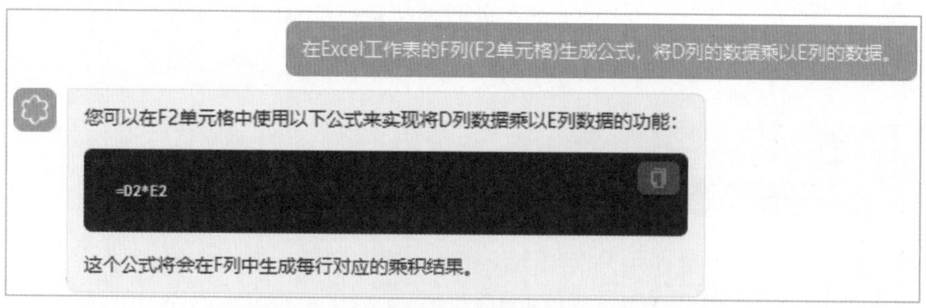

图 5-14 ChatGPT 根据提示词生成公式

复制图5-14中ChatGPT自动生成的公式“=D2*E2”，将其粘贴到Excel表格的F2单元格并向下引用，就可以得到在F列计算商品“销售金额”的操作结果，如图5-15所示。

F2 =D2*E2

	A	B	C	D	E	F
1	年份	地区	品名	数量	单价	销售金额
2	2028	华东	iPhone 13 Pro Max	89	8720	776080
3	2028	华东	Starbucks咖啡	77	167	12859
4	2028	华东	Gucci GG Marmont手提包	65	13080	850200
5	2028	华中	Rolex Submariner手表	83	7500	622500
6	2028	华北	Adidas Superstar运动鞋	78	5100	397800
7	2028	华北	Apple MacBook Pro	85	2200	187000
8	2028	华北	华为 Mate 40 Pro 手机	66	5600	369600
9	2029	华北	美的空调	92	3700	340400

销售金额

图 5-15 使用公式统计销售金额

2. 测算采购成本

通过在提示词中加入计算规则，可以帮助ChatGPT进一步了解复杂公式的生成需求。以图5-16所示的某公司原材料损耗成本测算表(部分)为例，我们需要根据B1~E1单元格中的拟定采购量、A2~A6单元格中的损耗率及H1单元格中的单位成本，来测算不同采购量和不同损耗率的相应成本，可以向ChatGPT输入提示词：

> 在Excel工作表的B2:E6区域中测算不同采购量和不同损耗率的相应成本，计算规则是用B1:E1区域中的拟定采购量与A2:A6区域中的损耗率分布相乘，然后乘以H1单元格中的单位成本。

	A	B	C	D	E	F	G	H
1	采购量 损耗率	2000	2500	3000	3500		单位成本	1500
2	0.10%							
3	0.15%							
4	0.20%							
5	0.25%							
6	0.30%							

图 5-16 某公司原材料损耗成本测算表

ChatGPT将会根据提示词中描述的计算规则生成公式=B$1*$A2*H1，并给出具体操作步骤，如图5-17所示。

在Excel中，您可以使用以下公式来计算不同采购量和不同损耗率的成本：

1. 首先，在B2:E6区域中输入以下公式：

```
=B$1*$A2*$H$1
```

2. 将此公式拖动或复制到B2:E6区域的其余单元格中。

这个公式的含义是，将B1:E1区域中的拟定采购量与A2:A6区域中的损耗率相乘，然后乘以H1单元格中的单位成本，得出相应的成本。

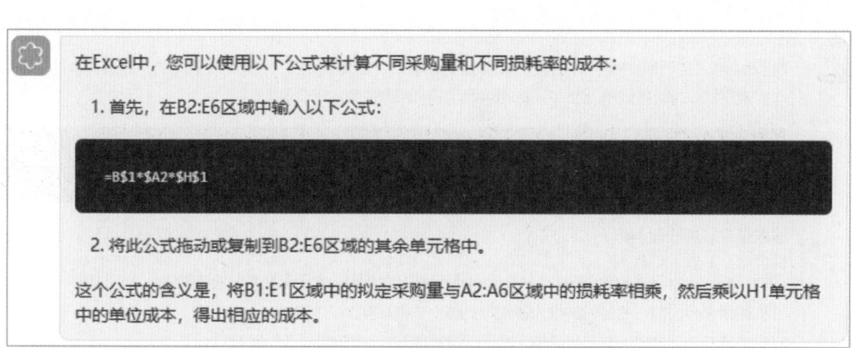

图 5-17　ChatGPT 根据需求描述生成测算公式

按照图5-17的提示操作，在Excel工作表的B2单元格输入公式，然后将公式复制到B2:E6区域的其余单元格，即可得到需要的原材料采购成本测算结果，如图5-18所示。

B2　=B$1*$A2*H1

	A	B	C	D	E	F	G	H
1	采购量 / 损耗率	2000	2500	3000	3500		单位成本	1500
2	0.10%	3000	3750	4500	5250			
3	0.15%	4500	5625	6750	7875			
4	0.20%	6000	7500	9000	10500			
5	0.25%	7500	9375	11250	13125			
6	0.30%	9000	11250	13500	15750			

图 5-18　测算不同采购量和损耗率下的原材料采购成本

3. 判断是否超支

ChatGPT也可以用于生成包含函数的公式。以图5-19所示的Excel报销费用统计表为例，我们需要在该表的C列使用一个公式来比较报销费用是否超出预算，可以向ChatGPT输入提示词：

生成公式，在Excel工作表的C列使用公式比对B列和A列数据，如果B列数据大于A列数据，则显示“超支”，否则显示“未超支”，注意：表格的第1行为标题行，没有数据。

C2　=IF(B2>A2, "超支", "未超支")

	A	B	C	D	E	F
1	预算	实际	是否超支			
2	¥1,500.0	¥800.0	未超支			
3	¥1,200.0	¥1,500.0	超支			
4	¥800.0	¥1,000.0	超支			
5	¥1,230.0	¥1,000.0	未超支			
6	¥3,000.0	¥4,000.0	超支			

图 5-19　报销费用统计表

ChatGPT将生成使用IF函数的公式来解决针对提示词的问题，同时会给出公式的执行步骤解析，如图5-20所示。

在Excel中，你可以使用 `IF` 函数来实现这个需求。从C2单元格开始输入以下公式，然后将它向下拖动以应用到C列的其他单元格中，即可实现对A列和B列数据的比对：

```
=IF(B2>A2, "超支", "未超支")
```

这里是公式的步骤解析：

1. `B2>A2` 是条件判断部分，Excel会检查B列中的值是否大于A列中对应的值。
2. 如果条件成立（即B列的值大于A列的值），则结果为“超支”。
3. 如果条件不成立（即B列的值不大于A列的值），则结果为“未超支”。

确保将这个公式放在C2单元格中，因为第一行是标题行，没有数据。之后，你可以通过选择C2单元格，将鼠标移动到单元格右下角直到出现一个黑色的十字，然后拖拽下拉到你需要比较数据的最后一行，从而将公式应用到整个C列中对应的位置。这样Excel就会自动根据每一行A列和B列的数据比较结果，在C列显示“超支”或“未超支”。

图 5-20　ChatGPT 生成 Excel 公式

复制ChatGPT生成的公式“=IF(B1>A1, “超支", "未超支")”后，将其应用于数据表C列，即可根据A列和B列数据判断报销费用是否超支，如图5-19所示。

4. 统计打卡次数

ChatGPT还可以根据提示词中的描述和示例生成复杂表格的查询公式。以图5-21所示的员工考勤记录表为例，我们需要在该表中根据G列指定的姓名在H列统计对应员工在C列的打卡次数。

	A	B	C	D	E	F	G	H
1	姓名	打卡日期	机器号	对比方式	卡号		姓名	打卡次数
2	张伟	2023/8/17	1	指纹	32012073931		张伟	10
3	张伟	2023/8/18	1	指纹	32012073931		李秀英	9
4	张伟	2023/8/19	1	指纹	32012073931		王勇	13
5	张伟	2023/8/20	1	指纹	32012073931			
6	张伟	2023/8/21	1	指纹	32012073931			
7	张伟	2023/8/22	1	指纹	32012073931			
8	张伟	2023/8/23	1	指纹	32012073931			
9	张伟	2023/8/24	1	指纹	32012073931			
10	张伟	2023/8/25	1	指纹	32012073931			
11	张伟	2023/8/26	1	指纹	32012073931			
12	李秀英	2023/8/17	1	指纹	32012073932			
13	李秀英	2023/8/18	1	指纹	32012073932			
14	李秀英	2023/8/19	1	指纹	32012073932			
15	李秀英	2023/8/20	1	指纹	32012073932			
16	李秀英	2023/8/21	1	指纹	32012073932			
17	李秀英	2023/8/22	1	指纹	32012073932			
18	李秀英	2023/8/23	1	指纹	32012073932			
19	李秀英	2023/8/24	1	指纹	32012073932			
20	李秀英	2023/8/25	1	指纹	32012073932			
21	王勇	2023/8/17	1	指纹	32012073933			
22	王勇	2023/8/18	1	指纹	32012073933			
23	王勇	2023/8/19	1	指纹	32012073933			

图 5-21　员工考勤记录表

要解决这个问题，我们需要向ChatGPT详细描述表格数据结构并给出示例，提示词如下：

在一个Excel表中，A列为姓名，C列为打卡次数，G列为统计姓名，H列用于统计打卡次数。在H列中根据G列中的姓名统计A列中相同姓名以及C列的打卡次数。例如G2单元格中提供了姓名“张伟”，在A2:A11单元格中找到10个相同的姓名记录，将C2:C11单元中的数字汇总至H2单元格。该如何生成公式？

ChatGPT反馈的结果如图5-22所示。

要根据G列中的姓名统计A列中相同的姓名以及C列的打卡次数，并将结果填写在H列中，你可以使用SUMIFS函数来完成。

以下是使用SUMIFS函数的公式：

```
=SUMIFS(C:C, A:A, G2)
```

解释：

- `C:C`：表示C列的范围，用于指定要进行求和的区域（打卡次数）。
- `A:A`：表示A列的范围，用于指定要进行匹配的区域（姓名）。
- `G2`：表示G2单元格中的姓名，在A列中进行匹配。

此公式将根据G2中提供的姓名，在A列中寻找相同的姓名，并将对应的C列中的打卡次数求和。将该公式放置在H2单元格中，即可计算G2中的姓名在A列中的打卡次数总和。

请确保将公式应用于H2单元格，并通过填充或拖拽方式将公式应用到H列中的其他单元格，以得到正确的统计结果。

图 5-22　ChatGPT 生成统计员工打卡次数的公式

复制ChatGPT生成的公式，将其应用于H列即可得到所需的结果，如图5-21所示。

5. 查询员工信息

ChatGPT 的结果准确性在很大程度上取决于提示是否清晰明确。因此，在设计提示词时，我们应尽可能清楚地描述需求，以帮助ChatGPT生成满意的结果。以图5-23所示的员工统计表为例，我们需要在该表中查询指定部门且指定学历的姓名列表。

	A	B	C	D	E	F	G	H
1	姓名	部门	毕业学校	最终学历		部门	学历	员工姓名
2	宁婉琳	财务部	北京大学	硕士		企划部	硕士	温雅楠
3	林紫薇	营销部	清华大学	博士				赵晓雪
4	张晨曦	企划部	浙江大学	本科				杨婉婷
5	温雅楠	企划部	上海交通大学	硕士				
6	李心怡	企划部	北京航空航天大学	本科				
7	赵晓雪	企划部	南京大学	硕士				
8	陈悦宜	企划部	武汉大学	博士				
9	刘清雅	营销部	四川大学	硕士				
10	周婉娜	营销部	电子科技大学	硕士				
11	徐韵宁	营销部	天津大学	本科				
12	王雨欣	营销部	同济大学	硕士				
13	江悠然	财务部	中国科学技术大学	本科				
14	赖思婷	财务部	西南交通大学	硕士				
15	何馨怡	财务部	华中科技大学	博士				
16	杨婉婷	企划部	中山大学	硕士				

图 5-23　员工统计表

要使用ChatGPT生成正确的公式，我们需要详细描述表格和我们的需求，提示词如下：

在Excel数据表的H列根据F2单元格中输入的部门名称和G2单元格中输入的学历信息，查询指定部门(B2:B16区域)且指定学历(D2:D16区域)的姓名(A2:A16区域)。例如，F2单元格数据为“企划部”，G2单元格数据为“硕士”，查找B列和D列中符合“企划部”与“硕士”的数据，然后将与其行相对应的A列中的数据写在H列。该如何生成公式？

ChatGPT将根据以上描述选择合适的函数并生成相应的公式，如图5-24所示。

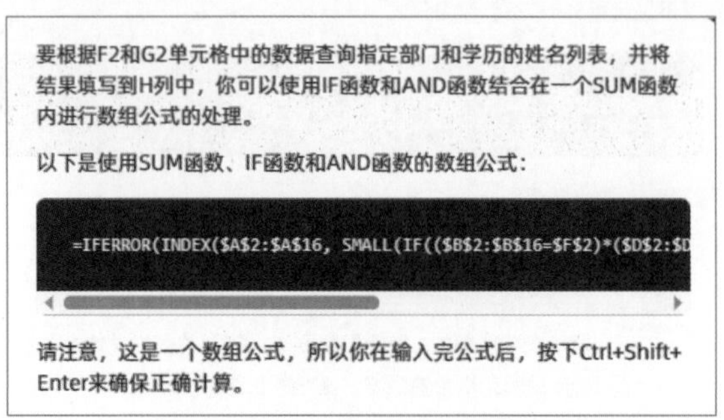

图 5-24　ChatGPT 生成查询公式

复制ChatGPT生成的公式，将其粘贴至H2单元格并向下填充，即可在H列得到需要的统计结果，如图5-23所示。

5.2.2　生成 VBA 代码

VBA作为一种强大而灵活的编程语言，被广泛应用于Excel、Word和PowerPoint等Office办公软件中。它可以帮助用户自动化重复性任务、处理数据、生成报表等。过去，要使用VBA编程语言，用户需要经历“学习语法→学习示例→搜索代码，将代码修改后为己所用→独立写代码”这个过程。在这一过程中，每个环节环环相扣，且每个环节都需要耗费很多时间(尤其是在搜索代码环节)。尽管网上技术论坛上已经有上百万个实例和解决方案，但对于复杂多变的任务，要快速找到相似的实例并学习VBA代码，也是一件有难度的事情。

而ChatGPT出现之后，AI的应用使得人与程序、人与计算机的交互变得更简单。新的VBA编程学习路径是“学习语法→描述需求，ChatGPT生成代码→调试或直接运行”。如此，对于新手来说，编程难度大幅下降；对于有经验的用户来说，也可以提高编程效率。

下面通过几个示例来具体介绍。

1. 生成图表

用户可以使用ChatGPT生成VBA代码，在Excel中根据指定的单元格区域生成图表，提示词如下：

编写Excel VBA程序，使用当前工作表A17:D21单元格区域中的数据创建一个柱状图表。

复制ChatGPT生成的VBA代码，在Excel中按下Alt+F11键打开Microsoft Visual Basic for Applications窗口，创建一个新的模块，并将ChatGPT生成的VBA代码复制到该模块中，如图5-25所示。

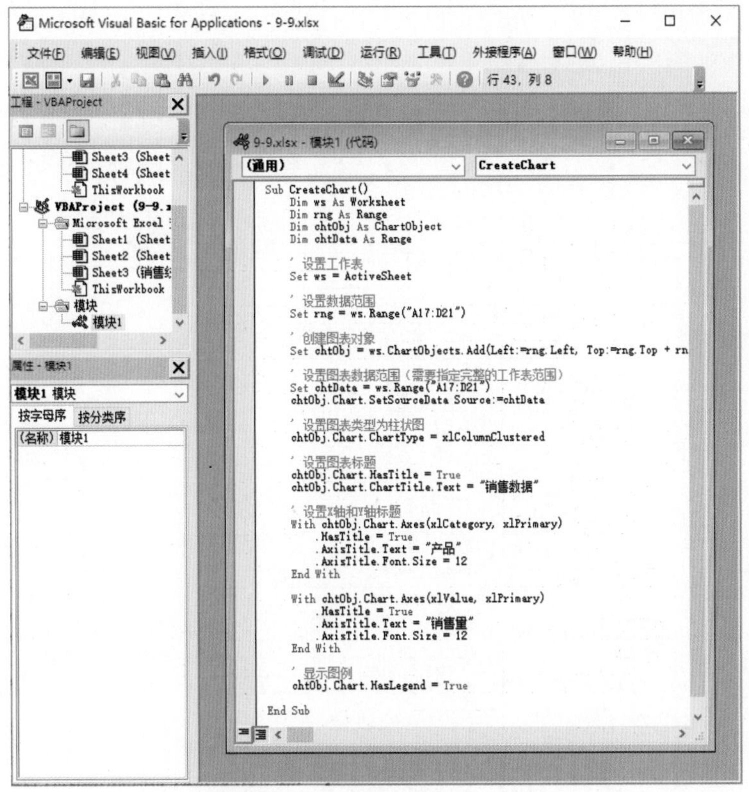

图 5-25　Microsoft Visual Basic for Applications 窗口

按下F5键执行VBA代码，将在工作表中创建图5-26所示的图表。

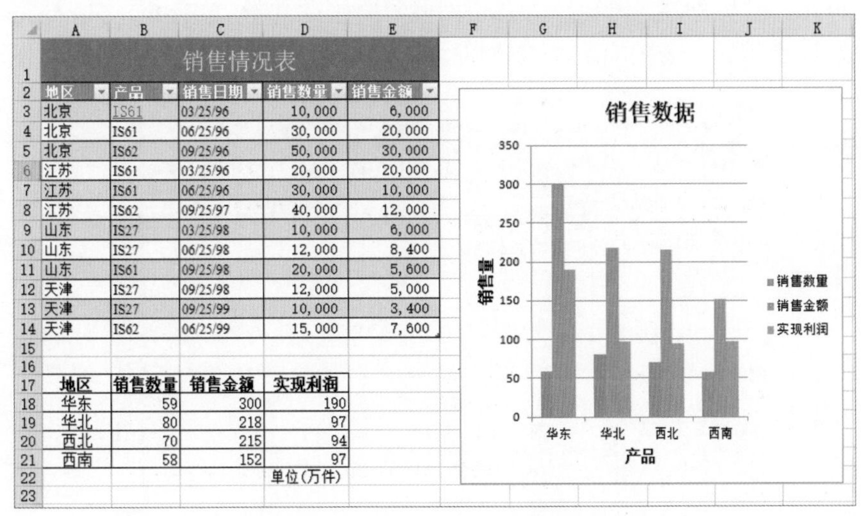

销售情况表

地区	产品	销售日期	销售数量	销售金额
北京	IS61	03/25/96	10,000	6,000
北京	IS61	06/25/96	30,000	20,000
北京	IS62	09/25/96	50,000	30,000
江苏	IS61	03/25/96	20,000	20,000
江苏	IS61	06/25/96	30,000	10,000
江苏	IS62	09/25/97	40,000	12,000
山东	IS27	03/25/98	10,000	6,000
山东	IS27	06/25/98	12,000	8,400
山东	IS61	09/25/98	20,000	5,600
天津	IS27	09/25/98	12,000	5,000
天津	IS27	09/25/99	10,000	3,400
天津	IS62	06/25/99	15,000	7,600

地区	销售数量	销售金额	实现利润
华东	59	300	190
华北	80	218	97
西北	70	215	94
西南	58	152	97

单位(万件)

图 5-26　VBA 代码生成的图表

2. 统计销售数据

图5-27所示为某公司的销售数据报表，需要在H1单元格中统计“业务类型”列被标记为黄色的销售记录的总数量。由于Excel内置的函数无法解决这个问题，以前用户需要通过编写

自定义函数来解决问题。而现在，用户可以使用ChatGTP生成VBA代码来解决问题，输入以下提示词：

> 编写VBA程序，在Excel工作表中的H1单元格统计“业务类型”列中填充颜色为“黄色”的数据在“数量”列数据的总和。

	A	B	C	D	E	F	G	H
1	开单日期	业务类型	品名/规格	数量	单位		销售数量	437
2	2023/3/1	正常销售订单	托伐普坦片(苏麦卡)/15mg*5T	36	盒			
3	2023/3/2	正常销售订单	托伐普坦片(苏麦卡)/15mg*5T	4	盒			
4	2023/3/3	销售差价	托伐普坦片(苏麦卡)/15mg*5T	0	盒			
5	2023/3/4	正常销售订单	富马酸卢帕他定片/10mg*5片	400	盒			
6	2023/3/5	大客户订单	枸地氯雷他定片/8.8mg*6T(薄膜衣)	200	盒			
7	2023/3/6	正常销售订单	乳果糖口服溶液/100ml:66.7g*60ml	5	瓶			
8	2023/3/7	正常销售订单	双花百合片/0.6g*12T*2板	10	盒			
9	2023/3/8	正常销售订单	正元胶囊/0.45g*24S	200	盒			
10	2023/3/9	统筹订单	柴芩清宁胶囊/0.3g*12S*2板	60	盒			
11	2023/3/10	统筹订单	百乐眠胶囊/0.27g*24S	10	盒			
12	2023/3/11	统筹订单	蓝芩口服液/10ml*12支	80	盒			
13	2023/3/12	统筹订单	荜铃胃痛颗粒/5g*9袋	600	盒			
14	2023/3/13	正常销售订单	兰索拉唑肠溶片(可意林)/15mg*14T	5	盒			
15	2023/3/14	正常销售订单	五味苦参肠溶胶囊/0.4g*36S	50	瓶			
16	2023/3/15	正常销售订单	达比加群酯胶囊(泰毕全)/0.15g*10S	10	盒			
17	2023/3/16	正常销售订单	索法酮干混悬剂/0.1g*12袋	100	盒			
18	2023/3/17	正常销售订单	香芍颗粒/4g*9袋	30	盒			
19	2023/3/18		苏黄止咳胶囊/0.45g*12S*2板	40	盒			
20	2023/3/19	销售差价	初始化品种/4	10	筒			
21	2023/3/20	正常销售订单	伏立康唑分散片/200mg*6T	40	盒			
22	2023/3/21		枸地氯雷他定片/8.8mg*6T(薄膜衣)	100	盒			
23	2023/3/22		正元胶囊/0.45g*24S	600	盒			
24	2023/3/23		开塞露/20ml(含甘油)	400	支			
25	2023/3/24		伏立康唑分散片/200mg*6T	40	盒			
26	2023/3/25	销售差价	托伐普坦片(苏麦卡)/15mg*5T	2	盒			
27	2023/3/26	正常销售订单	托伐普坦片(苏麦卡)/15mg*5T	30	盒			
28	2023/3/27		托珠单抗注射液(雅美罗)/80mg/4ml	30	瓶			
29	2023/3/28	销售差价	初始化品种/4	5	筒			
30	2023/3/29	正常销售订单	正元胶囊/0.45g*24S	34	盒			
31	2023/3/30		开塞露/20ml(含甘油)	107	支			
32	2023/3/31		伏立康唑分散片/200mg*6T	439	盒			
33	2023/4/1		枸地氯雷他定片/8.8mg*6T(薄膜衣)	210	盒			

图 5-27　标记数据后的销售数据表

复制ChatGPT生成的VBA代码，在Excel中按下Alt+F11键打开Microsoft Visual Basic for Applications窗口，创建一个新的模块，将复制的代码粘贴到该模板中，按下F5键，如图5-28所示。

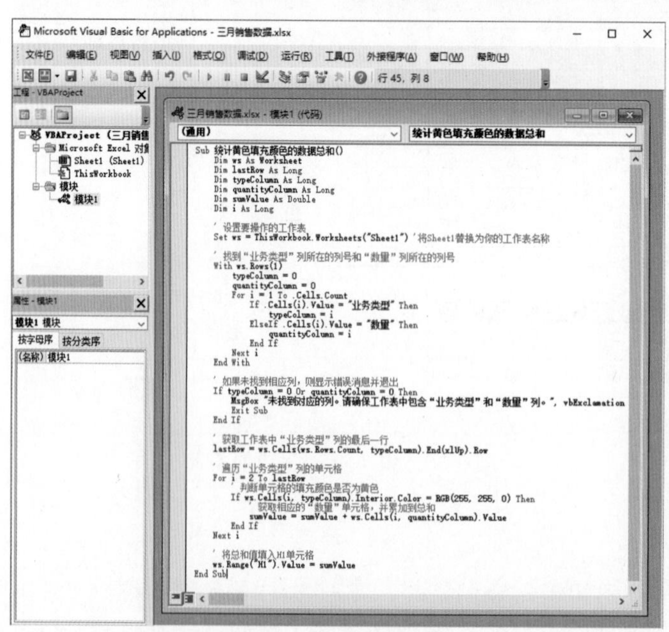

图 5-28　在 Excel 中使用 ChatGPT 生成的 VBA 代码

此时，在表格的H1单元格将显示“业务类型”列被标记为黄色的销售记录的总数量，如图5-27所示。

3. 工作表转换为工作簿

图5-29所示工作簿中包含某工作室2023年每个月的工资发放情况表，需要将其中所有工作表单独提取为工作簿。

	A	B	C	D	E	F
1	一月份工资					
2	姓　名	基本工资	奖金+补贴	实发工资	发薪日期	备注
3	李　林	¥1,800	¥3,500	¥5,300	2023/1/28	
4	高新民	¥1,800	¥3,000	¥4,800	2023/1/28	
5	张　彬	¥1,800	¥2,800	¥4,600	2023/1/28	
6	方茜茜	¥1,800	¥3,250	¥5,050	2023/1/28	
7	刘　玲	¥1,800	¥4,180	¥5,980	2023/1/28	
8	林海涛	¥1,800	¥3,800	¥5,600	2023/1/28	
9	胡　茵	¥1,800	¥5,000	¥6,800	2023/1/28	
10						

2023年1月　2023年2月　2023年3月　2023年4月　2023年5月

图 5-29　2023 年每个月工资发放情况表

向ChatGPT输入提示词：

> 编写Excel VBA代码，将当前工作簿中的所有工作表拆分为独立的工作簿文件。

切换至Excel后按下Alt+F11键打开Microsoft Visual Basic for Applications窗口，单击【插入模块】下拉按钮，在弹出的列表中选择【模块】选项创建一个新模块。然后将ChatGPT生成的VBA代码复制在模块中，如图5-30所示。

(通用)　SplitWorksheets

```
Sub SplitWorksheets()
    Dim ws As Worksheet
    Dim newWorkbook As Workbook
    Dim filePath As String
    Dim fileName As String

    ' 获取当前工作簿的路径和文件名
    filePath = ThisWorkbook.Path & "\"
    fileName = Left(ThisWorkbook.Name, InStrRev(ThisWorkbook.Name, ".") - 1)

    ' 禁止屏幕刷新
    Application.ScreenUpdating = False

    ' 循环处理每个工作表
    For Each ws In ThisWorkbook.Worksheets
        ' 创建一个新的工作簿
        Set newWorkbook = Workbooks.Add

        ' 复制工作表到新的工作簿
        ws.Copy Before:=newWorkbook.Sheets(1)

        ' 保存新的工作簿
        newWorkbook.SaveAs filePath & fileName & "_" & ws.Name & ".xlsx"

        ' 关闭新的工作簿
        newWorkbook.Close SaveChanges:=False
    Next ws

    ' 启用屏幕刷新
    Application.ScreenUpdating = True

    MsgBox "拆分完成！", vbInformation
End Sub
```

图 5-30　ChatGPT 生成的拆分工作表 VBA 代码

按F5键运行VBA代码，工作簿中的工作表将被提取为独立的工作簿，且每个提取工作表而来的工作簿以其原来工作表名称命名。

4. 生成工作表目录

当工作簿中工作表数量较多时，通过工作表标签来一个个选择工作表，既费时又费力。此时，可以利用ChatGPT生成VBA代码，设置自动生成工作表目录。

首先，在工作簿中创建一个名为“目录”的工作表，然后按下F12键，打开【另存为】对话框，将工作簿保存为“Excel启用宏的工作簿(*.xlsm)”类型。

然后，打开ChatGPT输入提示词：

> 编写Excel VBA代码，在当前工作表的A列生成工作表目录。

ChatGPT的反馈如图5-31所示。

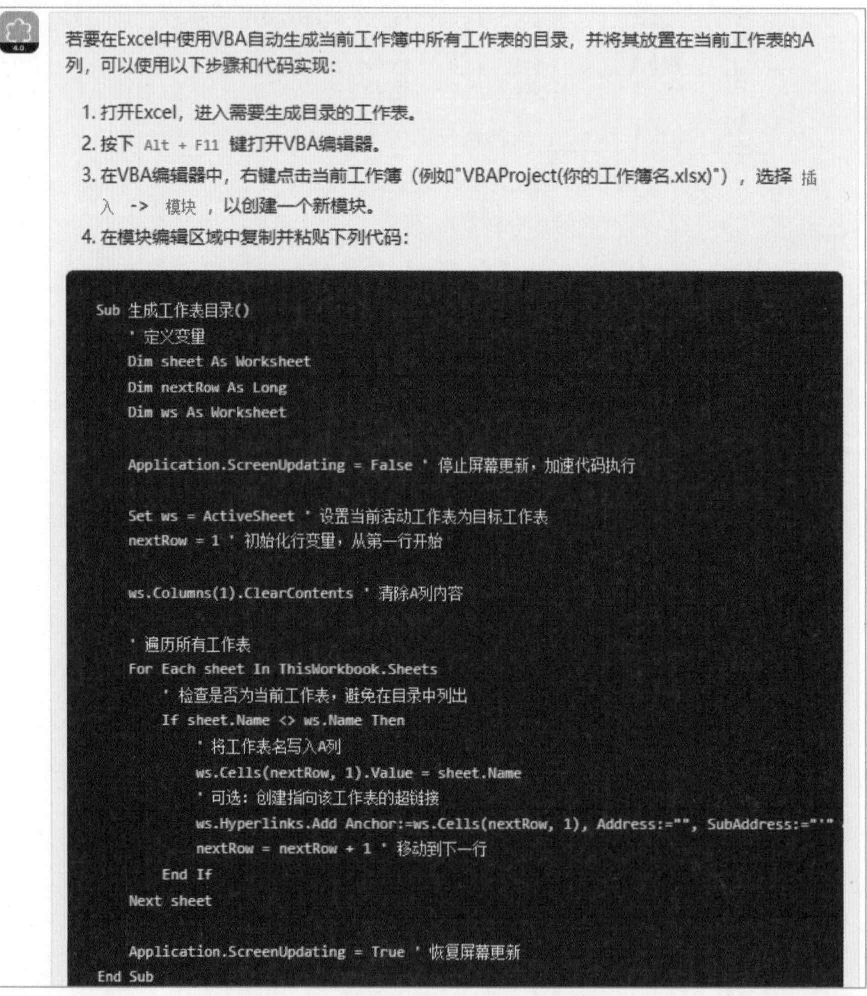

若要在Excel中使用VBA自动生成当前工作簿中所有工作表的目录，并将其放置在当前工作表的A列，可以使用以下步骤和代码实现：

1. 打开Excel，进入需要生成目录的工作表。
2. 按下 `Alt + F11` 键打开VBA编辑器。
3. 在VBA编辑器中，右键点击当前工作簿（例如"VBAProject(你的工作簿名.xlsx)"），选择 `插入` -> `模块`，以创建一个新模块。
4. 在模块编辑区域中复制并粘贴下列代码：

```
Sub 生成工作表目录()
    ' 定义变量
    Dim sheet As Worksheet
    Dim nextRow As Long
    Dim ws As Worksheet

    Application.ScreenUpdating = False ' 停止屏幕更新，加速代码执行

    Set ws = ActiveSheet ' 设置当前活动工作表为目标工作表
    nextRow = 1 ' 初始化行变量，从第一行开始

    ws.Columns(1).ClearContents ' 清除A列内容

    ' 遍历所有工作表
    For Each sheet In ThisWorkbook.Sheets
        ' 检查是否为当前工作表，避免在目录中列出
        If sheet.Name <> ws.Name Then
            ' 将工作表名写入A列
            ws.Cells(nextRow, 1).Value = sheet.Name
            ' 可选：创建指向该工作表的超链接
            ws.Hyperlinks.Add Anchor:=ws.Cells(nextRow, 1), Address:="", SubAddress:="'"
            nextRow = nextRow + 1 ' 移动到下一行
        End If
    Next sheet

    Application.ScreenUpdating = True ' 恢复屏幕更新
End Sub
```

图5-31　ChatGPT生成工作表目录代码

切换至Excel，选择【目录】工作表，按Alt+F11键打开Microsoft Visual Basic for Applications窗口，创建一个新的模块，并将ChatGPT生成的代码复制到该模块中，按F5键运行VBA代码，将自动在工作表的A列创建图5-32所示的工作表目录，单击目录名称将切换至相应的工作表。

	A	B	C	D	E	F	G	H
1	2023年1月							
2	2023年2月							
3	2023年3月							
4	2023年4月							
5	2023年5月							
6	2023年6月							
7								
8								

目录 | 2023年1月 | 2023年2月 | 2023年3月 | 2023年4月 | 2023年5月

图 5-32　生成工作表目录

5. 批量设置工作簿密码

用户可以利用ChatGPT编写一段VBA代码，批量设置工作簿密码。打开保存Excel工作簿文件的文件夹后，按Ctrl+A键选中文件夹中的所有工作簿文件。然后按下回车键，将所有选中的工作簿打开。

接下来，向ChatGPT输入提示词：

编写一段VBA代码，为当前所有打开的工作簿设置打开密码，密码为“1234”。

ChatGPT的反馈如图5-33所示。

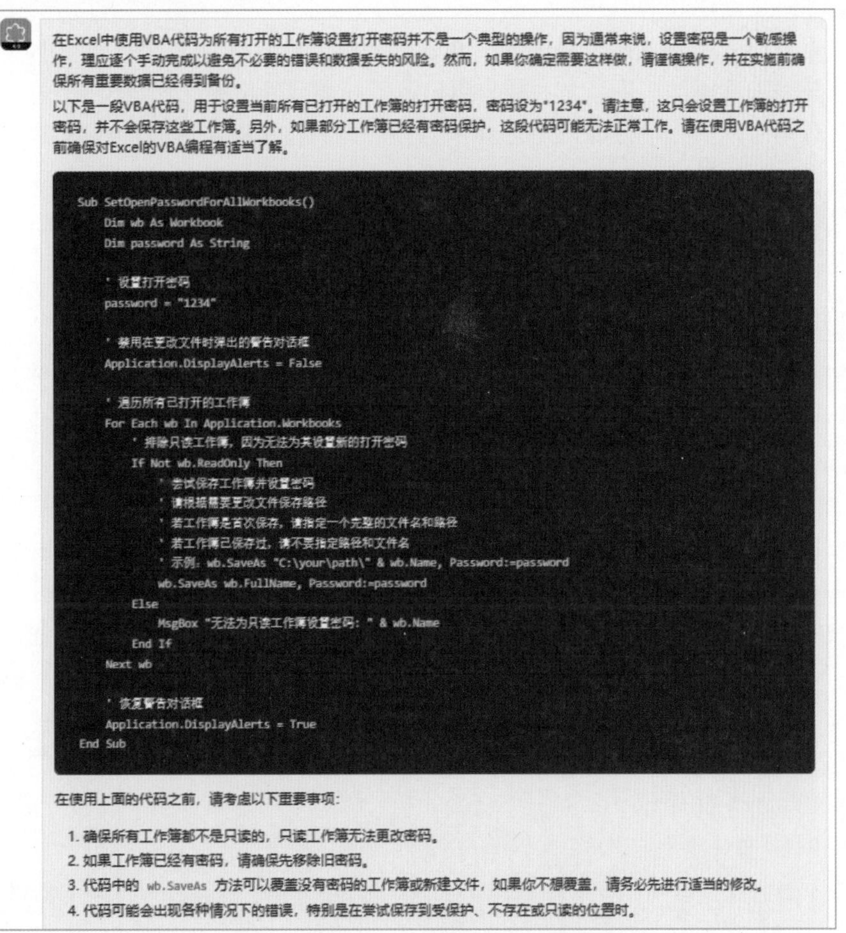

在Excel中使用VBA代码为所有打开的工作簿设置打开密码并不是一个典型的操作，因为通常来说，设置密码是一个敏感操作，理应逐个手动完成以避免不必要的错误和数据丢失的风险。然而，如果你确定需要这样做，请谨慎操作，并在实施前确保所有重要数据已经得到备份。

以下是一段VBA代码，用于设置当前所有已打开的工作簿的打开密码，密码设为"1234"。请注意，这只会设置工作簿的打开密码，并不会保存这些工作簿。另外，如果部分工作簿已经有密码保护，这段代码可能无法正常工作。请在使用VBA代码之前确保对Excel的VBA编程有适当了解。

```
Sub SetOpenPasswordForAllWorkbooks()
    Dim wb As Workbook
    Dim password As String

    ' 设置打开密码
    password = "1234"

    ' 禁用在更改文件时弹出的警告对话框
    Application.DisplayAlerts = False

    ' 遍历所有已打开的工作簿
    For Each wb In Application.Workbooks
        ' 排除只读工作簿，因为无法为其设置新的打开密码
        If Not wb.ReadOnly Then
            ' 尝试保存工作簿并设置密码
            ' 请根据需要更改文件保存路径
            ' 若工作簿是首次保存，请指定一个完整的文件名和路径
            ' 若工作簿已保存过，请不要指定路径和文件名
            ' 示例：wb.SaveAs "C:\your\path\" & wb.Name, Password:=password
            wb.SaveAs wb.FullName, Password:=password
        Else
            MsgBox "无法为只读工作簿设置密码：" & wb.Name
        End If
    Next wb

    ' 恢复警告对话框
    Application.DisplayAlerts = True
End Sub
```

在使用上面的代码之前，请考虑以下重要事项：

1. 确保所有工作簿都不是只读的，只读工作簿无法更改密码。
2. 如果工作簿已经有密码，请确保先移除旧密码。
3. 代码中的 wb.SaveAs 方法可以覆盖没有密码的工作簿或新建文件，如果你不想覆盖，请务必先进行适当的修改。
4. 代码可能会出现各种情况下的错误，特别是在尝试保存到受保护、不存在或只读的位置时。

图 5-33　批量生成工作簿密码的 VBA 代码

复制图5-33中的VBA代码，在任意一个Excel工作簿中按下Alt+F11键打开Microsoft Visual Basic for Applications窗口，创建一个新模块并将复制的代码粘贴在该模块中，按下F5键运行代码。

此时，保存并关闭所有工作簿。再次打开工作簿时，所有工作簿均被批量设置了打开密码。

5.2.3 编写 Python 程序

用户可以将Excel与Python交互使用，利用Python的强大功能来处理Excel中需要重复执行的工作，实现Excel自动化操作。具体操作如下。

- 批量操作Excel文件。Python提供了多个库来自动操作Excel文件(例如Pandas、openpyxl、xlwings)。通过编写Python程序可以进行批量创建、打开、重命名、合并/拆分Excel文件等操作。
- 批量对Excel文件实现分列。用户可以对多个文件同时执行Excel“分列”操作，将文件中的一列文件分为多列。
- 跨工作表提取指定列的唯一数据。可以从多个工作表中提取指定列中数据的不重复数据，例如从1月~12月12个月采购物品记录表中提取全年所有采购物品的名称(且提取的名称不重复)。
- 批量分类汇总Excel文件中的数据。Python程序可以同时对大量Excel文件中类似的数据执行分类汇总操作，从而大大减少用户执行同类型操作的工作量。
- 实现对多个Excel文件的VLOOKUP函数操作。Python程序可以快速从多个Excel文件中查找指定的信息，并将找到的信息填写在指定Excel文件的指定列中。

下面将介绍如何安装Python与Pycharm工具，以及使用ChatGPT编写Python程序以处理Excel文件的具体方法。

1. 安装并测试 Python

首先通过Python官方网站下载并安装Python解释器。打开Edge浏览器访问Python官方网站，选择下载Windows版的Python安装文件。双击下载的Python安装文件，打开安装界面，选中Add python.exe to PATH复选框后，单击Install Now选项，然后根据提示即可完成Python解释器的安装，如图5-34所示。

下一步安装常用的Python工具，即PyCharm。访问PyCharm官方网站下载安装文件，然后运行该文件安装PyCharm，如图5-35所示。

使用PyCharm编写一段简单的程序代码，测试Excel与Python的交互功能。在本地电脑硬盘创建一个用于存放代码的目录(例如D:\Excel)。打开D:\Excel文件夹，在空白处右击鼠标，从弹出的菜单中选择【新建】|【文本文档】命令，创建一个名为“批量创建Excel文件.py”的文件，然后右击该文件，在弹出的快捷菜单中选择【打开方式】| PyCharm命令，启动PyCharm，编辑“批量创建Excel文件.py”文件。

在ChatGPT中输入提示词：

> 编写一个Python程序，在“D:\Excel”中创建名称为“财务部”“销售部”“物流部”的Excel文件。单击ChatGPT生成代码右上角的【复制】按钮复制代码。

图 5-34　Python 安装界面

图 5-35　PyCharm 安装向导

复制ChatGPT生成的Python代码，切换至PyCharm，将复制的代码粘贴至处于编辑状态的"批量创建Excel文件.py"文件中，如图5-36所示。

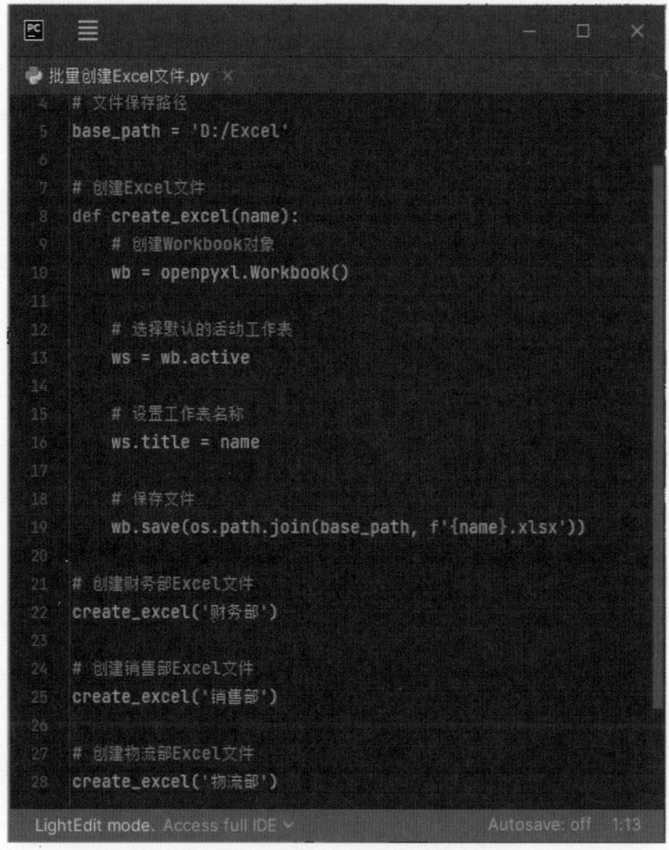

图 5-36　在 PyCharm 中代码粘贴

接下来，关闭PyCharm软件，在D:\Excel文件夹的地址栏中输入cmd并按下回车键，打开命令行窗口，输入命令(如图5-37所示)：

```
python 批量创建Excel文件.py
```

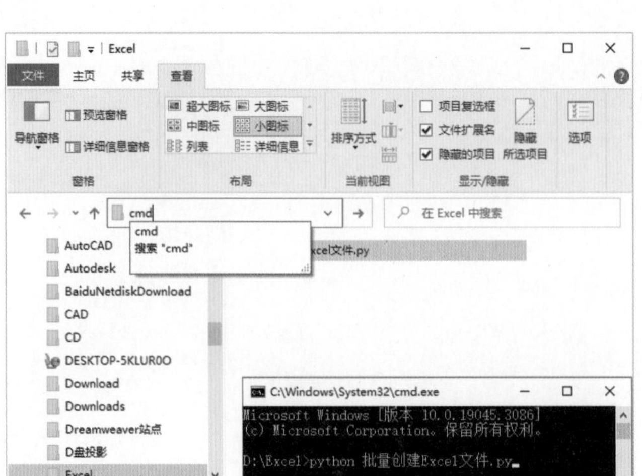

图 5-37　运行 Python 文件

稍等片刻后，D:\Excel文件夹中将自动创建“财务部.xlsx”“销售部.xlsx”“物流部.xlsx”3个Excel文件。

2. 批量重命名

图5-38所示为某集团公司的工资统计表，在一个工作簿中包括了几十个存放相关部门员工工资数据的工作表。我们需要使用Python程序批量重命名工作表，去掉原有工作表名称前的“集团”，只保留部门名称。

	A	B	C	D	E	F	G	H
1	员工姓名	所属部门	基本工资	工龄工资	福利补贴	提成奖金	加班工资	应发合计
2	刘佳琪	财务部	4500	450	900	1800	250	7900
3	孙浩然	财务部	4500	450	900	1800	250	7900
4	曹立阳	财务部	4800	480	1000	1900	280	8460
5	吴雅婷	财务部	5500	550	1200	2200	350	9800
6	郑瑞杰	财务部	5500	550	1200	2200	350	9800
7	杨晨曦	财务部	5500	550	1200	2200	350	9800
8	赵天宇	财务部	5000	500	1000	2000	300	8800
9	史文静	财务部	6000	600	1500	2500	400	11000
10	周美丽	财务部	6000	600	1500	2500	400	11000
11	崔继光	财务部	5200	520	1100	2100	320	9240
12	张晓晨	财务部	5000	500	1000	2000	300	8800
13	许雪婷	财务部	4800	480	1000	1900	280	8460

集团销售部 | 集团财务部 | 集团后勤部 | 集团技术部 | 集团数据中心 …

图 5-38　某集团公司工资统计表

打开保存工作簿文件的文件夹(例如D:\Excel)，右击文件夹空白处，在弹出的菜单中选择【新建】|【文本文档】命令，创建一个文本文档，并将其重命名为“批量重命名工作簿.py”。

在ChatGPT中输入提示词：

> 在一个工作簿中包括了几十个存放相关部门员工工资数据的工作表，例如集团销售部、集团财务部。现在需要使用Python程序批量重命名工作表，去掉原有工作表名称前的“集团”，只保留部门名称

复制ChatGPT生成的代码，然后右击“批量重命名工作簿.py”的文件，从弹出的菜单中选择【打开方式】|PyCharm命令，启动PyCharm，编辑“批量重命名工作簿.py”文件，然后粘贴从ChatGPT复制来的Python代码，如图5-39所示。

```
批量重命名工作簿.py
import xlwings as xw

app = xw.App(visible=False, add_book=False)

workbook = app.books.open("集团员工工资统计表.xlsx")
for sheet in workbook.sheets:
    sheet.name = sheet.name.replace("集团", "")

workbook.save()
app.quit()
```

图 5-39　粘贴 Python 代码

关闭PyCharm软件，在D:\Excel文件夹的地址栏中输入cmd并按下回车键，打开命令行窗口，输入命令：python 批量重命名工作簿.py，如图5-40所示。

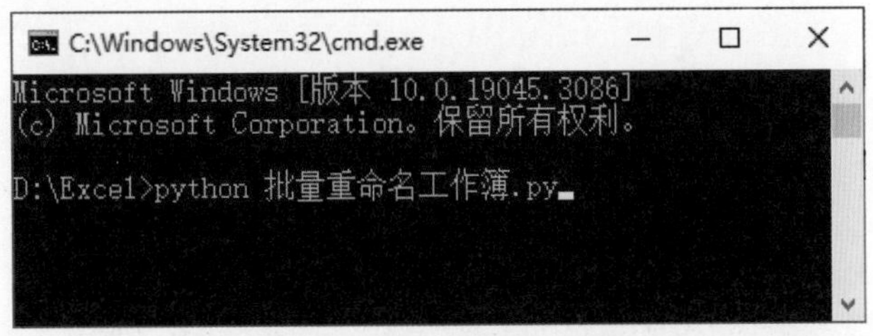

图 5-40　运行 Python 文件

稍等片刻后，在D:\Excel文件夹中将自动重命名“集团员工工资统计表.xlsx”工作簿中所有工作表的名称，如图5-41所示。

	A	B	C	D	E	F	G	H
1	员工姓名	所属部门	基本工资	工龄工资	福利补贴	提成奖金	加班工资	应发合计
2	刘佳琪	财务部	4500	450	900	1800	250	7900
3	孙浩然	财务部	4500	450	900	1800	250	7900
4	曹立阳	财务部	4800	480	1000	1900	280	8460
5	吴雅婷	财务部	5500	550	1200	2200	350	9800
6	郑瑞杰	财务部	5500	550	1200	2200	350	9800
7	杨晨曦	财务部	5500	550	1200	2200	350	9800
8	赵天宇	财务部	5000	500	1000	2000	300	8800
9	史文静	财务部	6000	600	1500	2500	400	11000
10	周美丽	财务部	6000	600	1500	2500	400	11000
11	崔继光	财务部	5200	520	1100	2100	320	9240
12	张晓晨	财务部	5000	500	1000	2000	300	8800
13	许雪婷	财务部	4800	480	1000	1900	280	8460

销售部　财务部　后勤部　技术部　数据中心　物流部　...

图 5-41　批量重命名工作表名称后的工作簿

3. 合并工作簿

图5-42所示为某驾校4组学员在考试中的成绩，分别保存在4个工作簿文件中，且每个工作表的结构相同。我们需要使用Python程序将4个工作簿中的数据合并到一个工作簿中。

为了方便管理，在D:\Excel文件夹中创建一个名为“批量合并工作簿.py”的文件，并将图5-42所示的工作簿复制到该文件夹中。

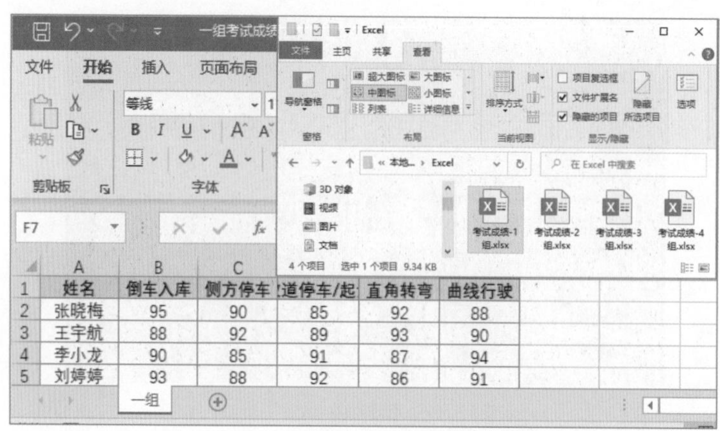

	A	B	C			
1	姓名	倒车入库	侧方停车	道停车/起	直角转弯	曲线行驶
2	张晓梅	95	90	85	92	88
3	王宇航	88	92	89	93	90
4	李小龙	90	85	91	87	94
5	刘婷婷	93	88	92	86	91

图 5-42　某驾校 4 组学员考试成绩

在Python中输入提示词：

生成一段Python代码，将D:\Excel中的所有Excel工作簿合并为一个工作簿，并将该工作簿以文件名“考试成绩表.xlsx”保存至D:\Excel中。

Python的反馈如图5-43所示。

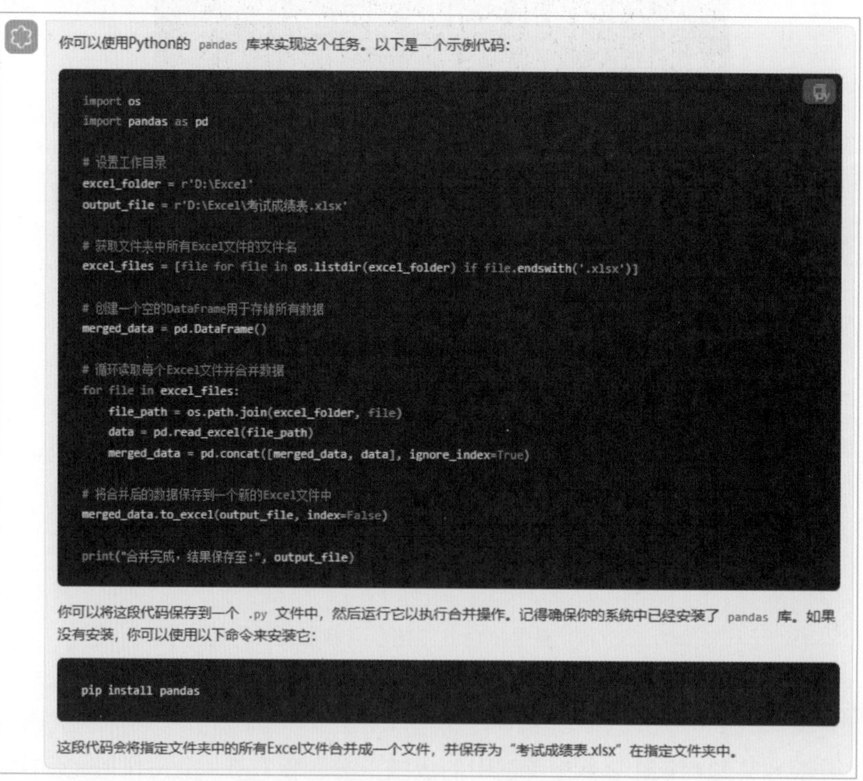

你可以使用Python的 pandas 库来实现这个任务。以下是一个示例代码：

```
import os
import pandas as pd

# 设置工作目录
excel_folder = r'D:\Excel'
output_file = r'D:\Excel\考试成绩表.xlsx'

# 获取文件夹中所有Excel文件的文件名
excel_files = [file for file in os.listdir(excel_folder) if file.endswith('.xlsx')]

# 创建一个空的DataFrame用于存储所有数据
merged_data = pd.DataFrame()

# 循环读取每个Excel文件并合并数据
for file in excel_files:
    file_path = os.path.join(excel_folder, file)
    data = pd.read_excel(file_path)
    merged_data = pd.concat([merged_data, data], ignore_index=True)

# 将合并后的数据保存到一个新的Excel文件中
merged_data.to_excel(output_file, index=False)

print("合并完成，结果保存至：", output_file)
```

你可以将这段代码保存到一个 .py 文件中，然后运行它以执行合并操作。记得确保你的系统中已经安装了 pandas 库。如果没有安装，你可以使用以下命令来安装它：

```
pip install pandas
```

这段代码会将指定文件夹中的所有Excel文件合并成一个文件，并保存为“考试成绩表.xlsx”在指定文件夹中。

图 5-43　ChatGPT 生成合并工作簿的 Python 代码

复制ChatGPT生成的Python代码，然后右击“批量合并工作簿.py”文件，使用PyCharm将其打开，然后将复制的代码粘贴在该文件中。

最后，关闭PyCharm软件，在D:\Excel文件夹的地址栏中输入cmd并按下回车键，打开命令行窗口，先输入命令安装pandas库：

```
pip install pandas
```

再输入命令：

```
python 批量合并工作簿.py
```

稍等片刻后，D:\Excel将自动创建一个名为“考试成绩表.xlsx”的工作簿，自动合并4个工作簿中的数据，如图5-44所示。

	A	B	C	D	E	F
1	姓名	倒车入库	侧方停车	道停车/起	直角转弯	曲线行驶
2	张晓梅	95	90	85	92	88
3	王宇航	88	92	89	93	90
4	李小龙	90	85	91	87	94
5	刘婷婷	93	88	92	86	91
6	陈鹏飞	89	87	90	95	87
7	王芳华	92	91	84	90	92
8	张阳阳	86	89	93	88	89
9	李婷婷	91	86	88	89	95
10	张东明	87	93	85	91	90
11	王欣然	94	90	89	87	93
12	李小倩	88	92	90	94	88
13	刘伟国	85	88	94	90	91
14	王鹤翔	96	87	89	92	86
15	张晓飞	89	94	92	86	93
16	李丹丹	91	92	85	95	88

Sheet1

图 5-44　合并数据后生成的“考试成绩表 .xlsx”工作簿

此外，我们也可以通过修改提示词，让ChatGPT生成合并结果完全不同的Python代码。例如可以输入以下提示词，要求ChatGPT生成一段Python代码，将D:\Excel文件夹中所有的工作簿中的工作表合并在一个新建的“考试成绩表.xlsx”工作簿中：

> 生成一段Python代码，将D:\Excel中的所有Excel工作簿中的工作表合并到一个工作簿中(保留工作表名称)，并将该工作簿以文件名“考试成绩表.xlsx”保存至D:\Excel中。

运行以上提示词生成的Python代码后，生成的“考试成绩表.xlsx”工作簿效果如图5-45所示。

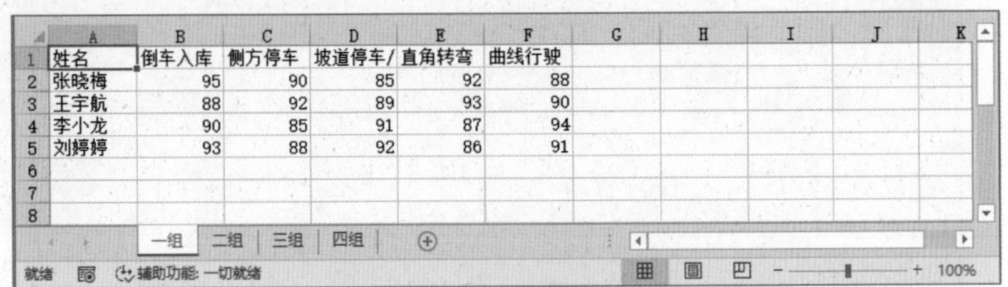

	A	B	C	D	E	F
1	姓名	倒车入库	侧方停车	坡道停车/	直角转弯	曲线行驶
2	张晓梅	95	90	85	92	88
3	王宇航	88	92	89	93	90
4	李小龙	90	85	91	87	94
5	刘婷婷	93	88	92	86	91

一组　二组　三组　四组

图 5-45　合并工作表后生成的“考试成绩表 .xlsx”工作簿

在实际办公中，采用Python程序合并工作簿可以大大提高工作效率(试想一下，如果需要合并的工作簿不仅仅是本例介绍的4个，而是100个甚至1000个)。

4. 快速格式化

图5-46所示为某公司“销售数据.xlsx”工作簿，其中包含了上百个工作表，每个工作表采用相同的结构记录了该公司的销售数据明细。我们可以使用Python编写一段程序，批量格式化

工作簿中所有工作表第一行数据的格式，美化表头效果。

A1 销售单号

	A	B	C	D	E	F	G	H	I	J
1	销售单号	店铺名称	货号	色号	商品名称	品牌价	销售数量	销售日期		
2	AB12345	B座4-01	H001	红色	休闲裤	199	10	2023/8/1		
3	BC23456	B座4-02	T002	黑色	短袖T恤	99	20	2023/8/12		
4	CD34567	B座4-03	J003	蓝色	牛仔裤	249	15	2023/8/11		
5	DE45678	B座4-04	H001	灰色	休闲裤	199	5	2023/8/4		
6	EF56789	E座3-01	T002	白色	短袖T恤	99	8	2023/8/5		
7	FG67890	A座2-05	J003	黑色	牛仔裤	249	12	2023/8/6		
8	GH78901	A座2-06	H001	蓝色	休闲裤	199	18	2023/8/7		
9	HI89012	A座2-07	T002	红色	短袖T恤	99	6	2023/8/8		
10	IJ90123	E座4-06	J003	灰色	牛仔裤	249	10	2023/8/9		
11	JK01234	E座4-07	H001	白色	休闲裤	199	14	2023/8/10		
12	KL12345	E座4-08	T002	蓝色	短袖T恤	99	9	2023/8/5		
13	LM23456	E座4-09	J003	黑色	牛仔裤	249	7	2023/8/6		
14	MN34567	A座6-05	H001	红色	休闲裤	199	11	2023/8/13		
15	NO45678	A座6-06	T002	灰色	短袖T恤	99	13	2023/8/11		
16	OP56789	A座6-07	J003	白色	牛仔裤	249	16	2023/8/8		

2023.1.1 | 2023.1.2 | 2023.1.3 | 2023.1. ...

就绪 辅助功能：一切就绪 100%

图 5-46 销售数据.xlsx

向ChatGPT输入提示词：

> 编写一段Python程序，批量调整“销售数据.xlsx”工作簿中所有工作表的字体样式，设置A1:H1区域的填充颜色为黄色，字体为“黑体”，字号为12。

ChatGPT反馈的结果，如图5-47所示。

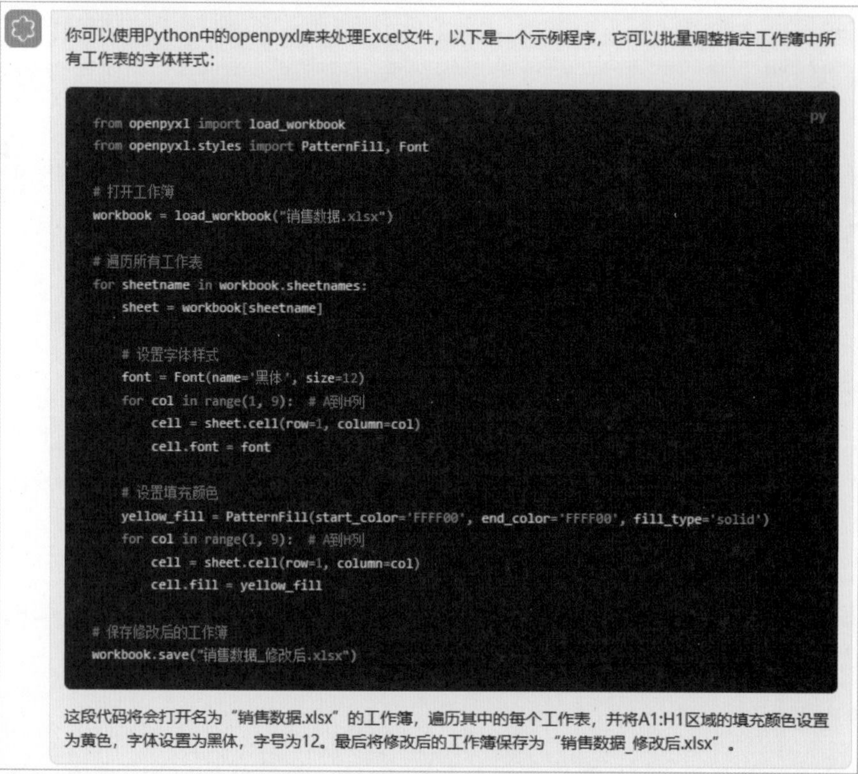

你可以使用Python中的openpyxl库来处理Excel文件，以下是一个示例程序，它可以批量调整指定工作簿中所有工作表的字体样式：

```py
from openpyxl import load_workbook
from openpyxl.styles import PatternFill, Font

# 打开工作簿
workbook = load_workbook("销售数据.xlsx")

# 遍历所有工作表
for sheetname in workbook.sheetnames:
    sheet = workbook[sheetname]

    # 设置字体样式
    font = Font(name='黑体', size=12)
    for col in range(1, 9):  # A到H列
        cell = sheet.cell(row=1, column=col)
        cell.font = font

    # 设置填充颜色
    yellow_fill = PatternFill(start_color='FFFF00', end_color='FFFF00', fill_type='solid')
    for col in range(1, 9):  # A到H列
        cell = sheet.cell(row=1, column=col)
        cell.fill = yellow_fill

# 保存修改后的工作簿
workbook.save("销售数据_修改后.xlsx")
```

这段代码将会打开名为“销售数据.xlsx”的工作簿，遍历其中的每个工作表，并将A1:H1区域的填充颜色设置为黄色，字体设置为黑体，字号为12。最后将修改后的工作簿保存为“销售数据_修改后.xlsx”。

图 5-47 ChatGPT 生成 Python 代码

复制图5-47中ChatGPT生成的代码。在保存“销售数据.xlsx”工作簿的文件夹中创建一个文本文件，并将其文件名修改为“批量格式化工作表.py”。使用PyCharm打开“批量格式化工作表.py”文件，粘贴ChatGPT生成的代码，然后在文件夹地址栏中使用cmd命令打开命令行窗口，执行“python 批量格式化工作表.py”命令，将自动生成“销售数据_修改后.xlsx”工作簿文件，该文件复制“销售数据.xlsx”工作簿中的所有数据，并设置所有工作表A1:H1区域的单元格和字体格式，如图5-48所示。

销售单号	店铺名称	货号	色号	商品名称	品牌价	销售数量	销售日期
AB12345	B座4-01	H001	红色	休闲裤	199	10	2023/8/1
BC23456	B座4-02	T002	黑色	短袖T恤	99	20	2023/8/12
CD34567	B座4-03	J003	蓝色	牛仔裤	249	15	2023/8/11
DE45678	B座4-04	H001	灰色	休闲裤	199	5	2023/8/4
EF56789	E座3-01	T002	白色	短袖T恤	99	8	2023/8/5
FG67890	A座2-05	J003	黑色	牛仔裤	249	12	2023/8/6
GH78901	A座2-06	H001	蓝色	休闲裤	199	18	2023/8/7
HI89012	A座2-07	T002	红色	短袖T恤	99	6	2023/8/8
IJ90123	E座4-06	J003	灰色	牛仔裤	249	10	2023/8/9
JK01234	E座4-07	H001	白色	休闲裤	199	14	2023/8/10
KL12345	E座4-08	T002	蓝色	短袖T恤	99	9	2023/8/5
LM23456	E座4-09	J003	黑色	牛仔裤	249	7	2023/8/6
MN34567	A座6-05	H001	红色	休闲裤	199	11	2023/8/13
NO45678	A座6-06	T002	灰色	短袖T恤	99	13	2023/8/11
OP56789	A座6-07	J003	白色	牛仔裤	249	16	2023/8/8

图 5-48　销售数据 _ 修改后 .xlsx

5.3　ChatGPT+MindShow 创建 PPT

在日常工作中，我们经常需要制作PPT，用于产品介绍、工作总结等。制作PPT主要有两个关键因素，分别是文案和设计。将ChatGPT与MindShow结合可以帮助我们快速生成PPT的文案，并使用文案生成一份设计满意的PPT文件。

5.3.1　ChatGPT 生成 PPT 文案

向ChatGPT提出问题和要求，即可得到相应的PPT文案。例如，我们要以“如何开好一家面包店”为主题做一个PPT文案，可以输入以下提示词：

> 整理一份PPT提纲，主题是“如何开好一家面包店”，需遵循以下原则：
>
> 1.有封面和副标题。
>
> 2.有内容大纲。

3.至少有5页。

请注意，回答的内容以Markdown源代码的方式呈现。

ChatGPT将生成图5-49所示的PPT大纲。

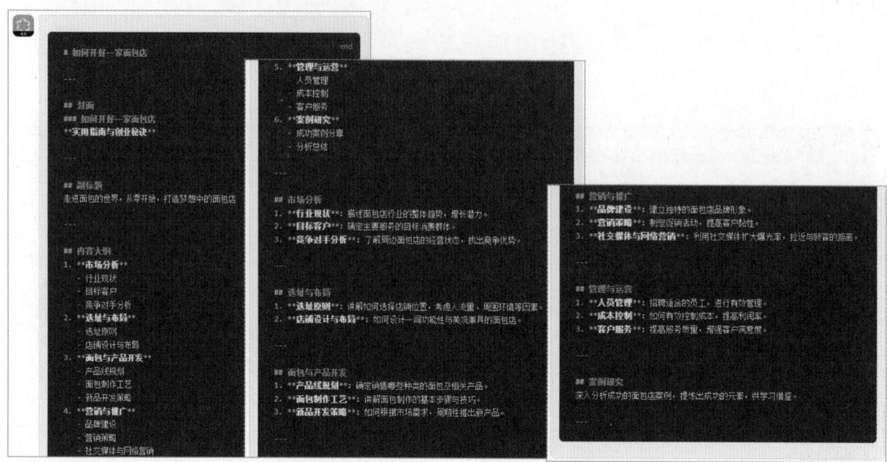

图 5-49　ChatGPT 生成 PPT 大纲

从图5-49可以看到ChatGPT生成了一份全面的PPT大纲，如果我们觉得不满意，或者内容不够丰富，可以让它多生成几次，直到满意为止。这里的关键是要让ChatGPT以Markdown源代码的方式输出，然后复制源代码，使用MindShow生成PPT。

5.3.2　MindShow 创建 PPT

MindShow是一款出色的视觉呈现工具，我们可以通过访问https://www.mindshow.fun网站，使用该工具创建引人入胜的PPT，如图5-50所示。

图 5-50　MindShow 首页

登录MindShow网站(如果没有账户，首先需要注册账户，可使用手机号码或者邮箱进行注册)，选择页面左侧的【导入生成PPT】选项，将ChartGPT生成的Markdown源代码文案粘贴至页面中的文本框内，然后单击【导入创建】按钮，如图5-51所示。

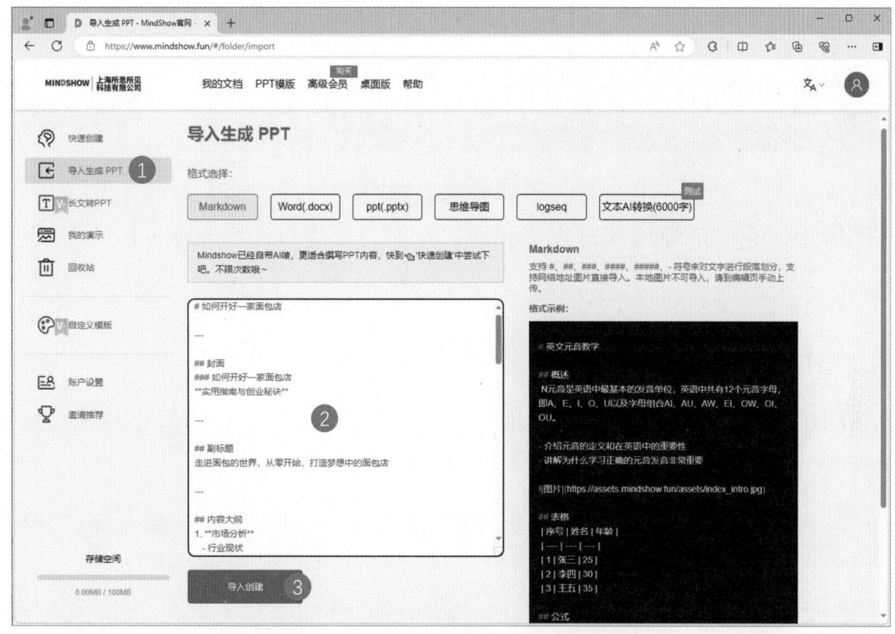

图 5-51　导入 Markdown 源代码文案

此时，MindShow网站会自动生成一个PPT，我们可以在页面右侧的列表中为PPT选择一个模板，在页面左侧调整PPT文案内容，如图5-52所示。

图 5-52　选择 PPT 模板并调整 PPT 文案内容

完成PPT内容修改和效果调整后，单击MindShow网站页面右上角的【演示】按钮，可以观看PPT应用模板后的效果，单击【下载】按钮即可下载制作好的PPT。

除了上面介绍的方法以外，用户还可以将ChatGPT生成的PPT大纲粘贴至Word文档中，使用Word+PowerPoint生成PPT(扫描右侧的二维码可观看具体操作方法)。

5.4　ChatGPT+XMind 制作思维导图

在我们日常的工作和学习中，有时需要整理思维导图。然而，在具体制作思维导图时，我们可能会感到困惑，无法清晰地梳理出来思路。此时，就可以用ChatGPT协助完成思维导图的设计与制作。

5.4.1　ChatGPT 生成内容文本

如果要让ChatGPT生成适合转换成思维导图的文本，可要求其生成特定结构或层次的内容，以便转换更轻松。例如向ChatGPT输入以下提示词：

> 我想使用Xmind工具创建一个《Python学习》的思维导图，其中包含多个主题和子主题，以及叶子节点。
> 请提供一些Markdown格式的文本，以便与Xmind兼容。
> 在Markdown格式中，# 表示中央主题， ## 表示主要主题，### 表示子主题，- 表示叶子节点。请参照以上格式，在Markdown代码块中帮我创建一个有效的思维导图。

ChatGPT反馈的结果如图5-53所示。

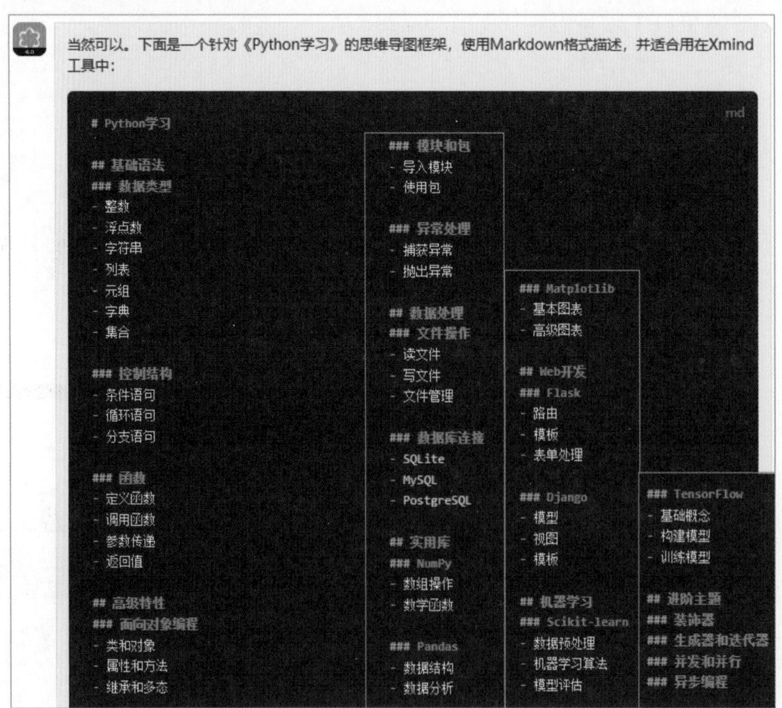

图 5-53　ChatGPT 生成的思维导图内容文本

得到Markdown代码后，接下来就要借助XMind工具生成思维导图了。但在此之前，我们还需要将Markdown代码保存为文件。复制图5-53中的Markdown代码块，将其粘贴在一个记事本文档中，然后将该记事本文档以文件名“Python学习.md”保存，如图5-54所示。

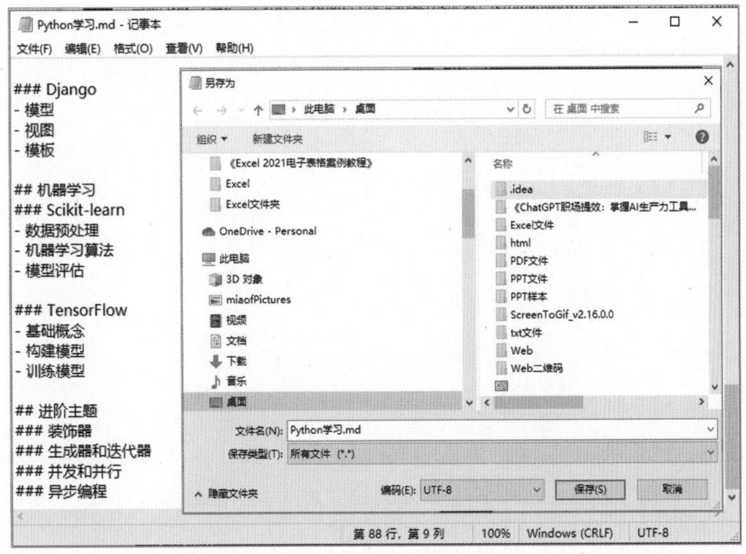

图 5-54　创建“Python 学习 .md”文件

5.4.2　XMind 制作思维导图

启动XMind软件后，选择【文件】|【导入】| Markdown选项，在打开的【打开】对话框中选中“Python学习.md”后，单击【打开】按钮，如图5-55所示。

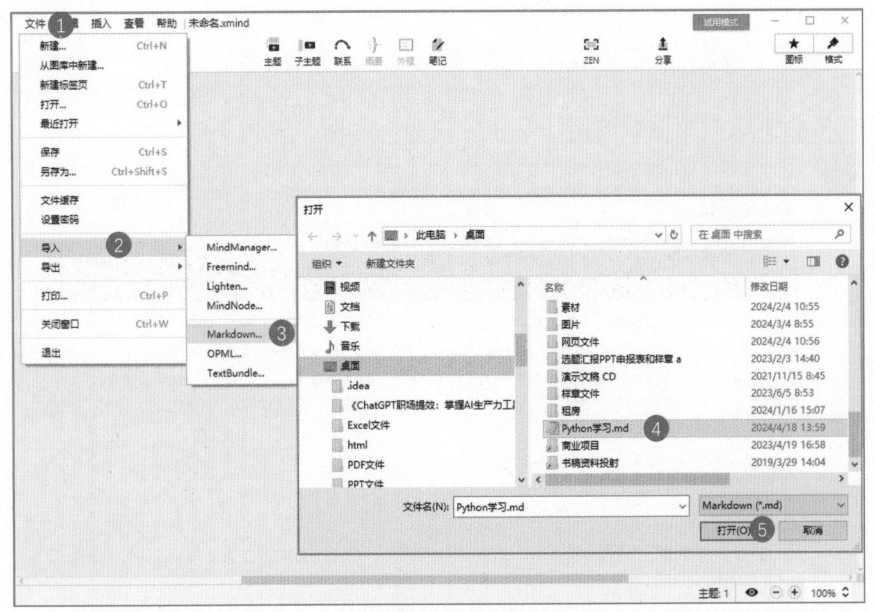

图 5-55　使用 XMind 导入“Python 学习 .md”文件

此时，XMind会自动将“Python学习.md”文件转换为思维导图，输出结果如图5-56所示。

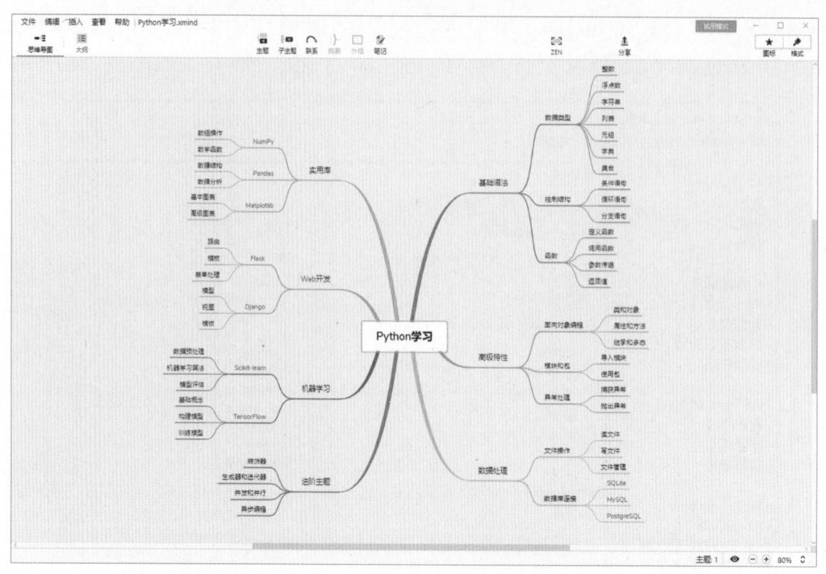

图5-56　XMind使用ChatGPT生成文本制作的思维导图

思维导图生成之后，用户还可以使用Xmind提供的其他功能，例如添加图标、图像和其他视觉元素，进一步完善思维导图，使其更加美观、易于理解。

5.5　ChatGPT提供软件操作帮助

ChatGPT可以为用户操作各种软件提供帮助。例如，在使用Excel处理表格数据时，我们想要查询某个函数(例如VLOOKUP函数)的使用方法，可以输入以下提示词：

请介绍一下Excel中的VLOOKUP函数

ChatGPT将会生成相应函数的语法及相关说明，如图5-57所示。

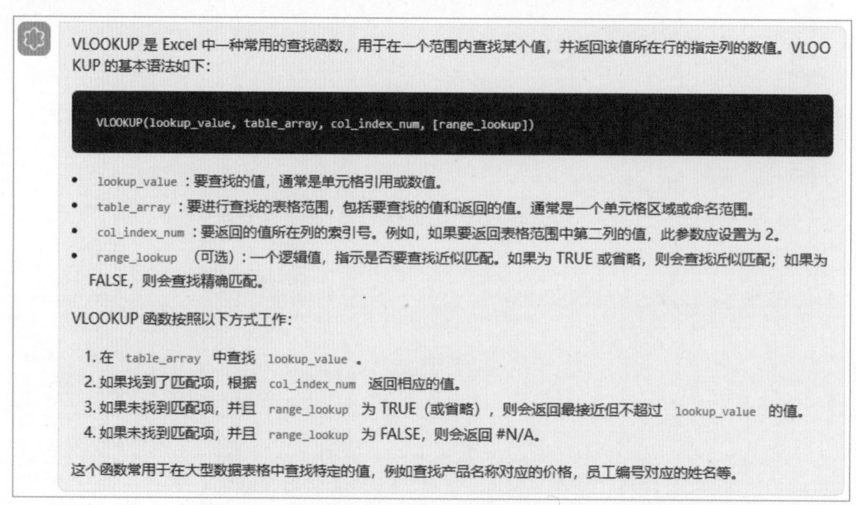

VLOOKUP 是 Excel 中一种常用的查找函数，用于在一个范围内查找某个值，并返回该值所在行的指定列的数值。VLOOKUP 的基本语法如下：

```
VLOOKUP(lookup_value, table_array, col_index_num, [range_lookup])
```

- lookup_value：要查找的值，通常是单元格引用或数值。
- table_array：要进行查找的表格范围，包括要查找的值和返回的值。通常是一个单元格区域或命名范围。
- col_index_num：要返回的值所在列的索引号。例如，如果要返回表格范围中第二列的值，此参数应设置为 2。
- range_lookup （可选）：一个逻辑值，指示是否要查找近似匹配。如果为 TRUE 或省略，则会查找近似匹配；如果为 FALSE，则会查找精确匹配。

VLOOKUP 函数按照以下方式工作：

1. 在 table_array 中查找 lookup_value。
2. 如果找到了匹配项，根据 col_index_num 返回相应的值。
3. 如果未找到匹配项，并且 range_lookup 为 TRUE（或省略），则会返回最接近但不超过 lookup_value 的值。
4. 如果未找到匹配项，并且 range_lookup 为 FALSE，则会返回 #N/A。

这个函数常用于在大型数据表格中查找特定的值，例如查找产品名称对应的价格，员工编号对应的姓名等。

图5-57　ChatGPT生成Excel函数的语法说明

同时，我们可以进一步输入提示词，要求ChatGPT举个例子来介绍函数的使用方法，如图5-58所示。

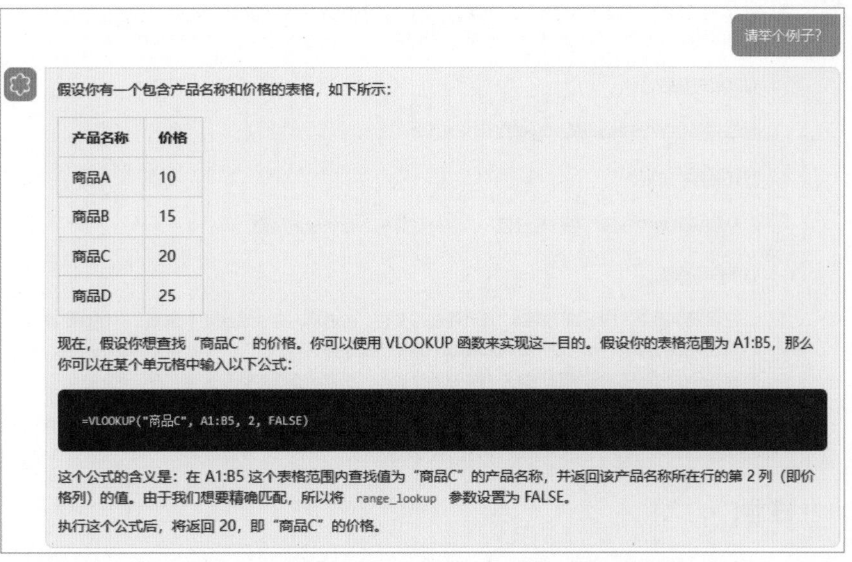

图5-58　ChatGPT举例介绍Excel函数的使用方法

除此之外，我们还可以向ChatGPT询问软件某个功能的具体使用方法，例如我们可以输入提示词，询问Photoshop的“色彩平衡”工具该如何使用，如图5-59所示。

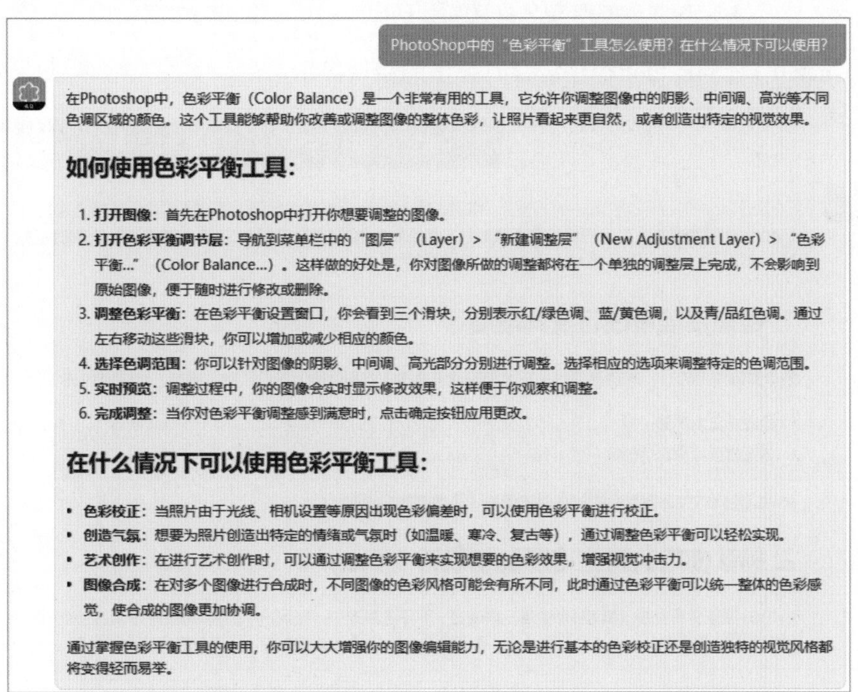

图5-59　ChatGPT解释Photoshop的“色彩平衡”工具使用方法

或者提问某个设置Windows系统的功能问题，例如“在Windows 10中如何隐藏任务栏”，如图5-60所示。

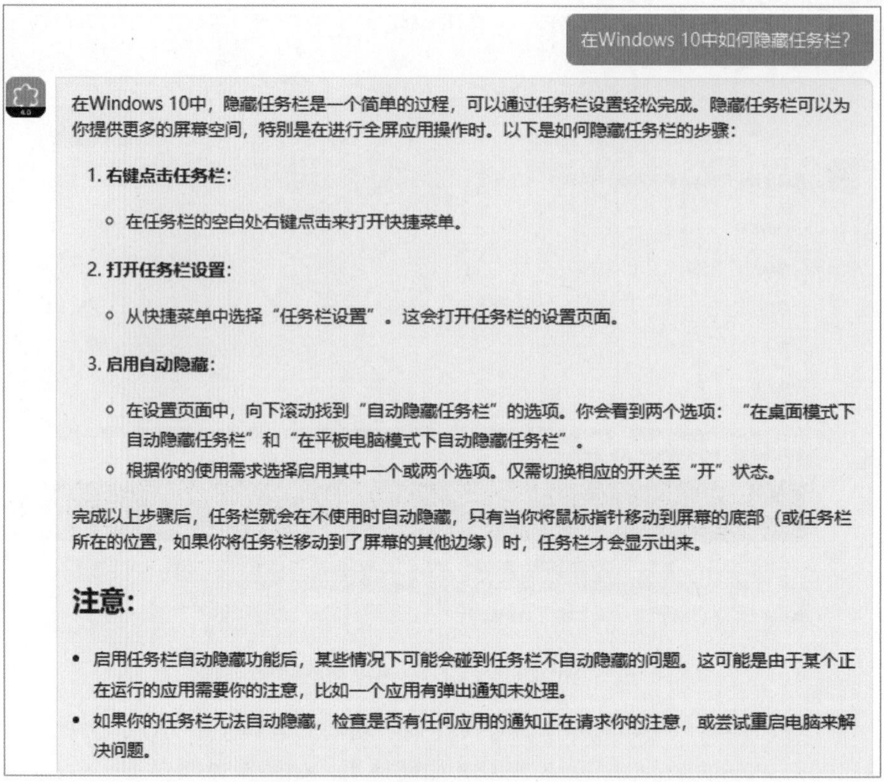

在Windows 10中如何隐藏任务栏？

在Windows 10中，隐藏任务栏是一个简单的过程，可以通过任务栏设置轻松完成。隐藏任务栏可以为你提供更多的屏幕空间，特别是在进行全屏应用操作时。以下是如何隐藏任务栏的步骤：

1. **右键点击任务栏：**
   - 在任务栏的空白处右键点击来打开快捷菜单。
2. **打开任务栏设置：**
   - 从快捷菜单中选择“任务栏设置”。这会打开任务栏的设置页面。
3. **启用自动隐藏：**
   - 在设置页面中，向下滚动找到“自动隐藏任务栏”的选项。你会看到两个选项：“在桌面模式下自动隐藏任务栏”和“在平板电脑模式下自动隐藏任务栏”。
   - 根据你的使用需求选择启用其中一个或两个选项。仅需切换相应的开关至“开”状态。

完成以上步骤后，任务栏就会在不使用时自动隐藏，只有当你将鼠标指针移动到屏幕的底部（或任务栏所在的位置，如果你将任务栏移动到了屏幕的其他边缘）时，任务栏才会显示出来。

注意：

- 启用任务栏自动隐藏功能后，某些情况下可能会碰到任务栏不自动隐藏的问题。这可能是由于某个正在运行的应用需要你的注意，比如一个应用有弹出通知未处理。
- 如果你的任务栏无法自动隐藏，检查是否有任何应用的通知正在请求你的注意，或尝试重启电脑来解决问题。

图 5-60　ChatGPT 提供设置隐藏 Windows 10 任务栏的操作帮助

或者向ChatGPT询问Python程序运行时弹出的错误提示信息，如图5-61所示。

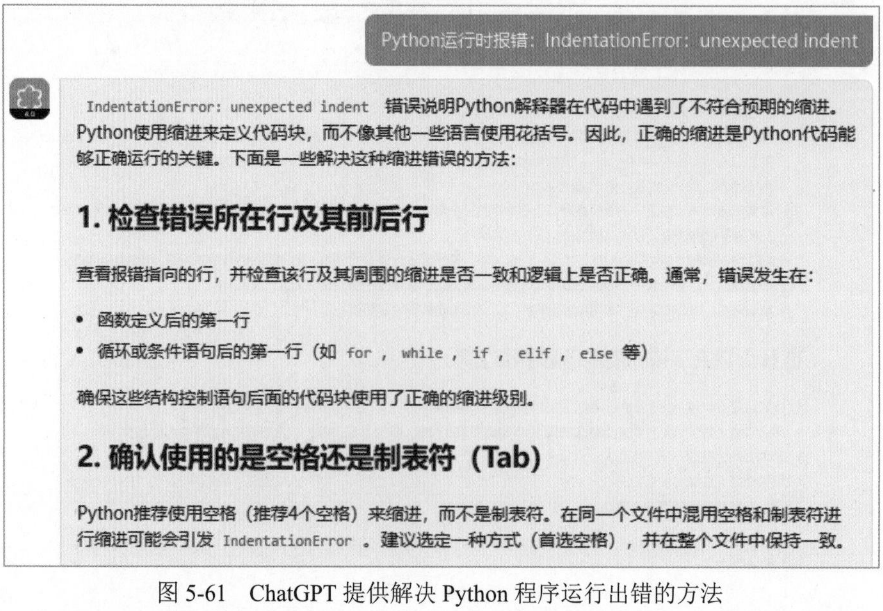

Python运行时报错：IndentationError：unexpected indent

`IndentationError: unexpected indent` 错误说明Python解释器在代码中遇到了不符合预期的缩进。Python使用缩进来定义代码块，而不像其他一些语言使用花括号。因此，正确的缩进是Python代码能够正确运行的关键。下面是一些解决这种缩进错误的方法：

1. 检查错误所在行及其前后行

查看报错指向的行，并检查该行及其周围的缩进是否一致和逻辑上是否正确。通常，错误发生在：

- 函数定义后的第一行
- 循环或条件语句后的第一行（如 `for`，`while`，`if`，`elif`，`else` 等）

确保这些结构控制语句后面的代码块使用了正确的缩进级别。

2. 确认使用的是空格还是制表符（Tab）

Python推荐使用空格（推荐4个空格）来缩进，而不是制表符。在同一个文件中混用空格和制表符进行缩进可能会引发 `IndentationError`。建议选定一种方式（首选空格），并在整个文件中保持一致。

图 5-61　ChatGPT 提供解决 Python 程序运行出错的方法

提出类似的问题可以为我们操作办公中的各种软件提供指导，免去了我们翻阅各种书籍或者观看软件操作视频所花费的大量时间。不过这里需要注意的是，ChatGPT只能提供文字版的软件帮助信息，无法通过图片或视频指导软件的具体操作，在使用它获取软件帮助时，用户应熟悉软件的操作界面和各种基础功能、概念，否则ChatGPT提供文字信息帮助不大。

5.6　ChatGPT 分析电脑故障信息

ChatGPT除了提供各种软件使用帮助，还可以帮助我们分析电脑的故障信息。例如，图5-62所示为使用ChatGPT解释BIOS报错信息。

电脑提示：CMOS battery failed

如果电脑显示“CMOS battery failed”（CMOS电池失败），通常意味着主板上的CMOS电池电量耗尽或无法正常工作。CMOS电池是一种为主板上的CMOS（互补金属氧化物半导体）芯片提供电力的电池，主要用来存储系统的基本输入输出系统（BIOS）设置以及系统时间和日期等信息。以下是一些处理步骤：

1. **确认问题**：
   - 重启电脑，检查是否再次出现该错误信息。
   - 进入BIOS设置（通常在启动时按F2、Del或其他特定键），查看系统时间和日期是否需要重设。
2. **更换CMOS电池**：
   - 准备一颗新的CMOS电池，常见的型号是CR2032，这是一种3伏的圆形锂电池。
   - 关闭电脑并断开电源，打开机箱。
   - 在主板上找到CMOS电池，它通常位于清晰可见的位置，小心地取出旧电池。
   - 安装新的电池，注意电池的正负极方向。
   - 重新启动电脑，可能需要重新设置BIOS中的日期和时间。
3. **检查BIOS设置**：
   - 在更换电池后，进入BIOS检查所有设置，确保它们根据需要进行了配置。
   - 保存退出BIOS设置并重新启动电脑。
4. **测试和确认**：
   - 使用电脑一段时间，确认没有再出现CMOS电池错误，并确保日期与时间保持准确。

如果在替换电池或重新设置BIOS后问题依然存在，可能是主板硬件存在其他问题，这时可能需要更深入的技术支持或考虑联系专业技术人员进行检查和修理。

图 5-62　ChatGPT 解释 BIOS 报错信息并提供处理步骤

采用类似的方法，可以帮助我们分析各种电脑出现故障时显示的报错信息。

5.7　思考与练习

在办公中使用 ChatGPT 时，许多人似乎将注意力集中在“ChatGPT 能够产生何种内容”上，认为这是它最大的价值所在。比如，在工作中提交一份文案时，会有人开玩笑地问：“这篇文章是不是用 ChatGPT 写的？”这类问题的出现相当普遍。但实际上，ChatGPT的真正价值，并不在于它能够写出什么样的内容或者对现有的内容进行什么样的修改、润色，而在于它改变了我们跟信息交互的方式——一个是搜索，另一个是微调。

在传统的信息搜索时代，信息以文字的形式存在，我们只能通过书籍去获取；在网络信息搜索时代，信息以数据的形式存在，我们可以通过搜索引擎(例如百度、必应、谷歌等)和其他各种网络服务去获取数据。而ChatGPT的出现，使得信息虽然仍旧以数据的形式存在，但我们获取、加工信息的方式被人工智能改变了。ChatGPT可以帮助我们搜集和整理信息，并将整理好的信息呈现到我们面前。我们对信息的获取，从“我们去寻找信息”变成了“信息来寻找我们”。换言之，有了ChatGPT，散落在世界各地各种渠道的信息，变得更容易被我们获取了。每一个缺乏时间、精力和渠道的人，都可以通过AI提供的服务和接口获取信息，信息的不对称和门槛很可能因此被打破。从这个角度上看，ChatGPT解决了过去互联网上“信息太多”和“人们注意力太少”之间的矛盾。

此外，通过提示词对ChatGPT反馈的信息进行微调，我们可以使ChatGPT成为能够适配每个人的“内脑”，它可以让我们把自己所接收的信息、思考的信息、创造的信息充分地利用起来，从而产生一个比我们更了解自己的工作助理，将我们的主要精力从过去烦琐的工作模式中解放出来，更专注、深入地思考一些更核心的问题。

- 问题1：如何通过设计提示词，让ChatGPT生成价值更高、更符合要求的内容？
- 问题2：如何在与人工智能的对话中，始终掌握话语权，将人工智能作为工具而不是让它代替我们思考？
- 问题3：如何辨别ChatGPT生成内容的正确性，避免它“一本正经地胡说八道”？

完成本章内容的阅读后，用户可以尝试用ChatGPT完成以下练习，进一步熟悉使用AI提升办公效率的方法。

- 练习1：准备一份数据(例如从网上下载一份某超市的销售数据)，使用ChatGPT编写一段VBA代码绘制数据的可视化图表，并让它分析销售数据的发展趋势。
- 练习2：使用ChatGPT分步骤撰写一份个人简历，具体步骤如下：①确定投递简历的目标和目标受众；②确定简历的关键部分内容，例如个人总结、工作经验、教育背景等；③设计一份提示词，让ChatGPT按要求生成简历内容，例如“为××软件设计公司的UX设计师写一份100字的简历摘要。重点介绍一下我在 ××公司担任软件工程师的经历，在那里我将公司的异形检测软件的效率提高了 30%。专注于可转移的技能，并提到我在××公司获得了UX设计认证。请使用主动语言”，通过与ChatGPT互动和对话，进一步优化生成的简历；④在Word软件中将 ChatGPT 生成的个人简历内容改编成一份有凝聚力的简历，注意设置项目符号、标题和间距，确保创建一份美观的文档(长度不超过两页)；⑤将步骤④制作好的简历提供给ChatGPT，设计一个提示词，要求ChatGPT根据已完成的个人简历内容，生成一份符合目标职位申请要求的新版本的简历；⑥将新生成的简历内容复制到Word中，对简历内容进行调整。
- 练习3：参考本章5.1节介绍的方法，尝试通过设计提示词，让ChatGPT辅助制作产品文案、产品说明文档、问卷调查、竞品分析报告、活动策划和活动推广文档。

第 6 章
ChatGPT 编程辅助工具

本章导读

ChatGPT 不仅仅是一个可以协助写文案和论文的工具，它还是一个强大的编程助手。在职场中，ChatGPT 能够提供实时建议和指导，帮助我们快速生成各类代码。例如，在软件开发中可以生成模板和重复代码，提升效率；在数据分析时可以根据结果生成处理代码；在人工智能领域，可以助力模型构建和测试。

6.1 写代码

ChatGPT能够理解和生成自然语言文本，这使得它在编程上有多种用途，如代码生成、错误调试、代码解释等。在代码生成方面，我们可以向 ChatGPT 描述想要实现的效果和功能，它能够快速生成相应的代码片段。下面将从几个示例开始介绍。

【例6-1】让ChatGPT用Java写一个冒泡排序算法，如图6-1所示。

冒泡排序（Bubble Sort）是一种简单的排序算法，它重复地遍历要排序的数列，一次比较两个元素，如果它们的顺序错误就把它们交换过来。遍历数列的工作是重复进行的，直到没有再需要交换的元素，这意味着数列已经排序完成。这个算法的名字由来是因为越小的元素会经由交换慢慢“浮”到数列的顶端。

下面是使用Java实现的冒泡排序算法的示例代码：

```
public class BubbleSort {

    public static void bubbleSort(int[] arr) {
        int n = arr.length;
        for (int i = 0; i < n-1; i++) {
            // 内层循环用于比较和交换元素
            for (int j = 0; j < n-i-1; j++) {
                // 如果当前元素比下一个元素大，则交换它们
                if (arr[j] > arr[j+1]) {
                    // 交换 arr[j+1] 和 arr[j]
                    int temp = arr[j];
                    arr[j] = arr[j+1];
                    arr[j+1] = temp;
                }
            }
        }
    }

    public static void main(String args[]) {
        int arr[] = {64, 34, 25, 12, 22, 11, 90};

        // 打印原始数组
        System.out.println("Original array: ");
        for (int i=0; i < arr.length; i++)
            System.out.print(arr[i] + " ");
        System.out.println();

        // 调用冒泡排序算法
        bubbleSort(arr);

        // 打印排序后的数组
        System.out.println("Sorted array: ");
        for (int i=0; i < arr.length; i++)
            System.out.print(arr[i] + " ");
    }
}
```

这段代码实现了基本的冒泡排序算法。首先定义 `bubbleSort` 方法来执行冒泡排序的实际逻辑，然后在 `main` 方法中定义了一个整数数组作为待排序的数据，调用 `bubbleSort` 方法对其进行排序，最后输出排序前后的数组。

冒泡排序的时间复杂度为O(n^2)，因此它在处理大数据集时效率较低。尽管如此，由于其实现简单，它仍然是计算机科学教学和了解排序算法的一个好起点。

图 6-1　使用 Java 实现的冒泡排序算法代码

【例6-2】通过向ChatGPT输入提示词，可以生成相应的网页代码。例如设计一个“宠物玩具”主题的中文网站页面。

01 询问ChatGPT生成一个优秀网站应该如何布局，提示词如下：

> 你是一名网页设计专家，有多年设计经验，你知道一个好看、用户体验好的中文网站是如何布局的吗？

ChatGPT的反馈如图 6-2 所示。

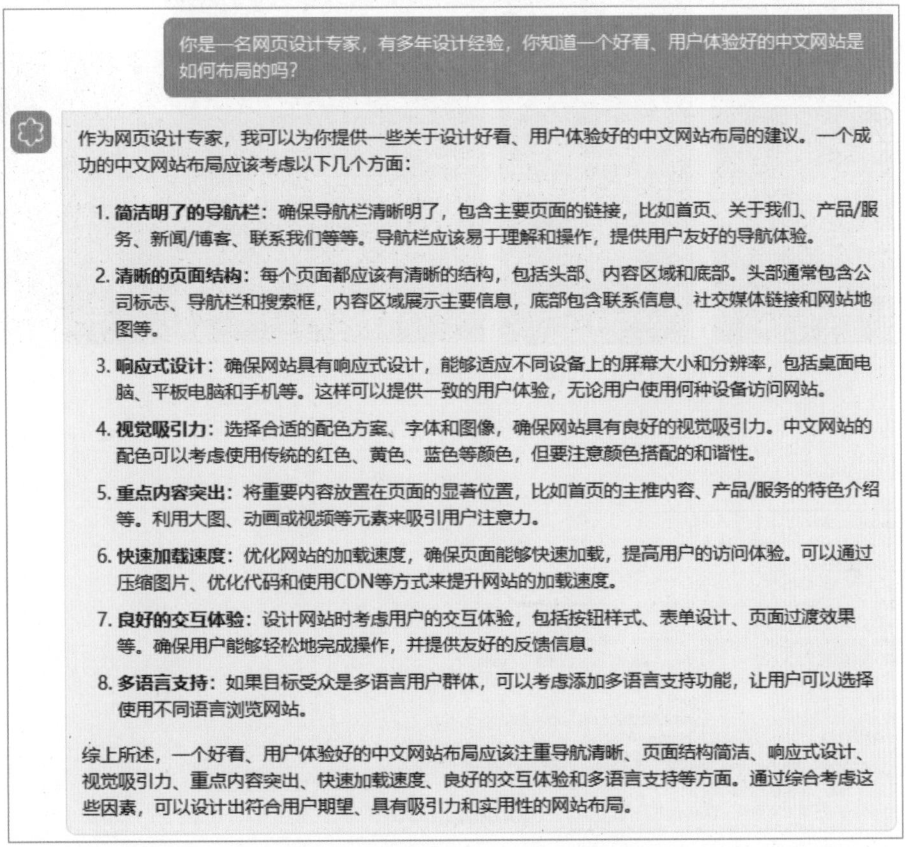

你是一名网页设计专家，有多年设计经验，你知道一个好看、用户体验好的中文网站是如何布局的吗？

作为网页设计专家，我可以为你提供一些关于设计好看、用户体验好的中文网站布局的建议。一个成功的中文网站布局应该考虑以下几个方面：

1. **简洁明了的导航栏**：确保导航栏清晰明了，包含主要页面的链接，比如首页、关于我们、产品/服务、新闻/博客、联系我们等等。导航栏应该易于理解和操作，提供用户友好的导航体验。
2. **清晰的页面结构**：每个页面都应该有清晰的结构，包括头部、内容区域和底部。头部通常包含公司标志、导航栏和搜索框，内容区域展示主要信息，底部包含联系信息、社交媒体链接和网站地图等。
3. **响应式设计**：确保网站具有响应式设计，能够适应不同设备上的屏幕大小和分辨率，包括桌面电脑、平板电脑和手机等。这样可以提供一致的用户体验，无论用户使用何种设备访问网站。
4. **视觉吸引力**：选择合适的配色方案、字体和图像，确保网站具有良好的视觉吸引力。中文网站的配色可以考虑使用传统的红色、黄色、蓝色等颜色，但要注意颜色搭配的和谐性。
5. **重点内容突出**：将重要内容放置在页面的显著位置，比如首页的主推内容、产品/服务的特色介绍等。利用大图、动画或视频等元素来吸引用户注意力。
6. **快速加载速度**：优化网站的加载速度，确保页面能够快速加载，提高用户的访问体验。可以通过压缩图片、优化代码和使用CDN等方式来提升网站的加载速度。
7. **良好的交互体验**：设计网站时考虑用户的交互体验，包括按钮样式、表单设计、页面过渡效果等。确保用户能够轻松地完成操作，并提供友好的反馈信息。
8. **多语言支持**：如果目标受众是多语言用户群体，可以考虑添加多语言支持功能，让用户可以选择使用不同语言浏览网站。

综上所述，一个好看、用户体验好的中文网站布局应该注重导航清晰、页面结构简洁、响应式设计、视觉吸引力、重点内容突出、快速加载速度、良好的交互体验和多语言支持等方面。通过综合考虑这些因素，可以设计出符合用户期望、具有吸引力和实用性的网站布局。

图 6-2　询问 ChatGPT 如何布局网站

02 让ChatGPT参考先前的回答，设计“宠物玩具”网站，提示词如下：

> 如果你现在设计一个宠物玩具网站，请按照你上述的回答帮我进行排版设计。

03 在ChatGPT输出结果后，可以继续输入提示词，让它参照已有排版设计，使用HTML设计网站页面：

> 请按照以上的排版设计，帮我用HTML设计这个“宠物玩具”的网站，并使用CSS和JavaScript进行网页美化，提升用户体验。

此时，ChatGPT将分别生成图 6-3 所示的3段代码。

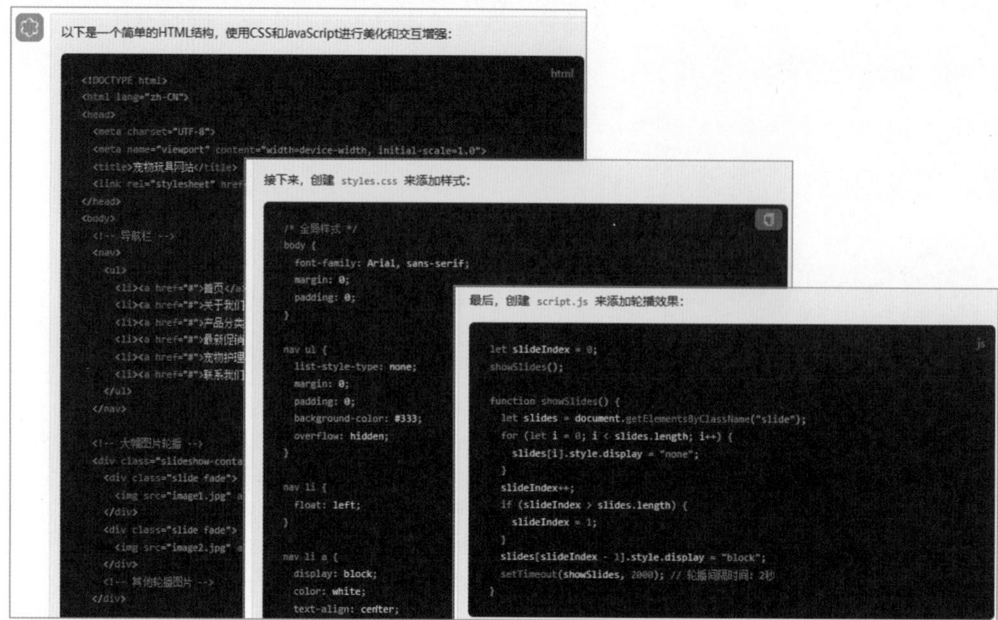

图 6-3　ChatGPT 生成网页制作所需的代码

04 将图 6-3 所示代码粘贴至Windows自带的记事本工具中，并分别保存为.htm、.css和.js文件，如图 6-4 所示。

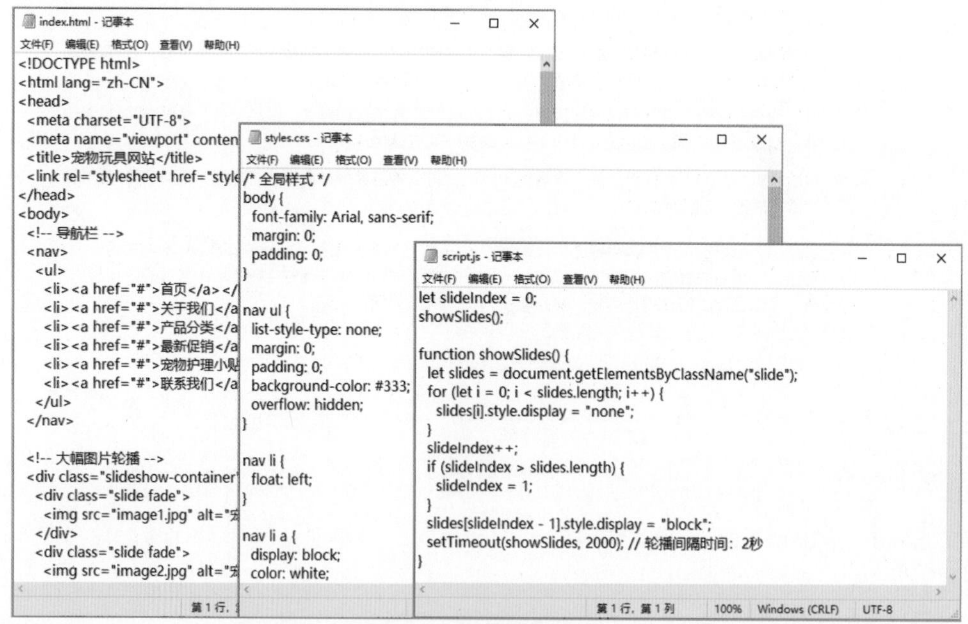

图 6-4　将代码保存为文件

05 根据.html代码中生成的图片文件名(本例为image1.jpg和image2.jpg)重命名网页素材图片，并将图片文件与网页文件放在同一个文件夹中，如图 6-5 所示。

06 使用浏览器打开网页(.html文件)，效果如图 6-6 所示，在此我们初见雏形的前端页面已经生成，所有的代码都由ChatGPT生成，我们只需要将其组装起来，就可以看到一个简易的网页效果了。

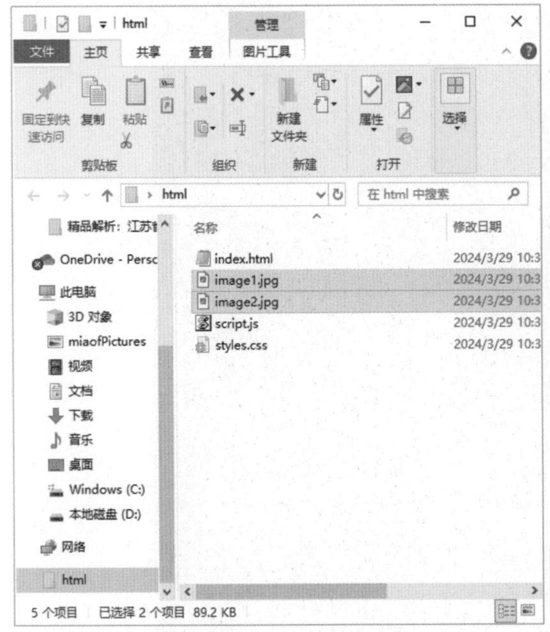

图 6-5　重命名图片素材文件

图 6-6　网页效果

【例6-3】使用 ChatGPT 自动编写 Python 爬虫脚本，爬取知乎上的文章内容。

01 向ChatGPT输入提示词：

> 帮我用Python写代码爬取这个网站的文章
> https://www.zhihu.com/question/644790078/answer/3403214216

ChatGPT首先会给出图 6-8 所示的提示。

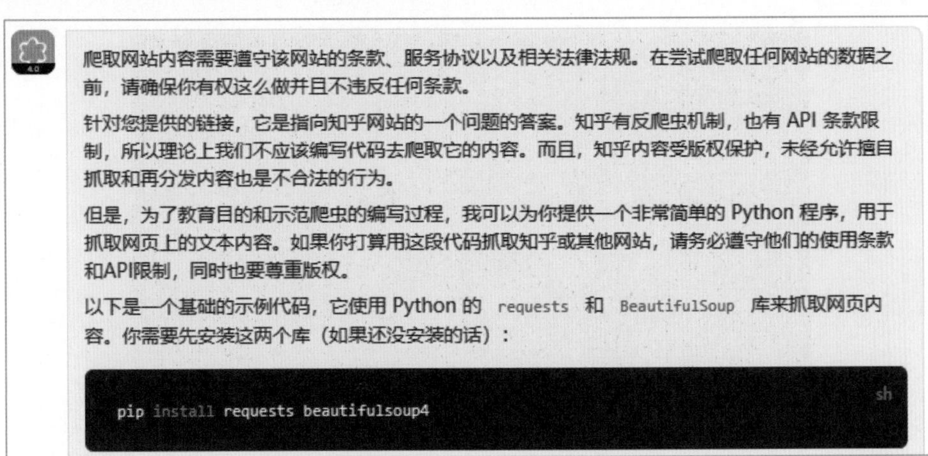

图 6-8　ChatGPT 关于爬虫程序的提示

然后会给出完整的程序代码，如图 6-9 所示。

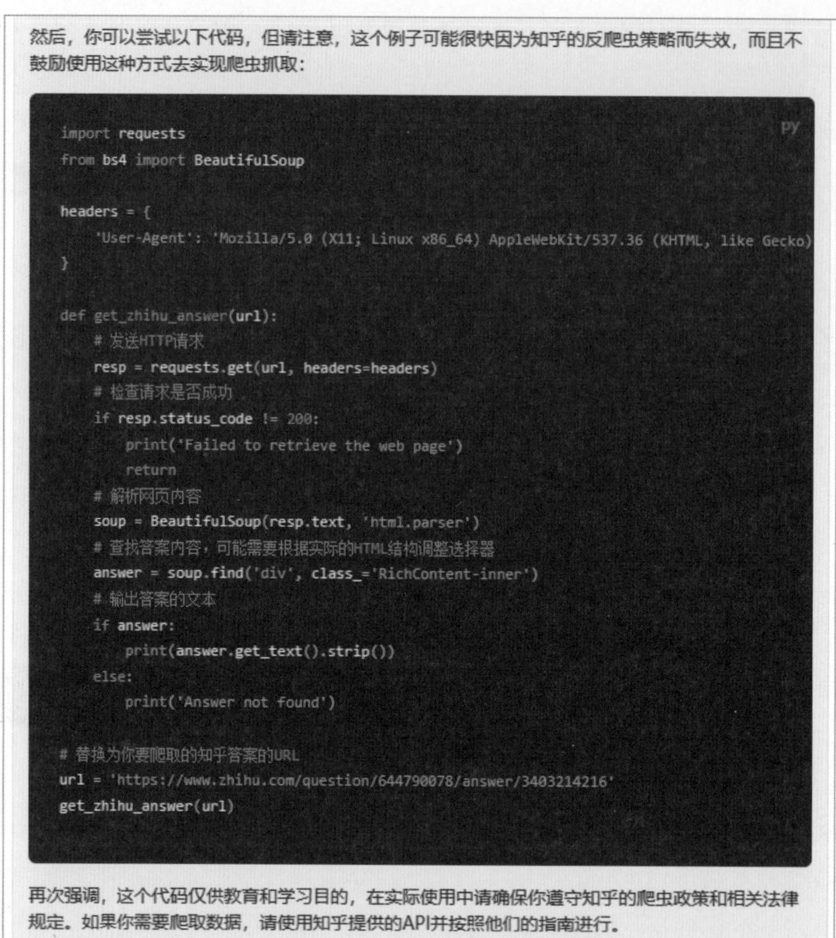

然后，你可以尝试以下代码，但请注意，这个例子可能很快因为知乎的反爬虫策略而失效，而且不鼓励使用这种方式去实现爬虫抓取：

```py
import requests
from bs4 import BeautifulSoup

headers = {
    'User-Agent': 'Mozilla/5.0 (X11; Linux x86_64) AppleWebKit/537.36 (KHTML, like Gecko)
}

def get_zhihu_answer(url):
    # 发送HTTP请求
    resp = requests.get(url, headers=headers)
    # 检查请求是否成功
    if resp.status_code != 200:
        print('Failed to retrieve the web page')
        return
    # 解析网页内容
    soup = BeautifulSoup(resp.text, 'html.parser')
    # 查找答案内容，可能需要根据实际的HTML结构调整选择器
    answer = soup.find('div', class_='RichContent-inner')
    # 输出答案的文本
    if answer:
        print(answer.get_text().strip())
    else:
        print('Answer not found')

# 替换为你要爬取的知乎答案的URL
url = 'https://www.zhihu.com/question/644790078/answer/3403214216'
get_zhihu_answer(url)
```

再次强调，这个代码仅供教育和学习目的，在实际使用中请确保你遵守知乎的爬虫政策和相关法律规定。如果你需要爬取数据，请使用知乎提供的API并按照他们的指南进行。

图 6-9　ChatGPT 生成爬虫程序代码

02 按照ChatGPT的提示编写并运行程序，结果如图 6-10 所示。

图 6-10　爬取知乎网站上的文章

【例6-4】让ChatGPT用Go语言生成反射函数示例代码并执行。

01 给 ChatGPT 设定一个角色——软件开发专家，让它帮助我们编程，提示词如下：

请你充当软件开发专家，你擅长Go、Python、Java等编程语言，能够帮助我进行调试，编写安全、可靠的代码，实现需要的功能。如果你理解我的需求，请回答“明白了”。

02 要求ChatGPT生成代码并执行，提示词如下：

请帮我生成Go反射函数示例代码并执行。

ChatGPT 不仅给出了代码，还提供了注释，并在末尾做了总结。这对于初级程序员或想要学习 Go 语言的用户来说非常方便，如图 6-11 所示。

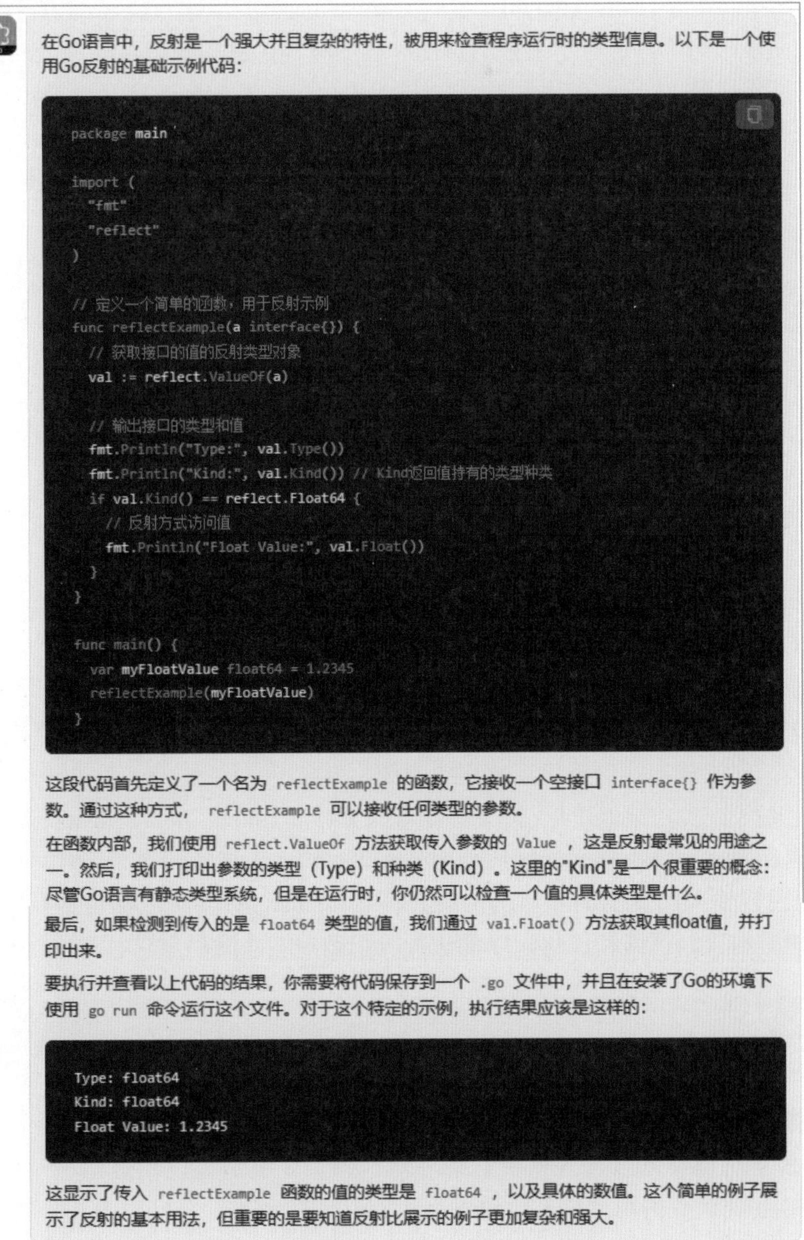

在Go语言中，反射是一个强大并且复杂的特性，被用来检查程序运行时的类型信息。以下是一个使用Go反射的基础示例代码：

```
package main

import (
  "fmt"
  "reflect"
)

// 定义一个简单的函数，用于反射示例
func reflectExample(a interface{}) {
  // 获取接口的值的反射类型对象
  val := reflect.ValueOf(a)

  // 输出接口的类型和值
  fmt.Println("Type:", val.Type())
  fmt.Println("Kind:", val.Kind()) // Kind返回值持有的类型种类
  if val.Kind() == reflect.Float64 {
    // 反射方式访问值
    fmt.Println("Float Value:", val.Float())
  }
}

func main() {
  var myFloatValue float64 = 1.2345
  reflectExample(myFloatValue)
}
```

这段代码首先定义了一个名为 `reflectExample` 的函数，它接收一个空接口 `interface{}` 作为参数。通过这种方式，`reflectExample` 可以接收任何类型的参数。

在函数内部，我们使用 `reflect.ValueOf` 方法获取传入参数的 `Value`，这是反射最常见的用途之一。然后，我们打印出参数的类型（Type）和种类（Kind）。这里的"Kind"是一个很重要的概念：尽管Go语言有静态类型系统，但是在运行时，你仍然可以检查一个值的具体类型是什么。

最后，如果检测到传入的是 `float64` 类型的值，我们通过 `val.Float()` 方法获取其float值，并打印出来。

要执行并查看以上代码的结果，你需要将代码保存到一个 `.go` 文件中，并且在安装了Go的环境下使用 `go run` 命令运行这个文件。对于这个特定的示例，执行结果应该是这样的：

```
Type: float64
Kind: float64
Float Value: 1.2345
```

这显示了传入 `reflectExample` 函数的值的类型是 `float64`，以及具体的数值。这个简单的例子展示了反射的基本用法，但重要的是要知道反射比展示的例子更加复杂和强大。

图 6-11　ChatGPT 生成 Go 反射函数示例代码

ChatGPT生成代码的能力对于编程不熟练的职场用户，或者为控制成本无法雇用全职程序员的公司来说是利好的。对他们来说，对话机器人是一个可以降低编程门槛的工具。不过，虽然ChatGPT看起来很智能，但它并没有真正的智慧，它只是基于之前学到的知识和训练数据生成回答。在我们实际操作以上示例的过程中，通过单击“重试”按钮可以发现，ChatGPT会生成基于输入或上下文变化的新回答，代码内容可能与示例中给出的完全不同。

在实际工作中，使用ChatGPT 可以根据用户输入的指令和需求自动生成代码。具体而言，它可以尝试完成以下编程任务的代码生成。

- 生成简单的程序代码：ChatGPT可以生成一些简单的程序代码，例如输出语句、赋值语句、循环语句等，但对于复杂的算法和程序结构，它的表现可能会受一定限制。
- 生成代码片段：ChatGPT可以生成一些代码片段，例如函数定义、类定义等，以及与它们相关的变量、参数和方法调用等。
- 生成代码注释：ChatGPT可以生成代码注释，包括函数和变量的描述、算法思路的解释等。

ChatGPT生成的代码可能会受一定限制，需要经过进一步的人工优化和修改才能运行。

- ChatGPT 可能会生成无用的代码。为了获得最佳结果，我们需要向它提供清晰详细的提示。
- ChatGPT 擅长协助特定的编码任务或例程，而不是从头开始构建完整的应用程序。
- 有时，使用ChatGPT写代码之前需要我们提示它查找并选择适合特定用途的正确编码库，并通过交互式讨论以缩小选择范围。
- 人工智能生成的代码可能会出现错误。我们在使用ChatGPT写代码时应对它保持谨慎，始终验证代码的可靠性，不能盲目信任ChatGPT生成的结果。
- 将与 ChatGPT 的交互视为对话。根据人工智能的回答完善我们的问题，可以帮助ChatGPT输出更接近问题的结果。

以下是总结应用ChatGPT在工作中辅助编写代码的具体步骤。

(1) 根据需求输入提示词，例如“生成随机数列表”或“读取CSV文件”等。提示词的准确性和清晰度，对生成的代码质量起着重要作用。

(2) 确定编程语言。ChatGPT支持多种编程语言(如Python、Java、JavaScript等)，用户可以根据需求和自身掌握的熟练程度选择适合的编程语言。

(3) 基于用户输入的提示词和所选的编程语言，ChatGPT会生成相应的代码。用户需要对生成的代码进行检查、调整和优化，以确认代码正确并能够满足需求。

6.2 解释代码

代码解释在软件开发中具有重要的作用。

- 代码解释可以帮助开发人员更好地理解代码实现细节和设计意图，避免出现代码理解错误，提高代码的可读性和可维护性。

- 在团队协作中，代码解释能够帮助新加入的开发人员更快速地熟悉代码库，降低新人学习成本。此外，当代码需要维护或升级时，代码解释能够帮助开发人员快速了解代码的实现细节，从而更好地进行维护和升级。

尤其是在大型软件开发项目中，由于涉及的代码量较大，而多人协作开发会使代码难以理解和维护。因此，对代码进行解释变得尤为重要。代码解释需要写入代码注释中，注释的质量和数量直接影响代码的可读性与可维护性。

传统的代码解释方式包括代码注释、文档、博客文章等。其中，代码注释是指在代码中添加的一些解释文字；文档则是指对代码进行详细描述和说明的文字；博客文章则是指作者在博客上发布的用于解释代码和分享经验的文字。这些传统的代码解释方式存在以下问题和局限性。

- 人工编写代码注释，需要花费大量的时间和精力，而且容易出现注释与代码不一致的情况。
- 文档与博客文章需要单独编写和维护，增加了代码的复杂度和维护成本。同时，文档和博客文章的质量很难保证，可能存在错误或者遗漏。
- 这些方式都需要用户主动查找和阅读，不够直观和方便。

因此，传统的代码解释方式在实际开发中存在一些局限性，需要寻求新的解决方案来提高代码的可读性和可维护性。

使用ChatGPT 来帮助解释代码有以下优点。

- 自动解释。传统的代码解释方式需要开发人员手工进行注释、撰写文档等，而借助ChatGPT 可以自动化生成代码解释，大大降低人工成本。
- 提高代码阅读效率。当我们遇到难以阅读的代码时，可以借助ChatGPT快速理解代码的含义，提高阅读效率。
- 减少代码理解误差。在进行团队协作时，不同的开发人员对代码的理解可能会有所差异，借助ChatGPT 来解释代码可以减少这种误差，保证代码的一致性。
- 适用性广泛。ChatGPT 可用于处理多种编程语言，涵盖 Python、Java 、C++ 等主流编程语言，具有广泛的适用性。
- 不需要专业知识。借助 ChatGPT 解释代码不需要用户具备专业的编程知识，只需要输入代码即可得到解释，ChatGPT 对非专业开发人员也非常友好。

综上所述，使用ChatGPT 来帮助解释代码可以提高开发效率和质量，降低人工成本，减少理解误差。在真实的工作场景中，利用ChatGPT解释代码可以应用于学习新技术、维护代码、代码评审等场景，下面将分别进行介绍。

6.2.1　学习新技术

在学习库、框架、算法等相关的新技术时，我们可以使用ChatGPT快速了解其实现原理和用法，从而提高学习效率。例如，如果我们想学习Ray框架，可以向ChatGPT输入提示词：

> 帮我介绍一下 Ray 这个框架，从原理和用法方面进行详细介绍，并且给出例子。

ChatGPT首先会反馈Ray框架的原理并给出示例，如图6-12 所示。

Ray 是一个开源的分布式框架，由加州大学伯克利分校的 RISELab 开发，用以简化大规模并行和分布式计算任务的编程。这个框架能够横跨多个机器的大规模集群，帮助开发者编写可以并行执行的代码，尤其在机器学习、强化学习、科学计算和数据处理等领域。

Ray 原理：

Ray 的核心原理是实现了一个灵活的任务调度系统和一个高效的分布式内存管理系统。

1. **任务调度**：Ray 通过任务图（task graphs）来进行工作任务的调度。当调用一个远端函数（remote function）时，该函数调用将被转化为一个任务，并加入到任务图中。Ray 调度器会基于资源可用性决定任务在集群中的执行位置。
2. **对象存储**：Ray 使用对象存储（object store）来跨不同节点共享和存储数据。每个节点上运行着一个对象存储实例，Ray 通过高效的数据共享和复制机制来解决分布式存储问题。
3. **Actor 模型**：Ray 支持 Actor 模型，可以用来设计有状态的服务或模型。Actors 绑定在创建它们的节点上，拥有长生命周期的状态和并发处理能力。

图 6-12　ChatGPT 反馈 Ray 框架的原理

然后会介绍Ray的用法并给出示例，如图6-13所示。

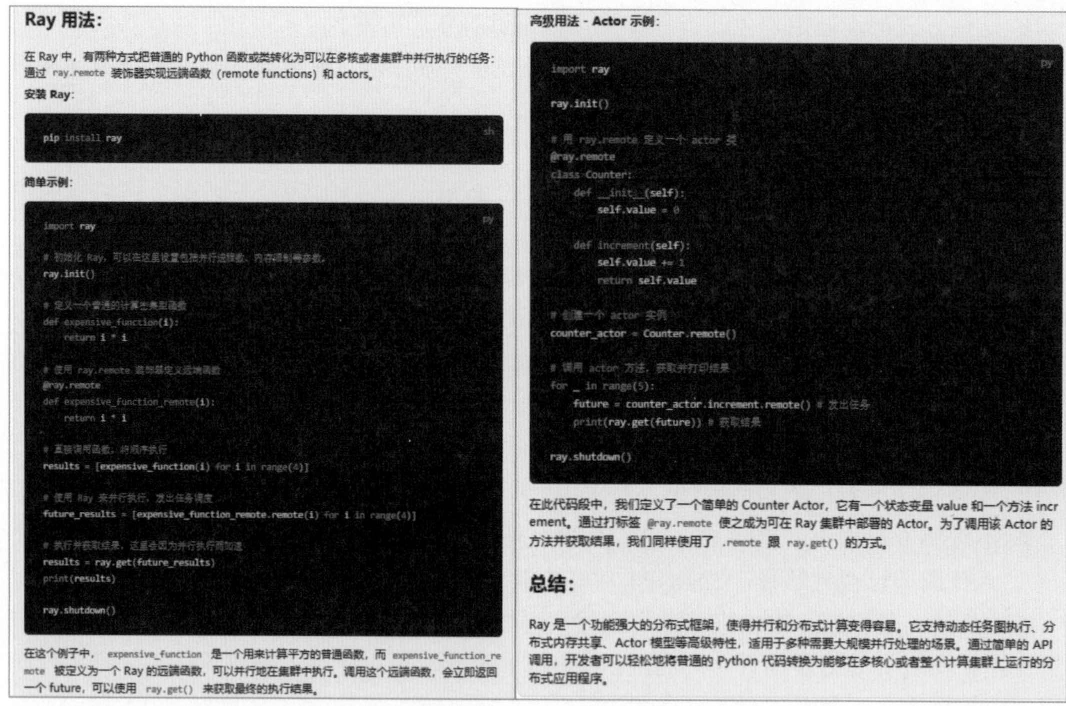

图 6-13　ChatGPT 给出 Ray 框架的用法和示例

6.2.2　维护代码

在维护已有的代码时，如果遇到不熟悉的代码，我们可以借助ChatGPT理解该代码的功能和实现方式，从而更好地维护代码。例如，如果我们想维护很多年前的一段代码，相关的开发人员已经离职，并且没有留下任何文档资料，那么负责开发的同事就会遭遇困难，ChatGPT可以帮助开发人员理解这些代码的功能和实现方式。

我们可以在 ChatGPT 中输入以下提示词：

帮我逐行解释以下代码，并且概括这段代码的原理和作用：

```
1 <script type="text/javascript">
2   function show_confirm(){
3     var tf=confirm("是否接受条款");
4     if (tf==true){
5       alert("请进入下一个环节！ ");
6     }
7     else {
8       alert("请重新阅读并接受条款！ ");
9     }
10  }
11</script>
```

ChatGPT反馈的结果如图 6-14 所示。

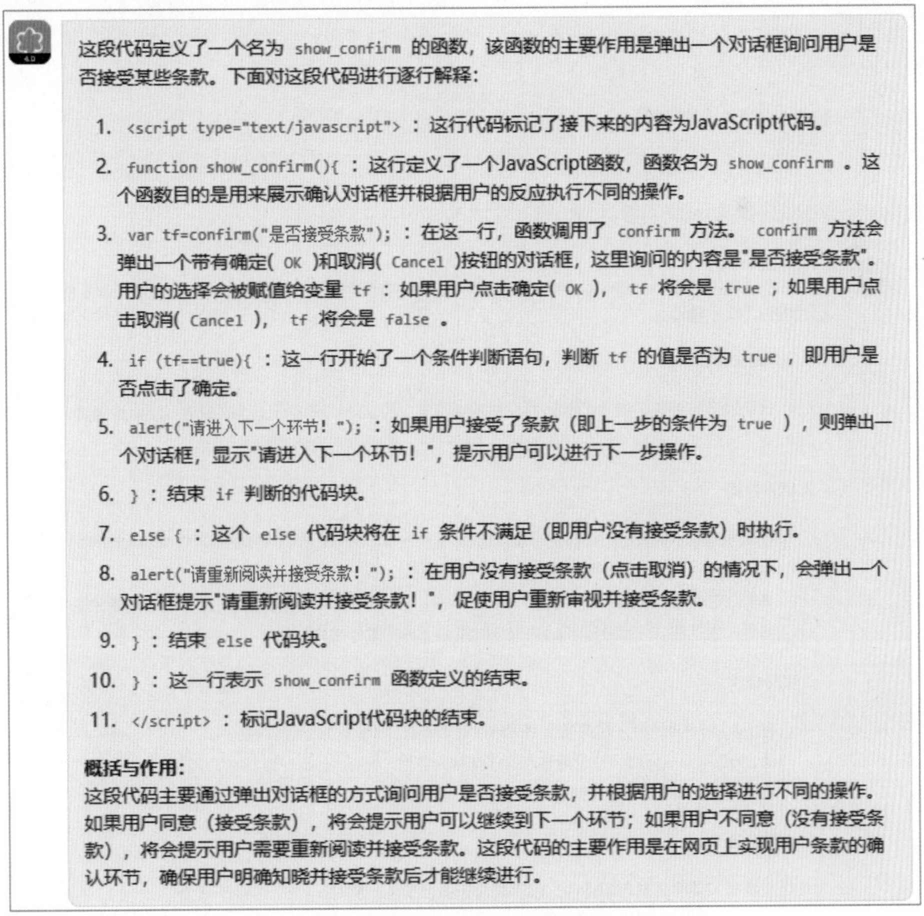

这段代码定义了一个名为 `show_confirm` 的函数，该函数的主要作用是弹出一个对话框询问用户是否接受某些条款。下面对这段代码进行逐行解释：

1. `<script type="text/javascript">` ：这行代码标记了接下来的内容为JavaScript代码。
2. `function show_confirm(){` ：这行定义了一个JavaScript函数，函数名为 `show_confirm` 。这个函数目的是用来展示确认对话框并根据用户的反应执行不同的操作。
3. `var tf=confirm("是否接受条款");` ：在这一行，函数调用了 `confirm` 方法。 `confirm` 方法会弹出一个带有确定(`OK`)和取消(`Cancel`)按钮的对话框，这里询问的内容是"是否接受条款"。用户的选择会被赋值给变量 `tf` ：如果用户点击确定(`OK`)， `tf` 将会是 `true` ；如果用户点击取消(`Cancel`)， `tf` 将会是 `false` 。
4. `if (tf==true){` ：这一行开始了一个条件判断语句，判断 `tf` 的值是否为 `true` ，即用户是否点击了确定。
5. `alert("请进入下一个环节！ ");` ：如果用户接受了条款（即上一步的条件为 `true` ），则弹出一个对话框，显示"请进入下一个环节！ "，提示用户可以进行下一步操作。
6. `}` ：结束 `if` 判断的代码块。
7. `else {` ：这个 `else` 代码块将在 `if` 条件不满足（即用户没有接受条款）时执行。
8. `alert("请重新阅读并接受条款！ ");` ：在用户没有接受条款（点击取消）的情况下，会弹出一个对话框提示"请重新阅读并接受条款！ "，促使用户重新审视并接受条款。
9. `}` ：结束 `else` 代码块。
10. `}` ：这一行表示 `show_confirm` 函数定义的结束。
11. `</script>` ：标记JavaScript代码块的结束。

概括与作用：
这段代码主要通过弹出对话框的方式询问用户是否接受条款，并根据用户的选择进行不同的操作。如果用户同意（接受条款），将会提示用户可以继续到下一个环节；如果用户不同意（没有接受条款），将会提示用户需要重新阅读并接受条款。这段代码的主要作用是在网页上实现用户条款的确认环节，确保用户明确知晓并接受条款后才能继续进行。

图 6-14　ChatGPT 逐行解释代码

6.2.3 代码评审

在团队协作中，评审人员借助ChatGPT可以快速了解代码，从而更好地进行评审。ChatGPT可以快速地帮助我们对一段不熟悉的代码进行评审。例如，我们在ChatGPT中输入以下提示词：

```
帮我对下面这段代码进行评审，并且给出相关建议：
import baostock as bs
lg =bs.login()
print('login respond error_code:'+lg.error_code)
print('login respond error_msg:'+lg.error_msg)
rs =bs.query_historykdata_plus("sz.002236","date,code,
open,high,low,close,preclose,volume,amount,adjustflag,turn,tradestatus,pctChg,issT",end_date='2024-06-16',
frequency="d",adjustflag="3")
print('query_historykdata_plus respond error_code:'+rs.error_code)
print('query_historykdata_plus respond error_msg:'+rs.error_msg)
data_list = []
while (rs.error_code == '0') & rs.next():
data_list.append(rs.get_row_data())
print(data_list)
```

ChatGPT反馈的结果如图6-15所示。

这段代码主要使用了 baostock 库来获取股票数据，并打印了登录和数据查询的响应信息。以下是对代码的评审和建议：

1. **代码格式和风格：**
    - 代码缺少了缩进，给人阅读时的视觉感受不佳，应该对代码进行适当的缩进，使其更易读。
    - 在 Python 中，通常使用四个空格来进行缩进，这是官方推荐的缩进风格。
2. **错误处理：**
    - 在调用 baostock 的 `login()` 和 `query_historykdata_plus()` 方法后，应该添加错误处理，以确保在出现错误时能够 graceful 地处理。
    - 需要注意的是，`login()` 和 `query_historykdata_plus()` 返回的是对象，而不是简单的字符串，因此在获取错误码和错误信息时需要正确的属性或方法。
3. **循环条件：**
    - 在 `while` 循环中，需要确保循环条件的准确性。当前的循环条件是 `rs.error_code == '0'` 和 `rs.next()` 的逻辑与，这意味着只有当 `error_code` 为 `'0'` 并且 `next()` 方法返回 `True` 时循环才会执行。这个逻辑是正确的。
4. **变量命名：**
    - 变量命名要尽量具有描述性，以提高代码的可读性。例如，`lg` 可以命名为 `login_response`，`rs` 可以命名为 `query_response`。

图6-15 ChatGPT评审代码

同时，ChatGPT还会针对代码评审结果给出修改建议，如图6-16所示。

基于以上建议，你可以对代码进行修改，示例如下：

```
import baostock as bs

# 登录
login_response = bs.login()
if login_response.error_code != '0':
    print('Login failed. Error:', login_response.error_msg)
else:
    print('Login succeed.')

# 查询股票数据
query_response = bs.query_history_k_data_plus("sz.002236", "date,code,open,high,low,close
if query_response.error_code != '0':
    print('Query failed. Error:', query_response.error_msg)
else:
    print('Query succeed.')
    data_list = []
    while query_response.next():
        data_list.append(query_response.get_row_data())
    print(data_list)
```

通过以上改进，代码会更加清晰易读，并且具备了基本的错误处理机制，提高了代码的健壮性。

图 6-16　ChatGPT 给出代码修改建议

6.2.4　生成开发者文档

使用ChatGPT 可以快速生成开发者文档，从而提高开发文档的生成效率。例如，我们在ChatGPT 中输入提示词：

```
帮我为下面这段代码写一个 API 文档解释：
from flask import Flask, jsonify
import baostock as bs

app = Flask(__name__)

@app.route('/stock/<stock_code>')
def get_stock_data(stock_code):
    bs.login()
    rs = bs.query_history_k_data_plus(stock_code,
                    "date,open,high,low,close,preclose,volume,amount,adjustflag,turn,tradestatus,
                     pctchg,issT",end_date='2024-05-16', frequency="d", adjustflag="3")
    data_list = []
    while (rs.error_code == '0') & rs.next():
```

```
            data_list.append(rs.get_row_data())
        bs.logout()
        return jsonify(data_list)


if __name__ == '__main__':
        app.run(debug=True)
```

使用以上提示词，我们可以借助ChatGPT针对一段代码构建开发文档。

在前面介绍的这些应用场景中，ChatGPT可以帮助开发者快速了解代码，从而提高工作效率。同时，ChatGPT还可以帮助团队开展协作和代码维护等方面的工作，从而提高软件开发的整体效率和质量。

6.3 解释报错信息

执行程序时，报错是很常见的事情。根据报错信息，我们可以明确问题，但有时候报错信息不够清晰，就很难定位问题，这会让程序开发人员产生极大的挫败感。ChatGPT的出现让排查错误更加高效。我们只需将报错信息复制并粘贴到ChatGPT中，它就会说明出错的原因和错误的含义，并给出解决思路或方案，大大节省了我们排查错误的时间。

例如，向ChatGPT输入报错信息后，它的反馈如图6-17所示。

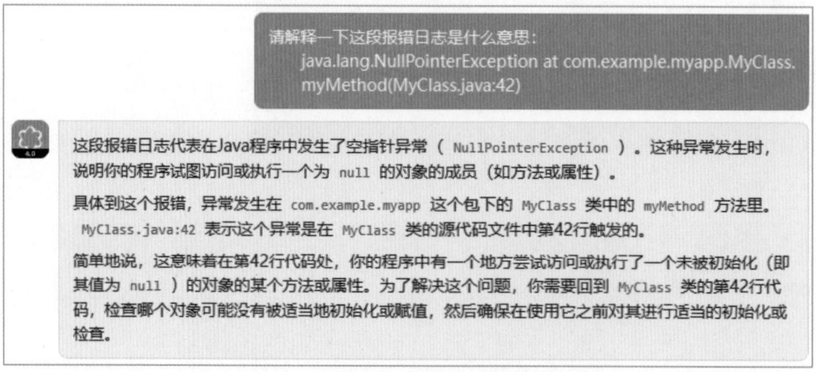

请解释一下这段报错日志是什么意思：
java.lang.NullPointerException at com.example.myapp.MyClass.myMethod(MyClass.java:42)

这段报错日志代表在Java程序中发生了空指针异常（ NullPointerException ）。这种异常发生时，说明你的程序试图访问或执行一个为 null 的对象的成员（如方法或属性）。

具体到这个报错，异常发生在 com.example.myapp 这个包下的 MyClass 类中的 myMethod 方法里。 MyClass.java:42 表示这个异常是在 MyClass 类的源代码文件中第42行触发的。

简单地说，这意味着在第42行代码处，你的程序中有一个地方尝试访问或执行了一个未被初始化（即其值为 null ）的对象的某个方法或属性。为了解决这个问题，你需要回到 MyClass 类的第42行代码，检查哪个对象可能没有被适当地初始化或赋值，然后确保在使用它之前对其进行适当的初始化或检查。

图 6-17　ChatGPT 解释程序报错信息

通过图6-17可以看到，ChatGPT 准确识别了这段报错信息并给出了解决思路。

6.4 编写测试脚本

测试是软件开发的重要环节之一，而编写有效的测试脚本往往很耗时且具有挑战性。利用ChatGPT 可以简化这一过程，帮助创建高质量的测试脚本。我们可以简单地用自然语言描述想创建的测试场景，指定测试数据和其他细节，ChatGPT 就能按要求自动生成测试脚本。

例如，输入提示词：

> 请帮忙编写一个黑盒测试脚本。

ChatGPT会自动假设场景、开发环境和工具，编写相应的程序代码，其反馈的结果如图6-18所示。

要编写一个黑盒测试脚本，首先需要明确你想要测试的软件或功能的具体需求。由于黑盒测试着重于测试软件的功能，而不关心内部实现，我们的脚本将会基于输入和期望的输出来设计。

假设场景

假设我们要测试一个简单的计算器应用，它能够执行加法和减法操作。我们的测试脚本将包含以下功能的测试案例：

1. 加法操作
2. 减法操作

开发环境和工具

- **测试工具**：我们将使用Python的 `unittest` 框架来编写这个测试脚本，因为它提供了一个丰富的API来编排测试案例，并生成测试报告。
- **开发环境**：确保你的机器上安装了Python（3.x版本）。

测试脚本

```py
import unittest

# 假设我们有一个 Calculator 类（这里请替换为你的实际测试目标）
# 这个类实现了 add 和 subtract 方法。
# 注意，实际测试时，你需要引入你要测试的模块或者包
# from your_application_module import Calculator

# 为本示例目的，我们创建一个简化的Calculator类作为示例
class Calculator:
    def add(self, x, y):
        return x + y

    def subtract(self, x, y):
        return x - y

class TestCalculator(unittest.TestCase):
    def setUp(self):
        self.calc = Calculator()

    def test_add(self):
        self.assertEqual(self.calc.add(1, 2), 3, "应当是 3")

    def test_subtract(self):
        self.assertEqual(self.calc.subtract(10, 5), 5, "应当是 5")

# 如果这个脚本被作为主程序运行，则运行测试
if __name__ == '__main__':
    unittest.main()
```

图 6-18 ChatGPT 编写测试脚本

同时，ChatGPT还会在程序的末尾提示用户如何使用脚本及脚本说明，如图6-19所示。

如何使用这个脚本

1. 确保你已安装Python。
2. 将上述代码保存为 `test_calculator.py` 。
3. 打开终端或命令行，导航到存储 `test_calculator.py` 文件的目录。
4. 运行命令 `python test_calculator.py` ，开始执行测试。
5. 观察控制台输出，检查测试是否通过。

说明

- 此脚本假设了一个简易的 `Calculator` 类存在，你需要替换为你想要测试的实际代码对象。
- 针对不同的软件功能或需求，你需要修改测试方法（例如 `test_add` 和 `test_subtract` ）来覆盖你想要测试的场景。
- 该脚本使用 Python 的单元测试框架，是一种黑盒测试方法，因为它仅关注输入和输出，不考虑内部实现。

图 6-19　ChatGPT 给出脚本使用说明

6.5　代码调整和漏洞分析

ChatGPT 可以帮助开发人员调整代码并分析代码的潜在风险，识别其中的安全漏洞，而不必先运行它，这可以让开发人员及早发现错误，提高代码质量。

例如，向ChatGPT输入提示词：

```
请帮我调整一下这段代码：
<?php
$rootUname = $_GET['rootUname'];
$array = array();
/* check PHP Safe_Mode is off /
if (ini_get('safe_mode')) {
$array['phpSafeMode'] = '<strong><font class="bad">Fail - php safe mode is on - turn it off before you proceed with the installation</strong></font>br/>';
} else {
$array['phpSafeMode'] = '<strong><font class="Good">Pass - php safe mode is off</strong></font><br/>';
}
/ Test root account details */
$rootTestCmd1 = 'sudo -S -u ' . $rootUname . ' chmod 0777 /home 2>&1';
exec($rootTestCmd1, $cmdOutput, $err);
$homeDirPerms = substr(sprintf('%o', fileperms('/home')), -4);
if ($homeDirPerms == '0777') {
$array['rootDetails'] = '<strong><font class="Good">Pass - root account details are good </strong></font><br/>';
```

```
} else {
$array['rootDetails'] = '<strong><font class="bad">The root details provided have not passed: ' . $cmdOutput[0] .
'</strong></font><br/>';
}
// reset /home dir permissions
$rootTestCmd2 = 'sudo -S -u ' . $rootUname . ' chmod 0755 /home 2>&1';
exec($rootTestCmd2, $cmdOutput, $err);
echo json_encode($array);
```

ChatGPT反馈的结果如图6-20所示。

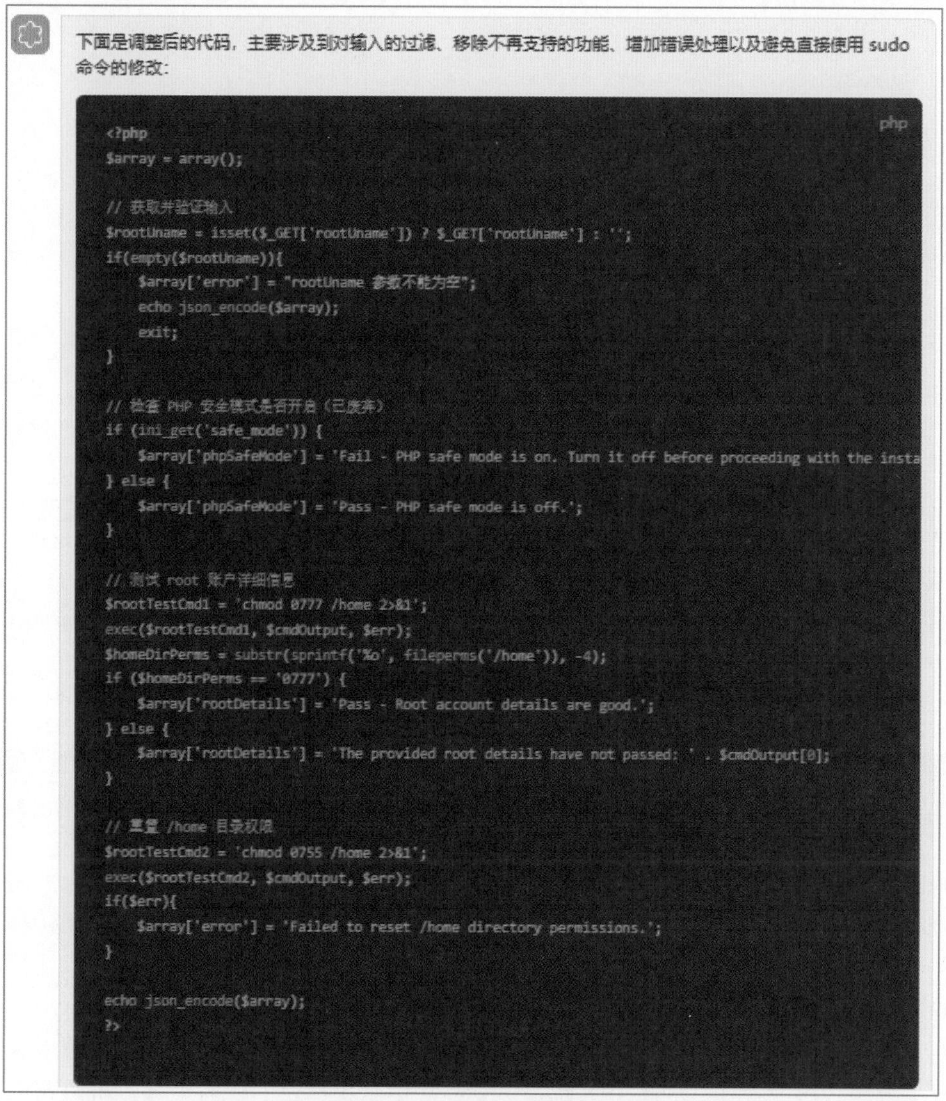

下面是调整后的代码，主要涉及到对输入的过滤、移除不再支持的功能、增加错误处理以及避免直接使用 sudo 命令的修改：

```php
<?php
$array = array();

// 获取并验证输入
$rootUname = isset($_GET['rootUname']) ? $_GET['rootUname'] : '';
if(empty($rootUname)){
    $array['error'] = "rootUname 参数不能为空";
    echo json_encode($array);
    exit;
}

// 检查 PHP 安全模式是否开启（已废弃）
if (ini_get('safe_mode')) {
    $array['phpSafeMode'] = 'Fail - PHP safe mode is on. Turn it off before proceeding with the insta
} else {
    $array['phpSafeMode'] = 'Pass - PHP safe mode is off.';
}

// 测试 root 账户详细信息
$rootTestCmd1 = 'chmod 0777 /home 2>&1';
exec($rootTestCmd1, $cmdOutput, $err);
$homeDirPerms = substr(sprintf('%o', fileperms('/home')), -4);
if ($homeDirPerms == '0777') {
    $array['rootDetails'] = 'Pass - Root account details are good.';
} else {
    $array['rootDetails'] = 'The provided root details have not passed: ' . $cmdOutput[0];
}

// 重置 /home 目录权限
$rootTestCmd2 = 'chmod 0755 /home 2>&1';
exec($rootTestCmd2, $cmdOutput, $err);
if($err){
    $array['error'] = 'Failed to reset /home directory permissions.';
}

echo json_encode($array);
?>
```

图 6-20　ChatGPT 调整代码

同时，ChatGPT在代码后还给出了图6-21所示的调整内容总结。

这个版本的代码做了如下修改：

1. 移除了不再支持的 PHP 安全模式检查。
2. 对输入参数进行了空值检查和过滤，避免了直接使用未经处理的用户输入。
3. 移除了对 `sudo` 命令的直接使用，改为使用相对较安全的方式来执行文件权限修改操作。
4. 增加了错误处理，包括检查执行系统命令时的错误，并在需要时提供相应的错误信息。

这些修改可以提高代码的安全性和可靠性。

图 6-21 代码调整总结

复制调整后的代码，输入提示词：

```
请帮我分析一下这段代码是否有问题。
<?php
$array = array();

// 获取并验证输入
$rootUname = isset($_GET['rootUname']) ? $_GET['rootUname'] : '';
……(以下是代码内容，参见图6-20)
```

ChatGPT会迅速给出漏洞分析，如图6-22所示。

这段PHP代码包含多个问题，我们可以将它们分成两大类：安全问题和编码实践问题。

安全问题

1. 用户输入未经过滤直接使用：`$_GET['rootUname']` 这个 GET 参数直接被取用来检查是否设置了变量，但没有进行任何消毒或验证。这可能会导致安全问题，例如，恶意用户可以试图通过构造特殊的输入来引发未预料到的行为。
2. `safe_mode` 检查：尽管 PHP 的 `safe_mode` 配置指令已在 PHP 5.4.0 中被废弃，并在 PHP 5.3.0 中被移除，代码仍然检查这个配置。这可能表明代码很陈旧，或者是在不支持的PHP环境下运行。
3. 使用 `exec()` 执行 shell 命令：该代码通过 `exec()` 执行了两个系统命令来改变 `/home` 目录的权限。这是一个极大的安全风险，因为它向外部命令暴露了服务器的控制权限。如果服务器配置不当或有其他安全漏洞，攻击者可以利用这个弱点来执行恶意代码或获得对服务器的非法控制。
4. 命令注入风险：由于用户输入（在此实例中为 `$rootUname` ）可能会被嵌入到执行的命令中，因此存在命令注入的潜在风险。在当前代码版本中，虽然 `$rootUname` 并没有直接用于构建命令，但这是一个危险的编码实践，如果以后有更多代码添加，可能会引入严重的安全问题。

编码实践问题

1. 变量命名不一致：PHP 变量通常采用 snake_case 或 camelCase 命名约定，但这段代码中的变量如 `$rootUname` 和 `$array` 没有遵循明确的约定，这可能会导致代码风格不统一。
2. 隐蔽的逻辑错误：对 `/home` 目录权限的恢复检查 `$err` 是否非零来判断命令是否执行失败。然而，即使 `exec()` 返回错误码，也未必表示权限变更成功，因为 `$cmdOutput` 可能包含有关权限变更失败的信息。同时，如果 `chmod 0755 /home` 执行成功，但是执行后的权限并不是 `0755` （例如，因为其他进程正在更改权限），这段代码仍然会认为执行失败。
3. 数据输出可能不完整：使用 `json_encode()` 输出响应数据是一种好的实践，但如果 `$cmdOutput` 数组包含多个元素，只会显示第一个错误信息。这可能会隐藏一些重要的问题。
4. 缺少错误处理：使用 `ini_get('safe_mode')` 检查 PHP 安全模式，但后续没有对 `glob()` 函数是否可用进行检查，或者它可能被禁用的情况进行处理。

总结来说，这段代码存在安全漏洞和编码实践问题，特别是使用 `exec()` 执行命令，可能会暴露服务器于高风险状态。在生产环境中应避免这种类型的操作，至少要确保严格的输入验证和适当的权限管理来减轻潜在的风险。此外，任何涉及系统级配置更改的代码都需要被严格审查和限制其运行环境。

图 6-22 ChatGPT 反馈的代码问题

6.6 重构建议

代码的优化和重构与每位开发者都密不可分，由于系统复杂度的提升、维护人数的增多、框架的升级等因素，代码的性能、质量往往会变得不可控。随着业务需求的不断变化和更新，代码也随着时间的推移变得越来越糟，可能会出现诸如重复的代码、过长的函数、冗赘类、过长的类等不好的内容。

同时，一个复杂的代码库也可能包含难以理解或修改的代码。重构可以在不改变其外部行为的情况下改进代码的设计。ChatGPT 就是一个能提供重构建议的优秀工具，可以帮助我们写出可维护和可理解的代码。

例如，我们可以向 ChatGPT 咨询如何重构函数，提高其性能。ChatGPT会分析我们提供的代码给出修改建议，比如使用内置函数或者算法替换循环，同时删除多余的代码。ChatGPT 还可以用来改善代码的结构，使代码更容易理解和维护。当然，也可以用它来检测不良的代码，避免一些可维护性、可读性和可扩展性方面的问题。

向ChatGPT输入提示词：

```
我提供一段代码，请你给出重构或优化建议：
class BadExample {

  public void someMethod1(){
    //code
    System.out.println("重复代码");/* 重复代码块 */
    //code
  }

  public void someMethod2(){
    //code
    System.out.println("重复代码");/* 重复代码块 */
    //code
  }

}
```

ChatGPT针对我们提供的代码给出了2个重构建议，并详细解释了每条建议的具体含义和用法，如图6-23所示。

在您提供的Java代码中，`BadExample` 类中的两个方法 `someMethod1` 和 `someMethod2` 包含重复的代码块 —— `System.out.println("重复代码");` 。为了提高代码的可维护性和可读性，我们应该避免重复的代码，以使将来的更改更容易实施，并减少潜在的错误。这种实践被称为“不要重复你自己”（DRY，Don’t Repeat Yourself）原则。

以下是重构这段代码的一些建议：

重构建议

1. 提取公共代码到单独的方法

您可以将重复的代码提取到一个单独的私有方法中，然后在原来调用的地方调用这个新方法。这样一来，如果将来需要修改这段重复代码，您只需要在一个地方进行修改。

2. 给新的方法提供清晰的名称

给提取出来的方法命名时，选择一个能描述其功能的名称。

图 6-23　ChatGPT 代码重构建议

同时，ChatGPT会给出相应的重构代码示例，以及代码的改进示例，如图6-24所示。

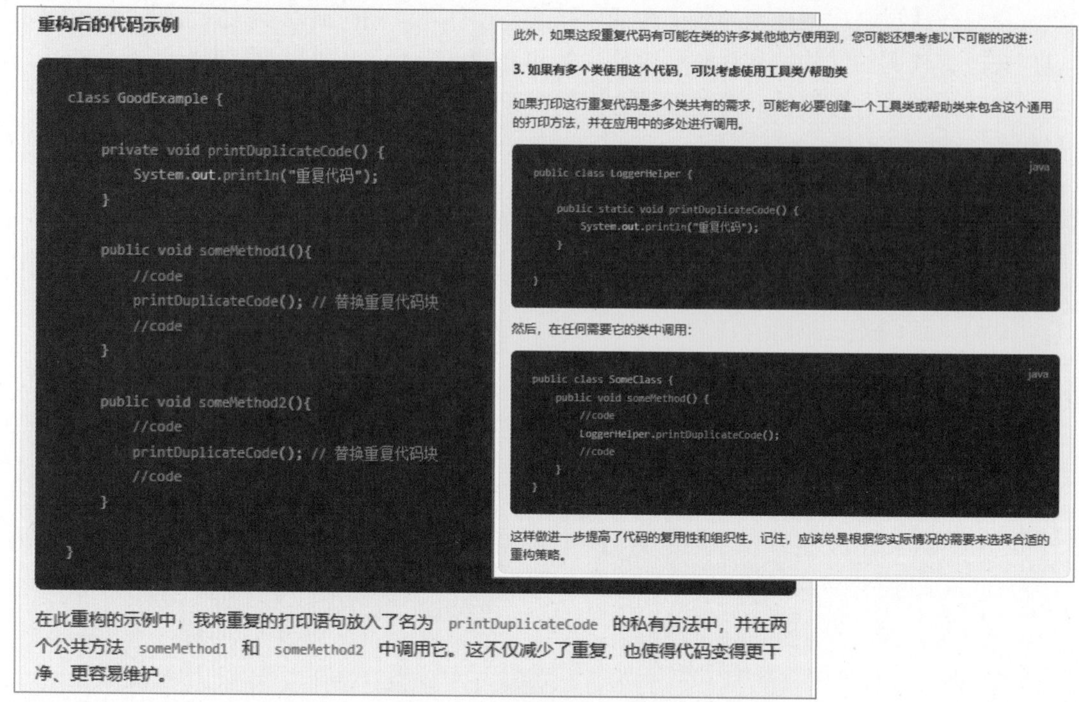

图 6-24　代码重构及改进示例

6.7　识别内存泄漏和内存溢出

内存泄漏是指程序中已经不再使用的对象仍然被保留在内存中，不能被垃圾收集器回收释放。随着时间的推移，这些无用的对象越积越多，最终导致可用内存不足，影响程序性能。内存泄漏是常见且令人头痛的问题，还特别难以捕捉和调试。当程序在动态分配内存后，若未能在不再使用时及时释放，即可能导致内存泄漏，这最终会导致性能问题或者安全问题。ChatGPT 可以帮助识别内存泄漏问题并给出修复方法。

例如，向ChatGPT输入以下提示词：

```
public class MemoryLeakExample {
    private static List<Object> leakyList = new ArrayList<>();

    public void addToList(Object obj) {
        leakyList.add(obj);
}
public void removeObjectsFromList() {
}

public static void main(String[] args) {
```

```
        MemoryLeakExample example = new MemoryLeakExample();
        for (int i = 0; i < 1000; i++) {
            Object obj = new Object();
            example.addToList(obj);
        }
    }
}
```

以上代码是否存在内存泄漏风险？请在代码中给出注释，提示具体哪些语句造成了内存泄漏风险。

ChatGPT的反馈如图6-25所示。

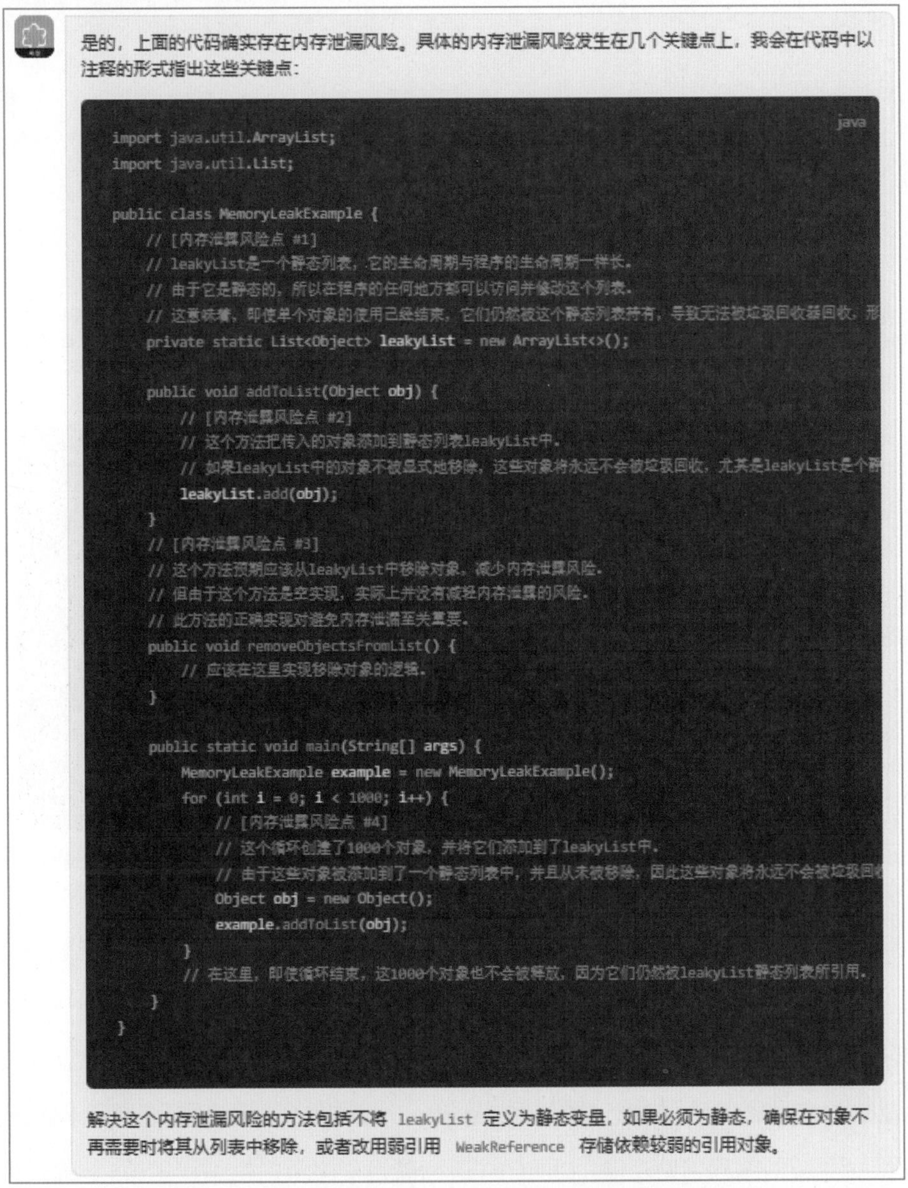

是的，上面的代码确实存在内存泄漏风险。具体的内存泄漏风险发生在几个关键点上，我会在代码中以注释的形式指出这些关键点：

```java
import java.util.ArrayList;
import java.util.List;

public class MemoryLeakExample {
    // [内存泄露风险点 #1]
    // leakyList是一个静态列表，它的生命周期与程序的生命周期一样长。
    // 由于它是静态的，所以在程序的任何地方都可以访问并修改这个列表。
    // 这意味着，即使单个对象的使用已经结束，它们仍然被这个静态列表持有，导致无法被垃圾回收器回收，形
    private static List<Object> leakyList = new ArrayList<>();

    public void addToList(Object obj) {
        // [内存泄露风险点 #2]
        // 这个方法把传入的对象添加到静态列表leakyList中。
        // 如果leakyList中的对象不被显式地移除，这些对象将永远不会被垃圾回收，尤其是leakyList是个静
        leakyList.add(obj);
    }
    // [内存泄露风险点 #3]
    // 这个方法预期应该从leakyList中移除对象，减少内存泄露风险。
    // 但由于这个方法是空实现，实际上并没有减轻内存泄露的风险。
    // 此方法的正确实现对避免内存泄漏至关重要。
    public void removeObjectsFromList() {
        // 应该在这里实现移除对象的逻辑。
    }

    public static void main(String[] args) {
        MemoryLeakExample example = new MemoryLeakExample();
        for (int i = 0; i < 1000; i++) {
            // [内存泄露风险点 #4]
            // 这个循环创建了1000个对象，并将它们添加到了leakyList中。
            // 由于这些对象被添加到了一个静态列表中，并且从未被移除，因此这些对象将永远不会被垃圾回收
            Object obj = new Object();
            example.addToList(obj);
        }
        // 在这里，即使循环结束，这1000个对象也不会被释放，因为它们仍然被leakyList静态列表所引用。
    }
}
```

解决这个内存泄漏风险的方法包括不将 leakyList 定义为静态变量，如果必须为静态，确保在对象不再需要时将其从列表中移除，或者改用弱引用 WeakReference 存储依赖较弱的引用对象。

图 6-25　ChatGPT 识别内存泄漏并在代码中给出注释

内存溢出是指程序在申请内存时，没有足够的可用内存供其使用，导致程序崩溃。这通常发生在创建大量对象或者递归调用层次过深的情况下。使用ChatGPT同样也可以帮助程序员识别内存溢出。例如，输入以下提示词：

```
public class MemoryOverflowExample {
    public static void main(String[] args) {
        // 内存溢出发生：尝试创建一个非常大的数组
        try {
            int[] array = new int[Integer.MAX_VALUE];
        } catch (OutOfMemoryError e) {
            System.out.println("内存溢出异常：" + e.getMessage());
        }
    }
}
以上代码是否存在内存溢出？
```

ChatGPT的反馈如图6-26所示。

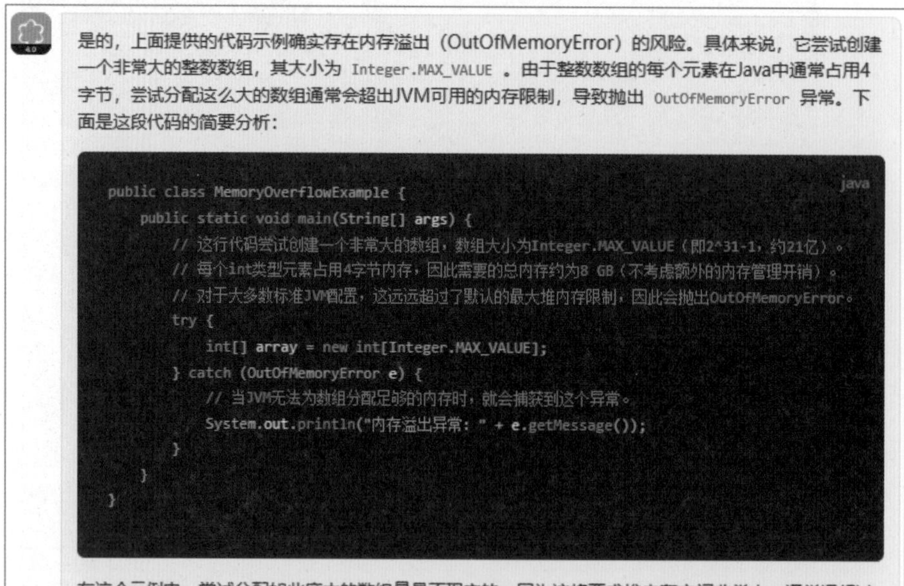
是的，上面提供的代码示例确实存在内存溢出（OutOfMemoryError）的风险。具体来说，它尝试创建一个非常大的整数数组，其大小为 `Integer.MAX_VALUE` 。由于整数数组的每个元素在Java中通常占用4字节，尝试分配这么大的数组通常会超出JVM可用的内存限制，导致抛出 `OutOfMemoryError` 异常。下面是这段代码的简要分析：

```java
public class MemoryOverflowExample {
    public static void main(String[] args) {
        // 这行代码尝试创建一个非常大的数组，数组大小为Integer.MAX_VALUE（即2^31-1，约21亿）。
        // 每个int类型元素占用4字节内存，因此需要的总内存约为8 GB（不考虑额外的内存管理开销）。
        // 对于大多数标准JVM配置，这远远超过了默认的最大堆内存限制，因此会抛出OutOfMemoryError。
        try {
            int[] array = new int[Integer.MAX_VALUE];
        } catch (OutOfMemoryError e) {
            // 当JVM无法为数组分配足够的内存时，就会捕获到这个异常。
            System.out.println("内存溢出异常: " + e.getMessage());
        }
    }
}
```

在这个示例中，尝试分配如此庞大的数组量是不现实的，因为这将要求堆内存空间非常大，通常远超过标准JVM设置或物理机器的实际可用内存。这种情况下抛出 `OutOfMemoryError` 异常是预期之中的行为，代表JVM无法在堆上分配足够的内存空间来存储新的数据结构。

图 6-26　ChatGPT 识别内存溢出

6.8　提供编程思路

除了上面介绍的编程辅助功能，ChatGPT还可以为程序员提供编程思路。例如，向ChatGPT

输入提示词：

> 我有一个列表[3月，10月，9月，8月]，想用Python对它进行自然排序，有哪些方法？

ChatGPT会向我们反馈完整的编程思路和具体方法，如图6-27所示。

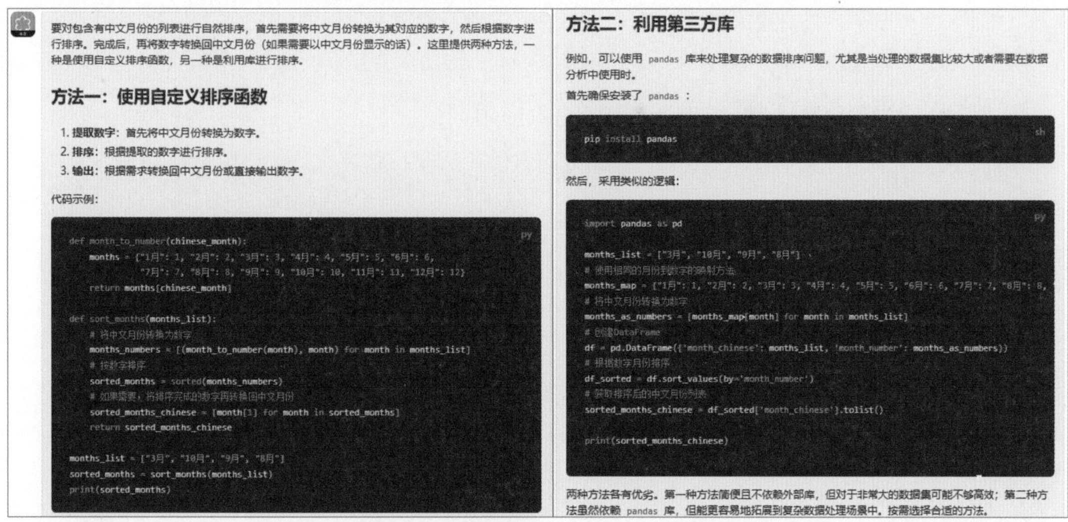

图 6-27　ChatGPT 为编程提供思路

6.9　思考与练习

从1950年的“图灵测试”开始，经过数十年的开发研究，人工智能的功能越来越强大。如今ChatGPT的出现，被许多人称为“新一轮智能革命的开始”。当我们基于ChatGPT写代码时，如果在提问时将任务写清楚，它有时候能写出比一些“码农”写得还要好的代码，这一现象引发了众多讨论，也将“人工智能是否会代替人类工作”这个话题推上热搜。随着人工智能技术的不断进步，很多与编程相关的工作和行业可能会受到影响，一些高重复性的、基础性的工作在未来可能会由人工智能承担，所以现在有很多人在预测到底哪些工作会由人工智能代替。而对于身处职场的我们来说，无论人工智能将来会给职场带来什么影响，我们都需要思考在人工智能高度开发和迅猛发展的现在，我们可以利用它做些什么。

- 问题1：如何有效利用ChatGPT写代码？在写代码的过程中如何利用ChatGPT提升代码质量？
- 问题2：目前ChatGPT在辅助编程领域有哪些优点和局限性？在使用ChatGPT辅助编程时需要注意哪些问题？
- 问题3：如何利用ChatGPT帮助我们深入理解代码？在代码成功执行却未能得到预期的结果时，如何让ChatGPT根据运行结果优化代码？

在完成本章内容的阅读后，我们可以尝试用ChatGPT完成以下练习，进一步了解ChatGPT在辅助编程中的作用。

- 练习1：要求ChatGPT推荐技术方案，向ChatGPT输入提示词：

我是运维，管理着阿里云上多台ECS，有Linux主机和Windows主机，想要通过编程来实现自动化管理这些主机，能否推荐一些技术方案？

▶ 练习 2：使用ChatGPT模拟Linux终端，向ChatGPT输入提示词：

请模拟一个Linux终端。我输入shell命令，你要显示终端应该输出的内容，不需要做任何解释。我输入的命令是“ls -a”。

▶ 练习 3：编写SQL语句，向ChatGPT输入提示词：

我想在MySQL中存储用户信息的数据，每一名用户可以包含多种角色，请问应该创建几个数据表？

附录 A

ChatGPT 参数指令

在与ChatGPT交互的过程中，通过调整一些参数可以极大地改善和优化人工智能的表现，使它的对话能力得到提升。例如，temperature 是一个控制生成文本多样性的参数(参数范围为0~1)，它主要影响模型生成文本时的随机性和创造性。

如果在提示词后加入temperature指令，并将参数设置为0.1：

```
写一段介绍南京的文字，120字左右。temperature=0.1
```

ChatGPT可能会生成一段比较简单和保守的答案：

南京，江苏省省会，是中国四大古都之一，拥有丰富的历史遗迹和文化底蕴。这座城市见证了中国数千年的文明进程，拥有诸如明孝陵、中山陵和秦淮河等著名景点。南京不仅是历史文化的宝库，还是一个现代化的都市，高楼林立，经济发展活跃。这里融合了古典与现代，不仅展示了中国的历史魅力，也展现了现代城市的活力。

如果在提示词中将temperature的参数值提升到0.8：

```
写一段介绍南京的文字，120字左右。temperature=0.8
```

ChatGPT生成的答案则会更具创意和多样性：

南京，这座古老而充满活力的城市，坐落于中国的东部，是江苏省的省会。作为中国历史上的重要都城，南京文化底蕴深厚，著名景点如夫子庙和秦淮河映照着古与今的交融。城市不只守护着悠久的历史，也迎接着现代化的波澜。高楼大厦与古街小巷共存，展现了一种独特的城市风貌，让每一个莅临此地的人都能感受到它的魅力与温度。

在实际应用中，用户可以根据需求调整temperature指令的参数值，以获得最佳的生成结果。而ChatGPT的参数指令远不止temperature这一个，常用的参数指令如表A-1所示。

表A-1 ChatGPT常用参数指令

指　令	参　数	介　绍
max_tokens	1~4096	用于控制生成文本的最大长度(以token令牌数为单位)。如果想让模型输出更长的文本，可以提高该参数；反之，如果希望模型输出更短的文本，则降低该参数

(续表)

指令	参数	介绍
top_p	0~1	用于控制生成文本的随机性参数，其工作原理是根据生成文本的概率分布，只保留前面概率和达到一定阈值的词语，然后从中随机选择一个词语作为下一个生成的词语。例如，若将top_p参数值设置为0.3，模型只考虑30个最有可能的单词或短语；若将top_p参数值设置为0.6，模型将考虑60个最有可能的单词或短语。较高的top_p参数值会使生成的文本更具多样性，但会牺牲准确性和连贯性
frequency_penalty	-1~1	主要用于控制生成的文本是否倾向于常见的或不常见的词汇。当将frequency_penalty参数值设置为0时，ChatGPT不会对词汇的选择进行任何频率上的偏好；当将frequency_penalty参数值设置为1时，ChatGPT会更倾向于选择不常见的词汇，生成的文本可能会包含更多的罕见词或独特的表达方式；当将frequency_penalty参数值设置为-1时，ChatGPT会在生成的文本中更倾向于选择常见的词汇
presence_penalty	-1~1	主要用于控制生成的文本是否倾向于重复已经出现过的词汇。当presence_penalty参数值为0时，ChatGPT在生成文本时不会对已经出现过的词汇或短语的再次出现进行特殊处理；当presence_penalty参数值为1时，ChatGPT会避免生成已经出现过的词汇和短语；当presence_penalty参数值为-1时，ChatGPT会更倾向于重复已经出现过的词汇和短语
format	—	用于控制生成文本的格式和样式，通过设置不同的值，模型可以生成特定的文本效果。例如format=markdown或format=HTML
suffix	—	用于在模型的输出后添加指定的文本。例如，在提示词后添加suffix="—思明"会在模型生成的文本后添加文本“—思明”
language	—	用于设置模型生成文本的语言。例如在提示词后添加language=zh，将language参数设置为zh，表示用中文生成文本；添加language=en，将language参数设置为en，表示用英文生成文本
exclude	—	用于指导ChatGPT排除某些内容，例如设计提示词“请列出中国最大的10家互联网公司。exclude=阿里巴巴”，会从ChatGPT生成的公司名单中排除“阿里巴巴”
n	≥1	用于指定ChatGPT输出几个结果，例如设计提示词“请以AI提效为主题，为图书取个名字。n=3”，ChatGPT会生成3个图书书名
stop	字符或字符串	用于控制ChatGPT在生成反馈的过程中遇到某个特定字符或者字符串时停止生成内容，例如设计提示词“请列出中国10家规模最大的互联网公司。stop=美团”，设置“stop=美团”后，ChatGPT生成的公司名单将在列到“美团”后自动停止生成
best_of	1~10	用于控制ChatGPT在内容生成任务中执行多次尝试(即多个运行或多个生成循环)并从中选择最佳输出的设置。例如，在提示词中添加best_of=3，模型将生成3个独立的文本响应，然后根据模型的内部标准(如一致性、相关性、创新性等)选出最佳的一个展示给用户(这样做能够提高ChatGPT最终输出结果的质量)

附录 B ChatGPT 变现方式

2023年，ChatGPT成为最备受瞩目的人工智能工具。在各个行业之中，与ChatGPT结合的新概念和新应用层出不穷。例如，在职场面试中，ChatGPT能为我们修改简历、准备面试，进而拿到心仪的offer；在工作中，我们可以把ChatGPT用于写文章、故事、小说、脚本等创作中；在生活中，ChatGPT 可以辅助管理各种待办事项，帮助我们更好地管理时间和任务。

此外，在知识付费领域，有部分人已经开始用ChatGPT作为副业变现了，例如出售ChatGPT相关的课程，利用ChatGPT快速生产“百度知道”“小红书”、“知乎”等互联网内容，赚取平台奖励和广告收益，或者将ChatGPT与剪映相结合创作短视频盈利，等等。

以下是目前常见的ChatGPT的变现方式。

1. 卖课程

第一批靠变现ChatGPT赚到钱的人，可能既不是研发人员，也不是国内大型互联网公司，而是通过卖ChatGPT课程的各种培训机构或个人。图B-1所示为知识变现工具“知识星球”上，2023年一段时间内与ChatGPT相关课程的运营情况。

从图B-1中可以看到有的账号运营不到30 天，就赚到上百万的课程费用。

1	知识星球名字	星主	价格	成员数量	运营天数	收入预估
2	粥左罗 • ChatGPT AI变现圈	粥左罗	279	10,000	17	2,790,000
3	ChatGPT&AI破局俱乐部	findyi	198	8,300	13	1,643,400
4	玩赚chatGPT	老罗	299	5,100	25	1,524,900
5	ChatGPT掘金	阿枫	365	3,200	22	1,168,000
6	ChatGPT俱乐部	不会笑青年	199	4,800	120	955,200
7	比比和 ChatGPT 降临派	梓泉	699	1,300	20	908,700
8	ChatGPT星球	柒	299	2,000	24	598,000
9	ChatGPT研究社	阿猫/上海/商业能力	299	1,500	15	448,500
10	ChatGPT魔法书	网黑哥	268	1,500	20	402,000
11	玩赚ChatGPT	阿水	299	1,300	24	388,700
12	曾少 • ChatGPT&AI 高效学习	曾少贤	249	1,200	12	298,800
13	ChatGPT研究所	岳京杭	239	1,200	16	286,800
14	ChatGPT赚钱实战圈	郭拽拽	349	560	9	195,440
15	ChatGPT发展联盟	小孟	199	760	20	151,240
16	chatgpt赚钱研究院	詹伟平	598	250	41	149,500
17	ChatGPT 基地	闪客	199	620	12	123,380
18	玩转ChatGPT	Aufree	199	550	7	109,450

图 B-1　与 ChatGPT 相关的课程运营情况

2. 卖账号

要使用正版 ChatGPT-4.0 就需要OpenAI官方账号，但是目前国内注册此类账号有一定的门槛(参见本书第1章)，就衍生出卖账号这一生意。

3. 做国内 ChatGPT 套壳应用

所谓国内 ChatGPT 套壳应用，就是底层采用ChatGPT API，外层封装调用。此类应用做成后，通过用户付费赚取收益。

4. 做工具类站点

制作类似ai-bot这类的工具集网站，还有像 learnprompting 这种提示词学习网站，吸引对AI技术感兴趣的用户访问，然后通过广告方式赚取收益。

5. 做垂直需求的产品

设计一个垂直需求的产品，基于 ChatGPT 提供的能力输出内容，通过出售内容或者出售服务赚取收益。例如，可以结合人工智能和网络社群做一个“AI健身俱乐部”产品，基于ChatGPT创建一个AI健身教练，服务于网络社群(例如微信聊天群)，AI的作用是交流解答，并提供一些AI的内容生成功能。网络社群则是督促激励，并作为乐趣化挑战活动的载体。产品上线后，可以将产品设置为按月付费或者以其他合适的方式销售，同时还可以制定推广赏金，以吸引更多的人使用。

6. 写文章

提前训练好ChatGPT让它具有写作能力后，通过写作社区寻找付费用户，然后根据付费用户的要求将想要的文章类型以及结构“投喂”给ChatGPT学习，并给出明确的主题以及要求(例如写作演讲稿、工作总结)，快速生成相应的文章，经过人工修改、审阅后提供给付费用户以赚取稿酬。

7. 做自媒体

在ChatGPT出现之前，自媒体行业的准入门槛相对较高。若缺乏扎实的经验和写作技能，就难以胜任。但是，自从ChatGPT出现以后，这个局面已然被彻底颠覆。ChatGPT成为一种破除准入门槛的利器，让更多人可以轻松进入该行业。

通过微博、头条、百度、抖音等大型平台找到当天的实时热点后，用户可以利用ChatGPT以热点内容为依据快速写出自媒体软文。

8. 做周边产品

在当今数字艺术的时代，人工智能正在以前所未有的方式改变着艺术创作的面貌。

使用ChatGPT生成提示词后，我们通过Midjourney或Stable Diffusion，可以创作出令人惊艳的作品，如图B-2所示。这些作品可结合手机壳、T恤、鼠标垫、贴纸、图书封面等周边产品进行落地应用，实现快速变现。

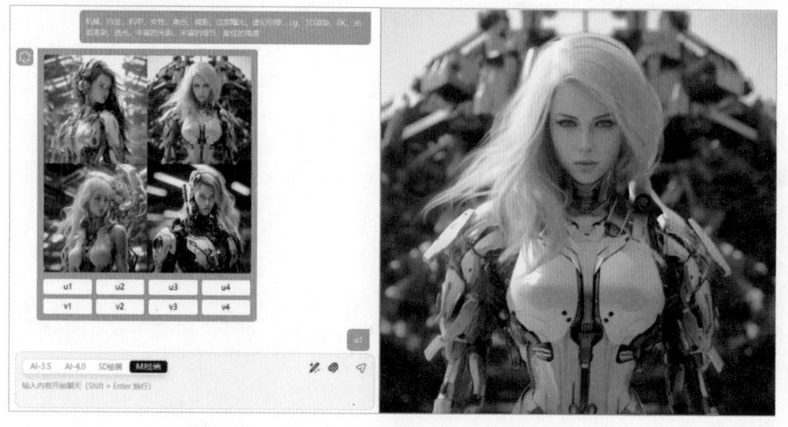

图 B-2　ChatGPT + Midjourney 生成图片